教科書ガイド

東京書籍版

数学C Advanced

TEXT BOOK GUIDE

あすとろ出版

目　次

3章　複素数平面

1節　複素数平面

2節　図形への応用

4章　数学的な表現の工夫

1節　グラフと行列

2節　データの表現の工夫

巻末

探究・活用

はじめに

本書は，東京書籍版教科書「数学C Advanced」の内容を完全に理解し，予習や復習を能率的に進められるように編集した自習書です。

数学の力をもっと身に付けたいと思っているにも関わらず，どうも数学は苦手だとか，授業が難しいと感じているみなさんの予習や復習などのほか，家庭学習に役立てることができるよう編集してあります。

数学の学習は，レンガを積むのと同じです。基礎から一段ずつ積み上げて，理解していくものです。ですから，最初は本書を閉じて，自分自身で問題を考えてみましょう。そして，本書を参考にして改めて考えてみたり，結果が正しいかどうかを確かめたりしましょう。解答を丸写しにするのでは，決して実力はつきません。

本書は，自学自習ができるように，次のような構成になっています。

①**用語のまとめ**　学習項目ごとに，教科書の重要な用語をまとめ，学習の要点が分かるようになっています。

②**解き方のポイント**　内容ごとに，教科書の重要な定理・公式・解き方をまとめ，問題に即して解き方がまとめられるようになっています。

③**考え方**　解法の手がかりとなる着眼点を示してあります。独力で問題が解けなかったときに，これを参考にしてもう一度取り組んでみましょう。

④**解答**　詳しい解答を示してあります。最後の答えだけを見るのではなく，解答の筋道をしっかり理解するように努めましょう。

⑤**別解・参考・注意**　必要に応じて，別解や参考となる事柄，注意点を解説しています。

⑥**プラス＋**　やや進んだ考え方や解き方のテクニック，ヒントを掲載しています。

数学を理解するには，本を読んで覚えるだけでは不十分です。自分でよく考え，計算をしたり問題を解いたりしてみることが大切です。

本書を十分に活用して，数学の基礎力をしっかり身に付けてください。

1章 ベクトル

1節　平面上のベクトル
2節　ベクトルの応用
3節　空間におけるベクトル

関連する既習内容

三角比

右の図の直角三角形 ABC で

- $\sin A = \dfrac{a}{c}$
- $\cos A = \dfrac{b}{c}$
- $\tan A = \dfrac{a}{b}$

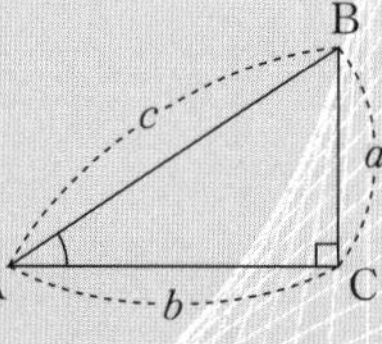

拡張した三角比

- $\sin\theta = \dfrac{y}{r}$
- $\cos\theta = \dfrac{x}{r}$
- $\tan\theta = \dfrac{y}{x}$

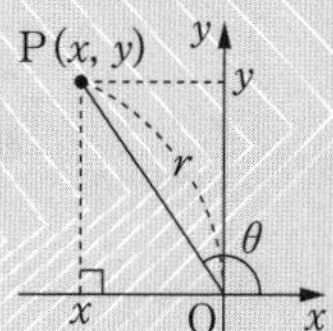

三角比の表

θ	0°	30°	45°	60°	90°	120°	135°	150°	180°
$\sin\theta$	0	$\dfrac{1}{2}$	$\dfrac{\sqrt{2}}{2}$	$\dfrac{\sqrt{3}}{2}$	1	$\dfrac{\sqrt{3}}{2}$	$\dfrac{\sqrt{2}}{2}$	$\dfrac{1}{2}$	0
$\cos\theta$	1	$\dfrac{\sqrt{3}}{2}$	$\dfrac{\sqrt{2}}{2}$	$\dfrac{1}{2}$	0	$-\dfrac{1}{2}$	$-\dfrac{\sqrt{2}}{2}$	$-\dfrac{\sqrt{3}}{2}$	-1
$\tan\theta$	0	$\dfrac{\sqrt{3}}{3}$	1	$\sqrt{3}$	／	$-\sqrt{3}$	-1	$-\dfrac{\sqrt{3}}{3}$	0

1節　平面上のベクトル

1　ベクトルの意味

用語のまとめ

有向線分とベクトル

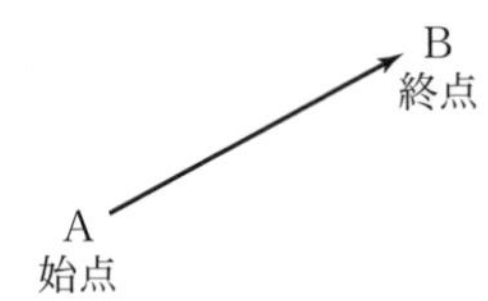

- 平面上で，点 A から点 B までの移動は，右の図のように，線分 AB に向きを示す矢印を付けて表すことができる。このような向きの付いた線分を **有向線分** といい，有向線分 AB において，A を **始点**，B を **終点** という。
- 線分 AB の長さを有向線分 AB の **大きさ** または長さという。
- 有向線分について，その位置を問題にせず，向きと大きさだけに着目したものを **ベクトル** という。
- 有向線分 AB の表すベクトルを，$\overrightarrow{\mathrm{AB}}$ と書く。
- 有向線分 AB の長さをベクトル $\overrightarrow{\mathrm{AB}}$ の **大きさ** といい，$|\overrightarrow{\mathrm{AB}}|$ で表す。
- ベクトルを，$\vec{a}$，$\vec{b}$ のように，1 つの文字に矢印を付けて表すこともある。このとき，$\vec{a}$ の大きさを $|\vec{a}|$ で表す。

ベクトルの相等

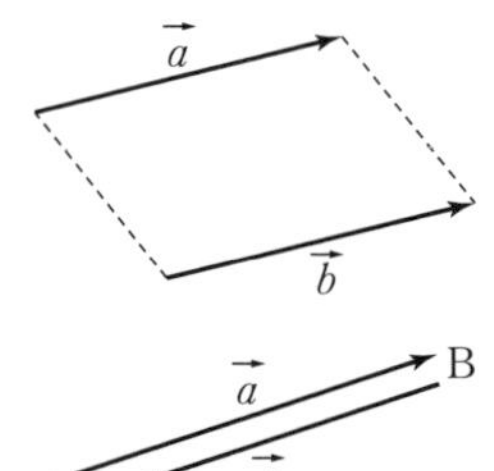

- 2 つのベクトル $\vec{a}$，$\vec{b}$ の向きと大きさが一致するとき，これらのベクトルは **等しい** といい，$\vec{a}=\vec{b}$ と表す。

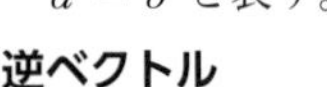

逆ベクトル

- ベクトル $\vec{a}$ と向きが反対で，大きさが同じベクトルを $\vec{a}$ の **逆ベクトル** といい，$-\vec{a}$ で表す。
- $\vec{a}=\overrightarrow{\mathrm{AB}}$ のときは　$-\vec{a}=\overrightarrow{\mathrm{BA}}$
すなわち，$\overrightarrow{\mathrm{BA}}=-\overrightarrow{\mathrm{AB}}$ である。

零ベクトル

- 始点と終点の一致したベクトル $\overrightarrow{\mathrm{AA}}$ は大きさが 0 のベクトルと考えられる。このベクトルを **零ベクトル** といい，$\vec{0}$ で表す。また，$\vec{0}$ の向きは考えないものとする。

教 p.7

問 1 右の平行四辺形において，次のベクトルのうち互いに等しいものを答えよ。

① $\overrightarrow{\mathrm{AD}}$　② $\overrightarrow{\mathrm{BA}}$

③ $\overrightarrow{\mathrm{BC}}$　④ $\overrightarrow{\mathrm{DC}}$

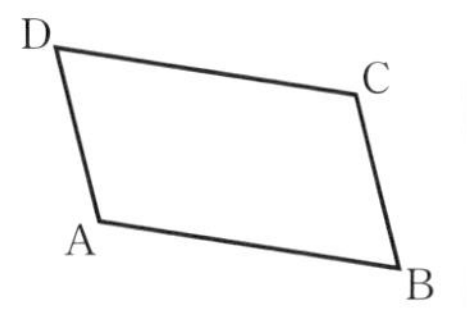

考え方 ①～④の4つのベクトルの中から，向きと大きさが一致するものを選ぶ。平行四辺形の対辺は長さが等しく平行であることに着目する。

解 答 右の図より

$\overrightarrow{\mathrm{AD}}=\overrightarrow{\mathrm{BC}}$

であるから

①と③

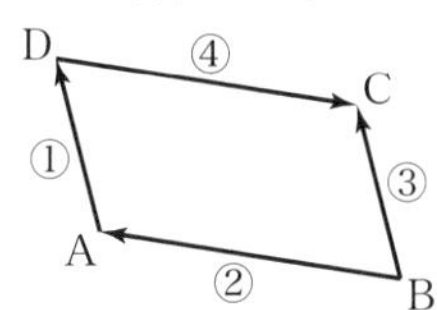

教 p.7

問 2 右の図の中で，等しいベクトルを答えよ。また，互いに逆ベクトルであるものを答えよ。

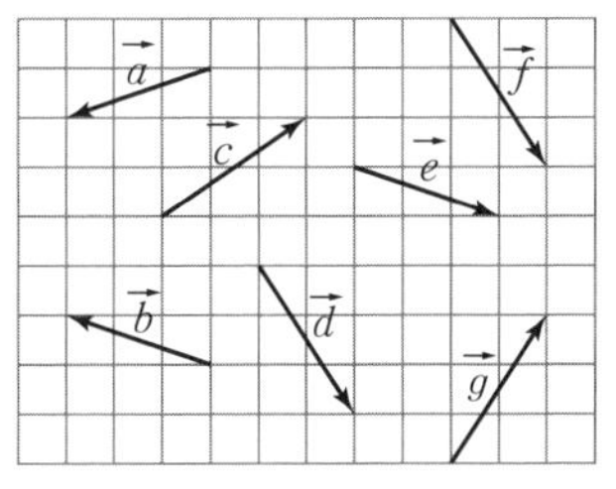

考え方 方眼を利用して

等しいベクトルは　向きと大きさが一致するもの

逆ベクトルは　向きが反対で大きさが同じもの

をそれぞれ選ぶ。

解 答 右の図より

$\vec{d}=\vec{f}$，$\vec{b}=-\vec{e}$

よって

等しいベクトルは

$\vec{d}$ と $\vec{f}$

互いに逆ベクトルであるものは

$\vec{b}$ と $\vec{e}$

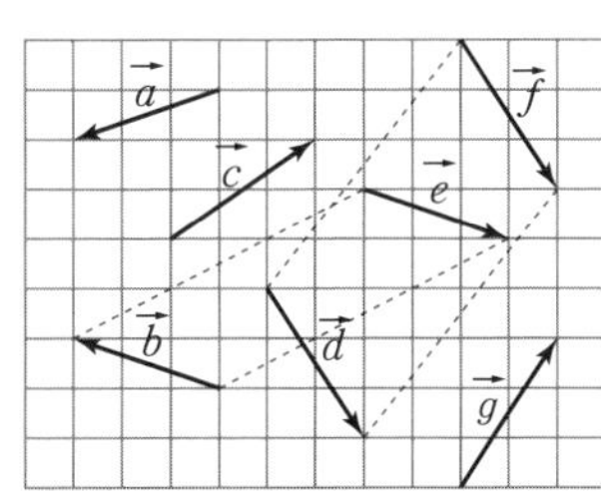

2 ベクトルの加法・減法・実数倍

用語のまとめ

ベクトルの加法

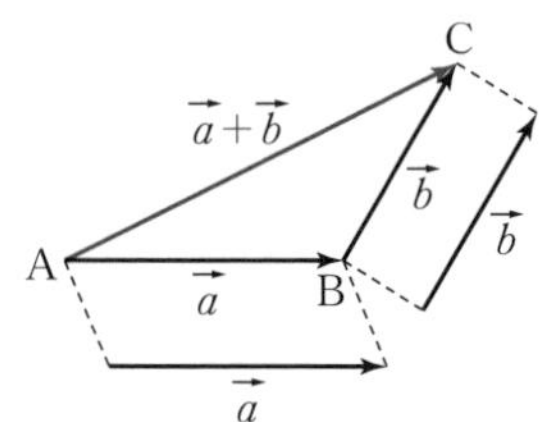

- ベクトル $\vec{a}$, $\vec{b}$ に対して，1つの点Aを定め

  $\vec{a}=\overrightarrow{\mathrm{AB}}$, $\vec{b}=\overrightarrow{\mathrm{BC}}$

  となるように点B, Cをとる。このとき，$\overrightarrow{\mathrm{AC}}$ を $\vec{a}$ と $\vec{b}$ の **和** といい，$\vec{a}+\vec{b}$ と表す。

  すなわち，$\overrightarrow{\mathrm{AB}}+\overrightarrow{\mathrm{BC}}=\overrightarrow{\mathrm{AC}}$ である。

ベクトルの減法

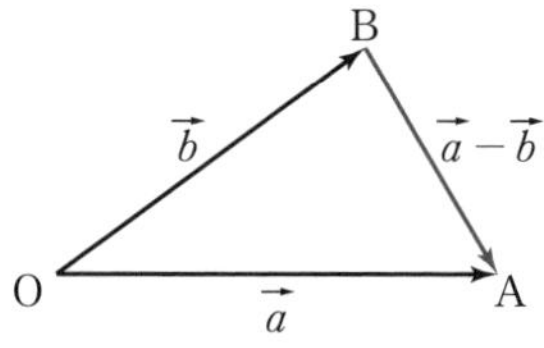

- ベクトル $\vec{a}$, $\vec{b}$ に対して，1つの点Oを定め，$\vec{a}=\overrightarrow{\mathrm{OA}}$, $\vec{b}=\overrightarrow{\mathrm{OB}}$ となるように点A, Bをとると $\overrightarrow{\mathrm{OB}}+\overrightarrow{\mathrm{BA}}=\overrightarrow{\mathrm{OA}}$ である。このとき，ベクトル $\overrightarrow{\mathrm{BA}}$ を $\vec{a}$ から $\vec{b}$ を引いた **差** といい，$\vec{a}-\vec{b}$ と表す。

  すなわち，$\overrightarrow{\mathrm{OA}}-\overrightarrow{\mathrm{OB}}=\overrightarrow{\mathrm{BA}}$ である。

- $\overrightarrow{\mathrm{BA}}=\overrightarrow{\mathrm{BO}}+\overrightarrow{\mathrm{OA}}=(-\overrightarrow{\mathrm{OB}})+\overrightarrow{\mathrm{OA}}$ でもあるから，差 $\vec{a}-\vec{b}$ は

  $\vec{a}-\vec{b}=\vec{a}+(-\vec{b})$

  のように逆ベクトルを用いて表すこともできる。

ベクトルの実数倍

- ベクトル $\vec{a}$ と実数 k に対して，$\vec{a}$ の k 倍 $k\vec{a}$ を次のように定義する。

  (i) $\vec{a}\neq\vec{0}$ のとき，$k\vec{a}$ は

  $k>0$ ならば，$\vec{a}$ と同じ向きで，大きさが k 倍のベクトル

  $k<0$ ならば，$\vec{a}$ と反対の向きで，大きさが $|k|$ 倍のベクトル

  $k=0$ ならば，$\vec{0}$ 　すなわち　$0\vec{a}=\vec{0}$

  (ii) $\vec{a}=\vec{0}$ のとき，任意の実数 k に対して　$k\vec{0}=\vec{0}$

単位ベクトル

- 大きさが1のベクトルを **単位ベクトル** という。

ベクトルの平行

- $\vec{0}$ でない2つのベクトル $\vec{a}$, $\vec{b}$ が，同じ向きまたは反対向きであるとき，$\vec{a}$ と $\vec{b}$ は **平行** であるといい，$\vec{a}/\!/\vec{b}$ と書く。

教 p.8

問3 右の図において，次のベクトルを図示せよ。

(1) $\vec{a}+\vec{b}$ (2) $\vec{c}+\vec{a}$

(3) $\vec{a}+\vec{d}$ (4) $\vec{b}+\vec{c}$

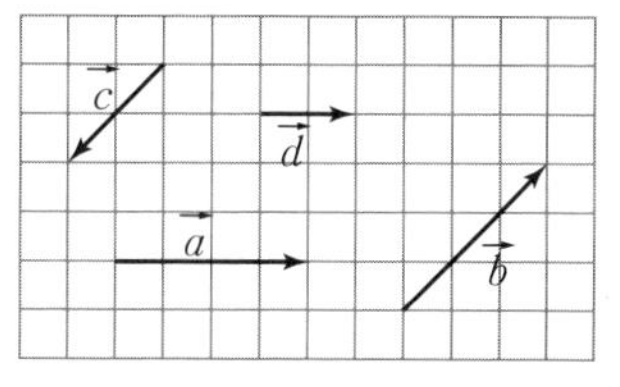

考え方 (1)で，ベクトル $\vec{a}+\vec{b}$ を図示するには，ベクトル $\vec{a}$ の終点を始点としてベクトル $\vec{b}$ をかき，$\vec{a}$ の始点を始点とし，$\vec{b}$ の終点を終点とするベクトルをかく。(2)～(4)も同様にして図示する。

解答 (1)

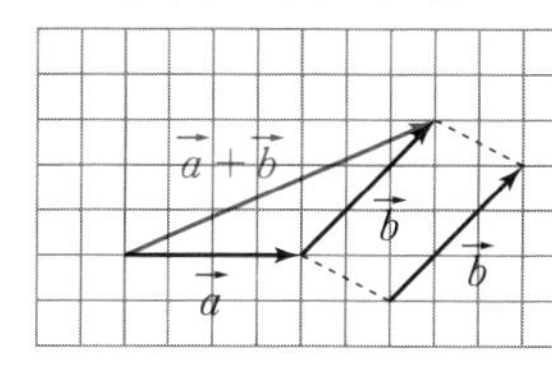

(2)

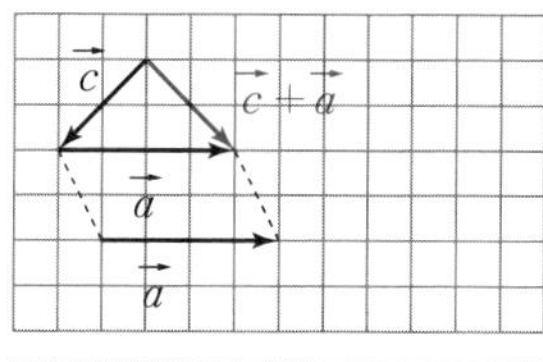

(3)

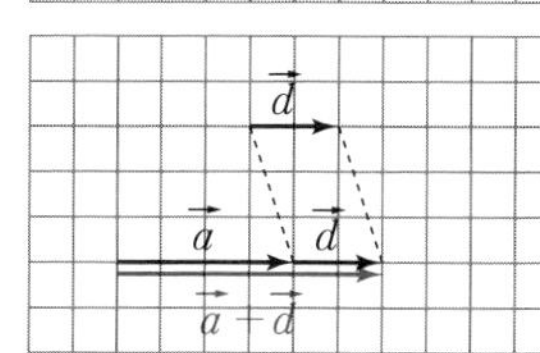

(4)

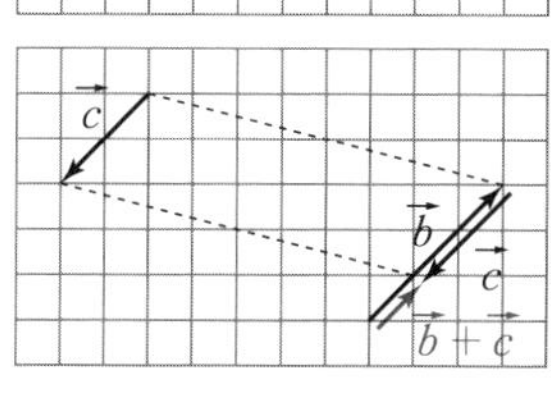

ベクトルの加法 ……… 解き方のポイント

1 $\vec{a}+\vec{b}=\vec{b}+\vec{a}$ **交換法則**

2 $(\vec{a}+\vec{b})+\vec{c}=\vec{a}+(\vec{b}+\vec{c})$ **結合法則**

3 $\vec{a}+\vec{0}=\vec{a}$

4 $\vec{a}+(-\vec{a})=\vec{0}$

教 p.9

問 4 右の図において，教科書 8 ページの法則 2 が成り立つことを証明せよ。

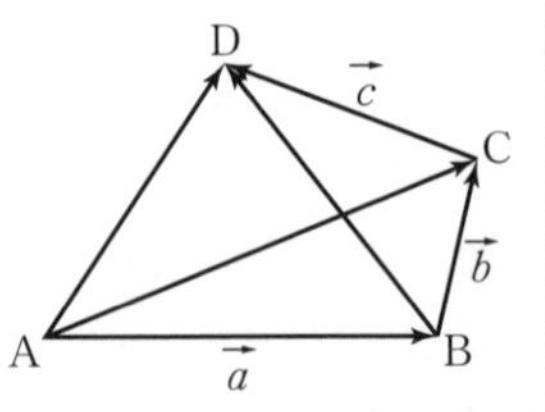

考え方 $(\vec{a}+\vec{b})+\vec{c}=\vec{a}+(\vec{b}+\vec{c})$ を示せばよい。
ベクトルの和の定義から，2 つのベクトル $(\vec{a}+\vec{b})+\vec{c}$ と $\vec{a}+(\vec{b}+\vec{c})$ がいずれも $\overrightarrow{AD}$ で表されることを示す。

証明 右の図で

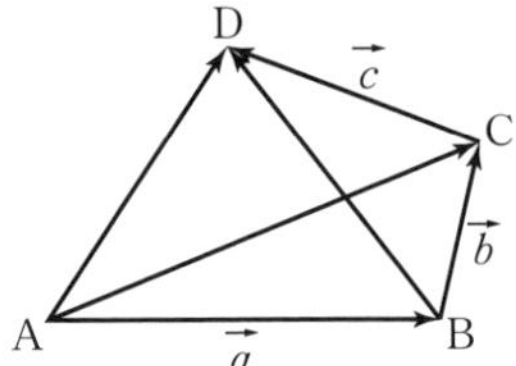

$$\begin{aligned}(\vec{a}+\vec{b})+\vec{c}&=(\overrightarrow{AB}+\overrightarrow{BC})+\overrightarrow{CD}\\&=\overrightarrow{AC}+\overrightarrow{CD}\\&=\overrightarrow{AD}\end{aligned}$$

$$\begin{aligned}\vec{a}+(\vec{b}+\vec{c})&=\overrightarrow{AB}+(\overrightarrow{BC}+\overrightarrow{CD})\\&=\overrightarrow{AB}+\overrightarrow{BD}\\&=\overrightarrow{AD}\end{aligned}$$

ゆえに

$$(\vec{a}+\vec{b})+\vec{c}=\vec{a}+(\vec{b}+\vec{c})$$

すなわち，ベクトルの加法についての結合法則が成り立つ。

教 p.9

問 5 平面上に 3 点 A，B，C がある。このとき，$\overrightarrow{AB}+\overrightarrow{BC}+\overrightarrow{CA}=\vec{0}$ が成り立つことを示せ。

考え方 ベクトルの和の定義から，$\overrightarrow{AB}+\overrightarrow{BC}+\overrightarrow{CA}=\overrightarrow{AA}=\vec{0}$ となることを示せばよい。

証明 右の図のように 3 点 A，B，C をとると

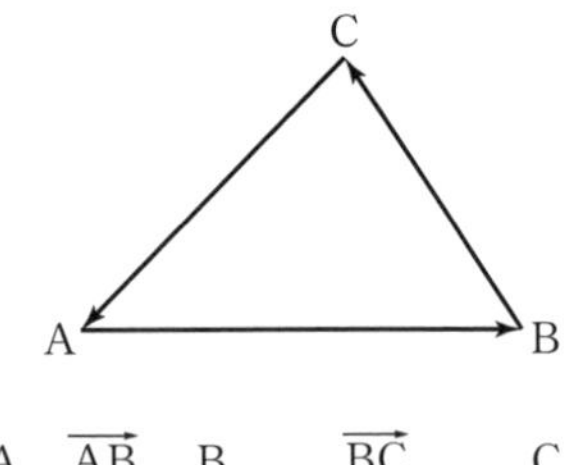

$$\begin{aligned}\overrightarrow{AB}+\overrightarrow{BC}+\overrightarrow{CA}&=(\overrightarrow{AB}+\overrightarrow{BC})+\overrightarrow{CA}\\&=\overrightarrow{AC}+\overrightarrow{CA}\\&=\overrightarrow{AA}\\&=\vec{0}\end{aligned}$$

右の図のように，一直線上に 3 点 A，B，C があるときも $\overrightarrow{AB}+\overrightarrow{BC}+\overrightarrow{CA}=\vec{0}$ が成り立つ。

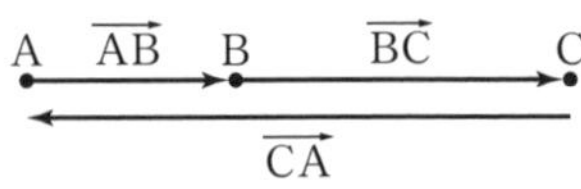

教 p.9

問 6 教科書 8 ページの問 3 の図において，次のベクトルを図示せよ。

(1) $\vec{a}-\vec{b}$　　(2) $\vec{c}-\vec{a}$　　(3) $\vec{a}-\vec{d}$

考え方 (1) で，ベクトル $\vec{a}-\vec{b}$ を図示するには，ベクトル $\vec{a}$ の始点にベクトル $\vec{b}$ の始点を合わせてかき，$\vec{b}$ の終点を始点とし，$\vec{a}$ の終点を終点とするベクトルをかく。(2), (3) も同様にして図示する。

解 答 (1)

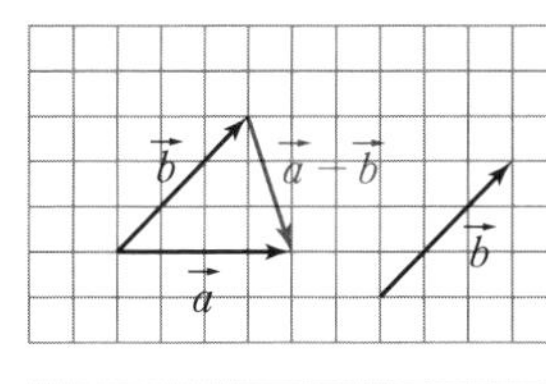

(2)

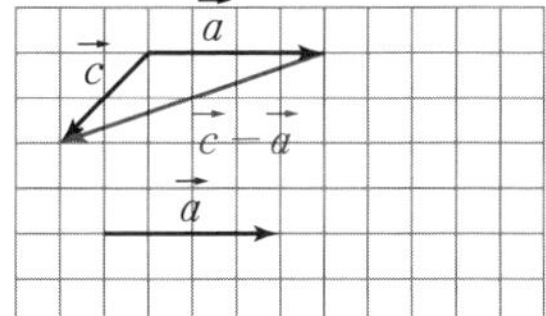

(3)

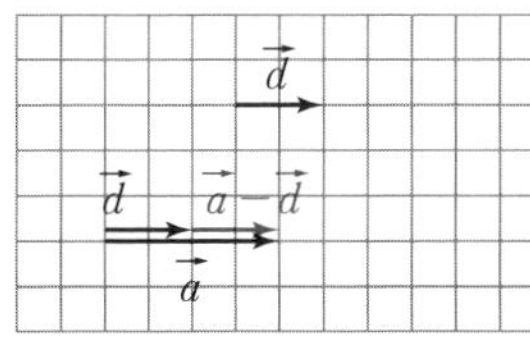

教 p.9

問 7 右の図の平行四辺形において，次のベクトルの差を求めよ。

(1) $\overrightarrow{AD}-\overrightarrow{AB}$

(2) $\overrightarrow{AD}-\overrightarrow{CD}$

(3) $\overrightarrow{AD}-\overrightarrow{DC}$

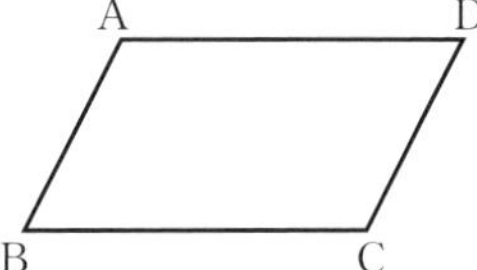

考え方 定義より，$\overrightarrow{OA}-\overrightarrow{OB}=\overrightarrow{BA}$ となることから求める。また，$\overrightarrow{DC}=\overrightarrow{AB}$ である。

解 答 (1) $\overrightarrow{AD}-\overrightarrow{AB}=\overrightarrow{\mathbf{BD}}$

(2) $\overrightarrow{AD}-\overrightarrow{CD}=\overrightarrow{AD}+(-\overrightarrow{CD})$
$=\overrightarrow{AD}+\overrightarrow{DC}$
$=\overrightarrow{\mathbf{AC}}$

(3) $\overrightarrow{AD}-\overrightarrow{DC}=\overrightarrow{AD}-\overrightarrow{AB}$
$=\overrightarrow{\mathbf{BD}}$

教 p.10

問8 右の図のように $\vec{a}$, $\vec{b}$ が与えられたとき，次のベクトルを図示せよ。

(1) $-\dfrac{1}{2}\vec{a}$ 　　(2) $\vec{a}+3\vec{b}$

(3) $-\vec{a}+2\vec{b}$　　(4) $\dfrac{3}{2}\vec{a}-\vec{b}$

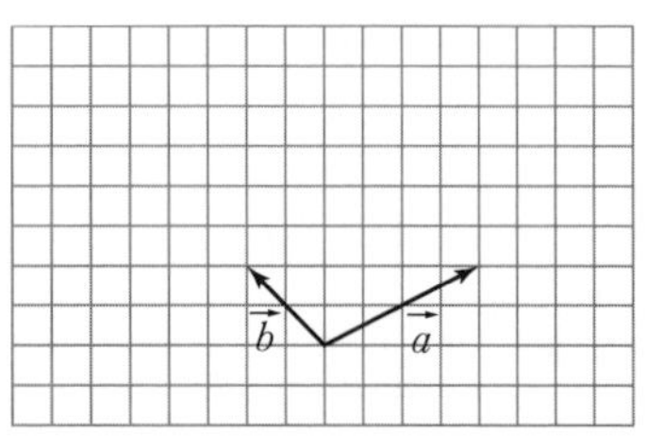

考え方 $k\vec{a}$ は，$k>0$ のときは，$\vec{a}$ と同じ向きで，大きさが k 倍のベクトル，$k<0$ のときは，$\vec{a}$ と反対の向きで，大きさが $|k|$ 倍のベクトルである。

(2)～(4) は，ベクトルの加法を行う。

解 答 (1)，(2)

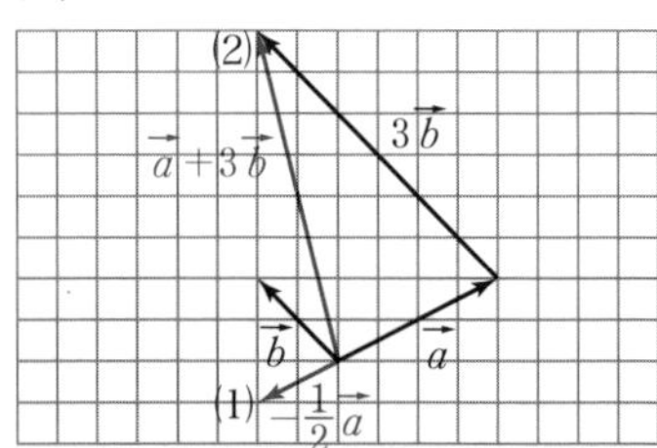

(3)，(4)

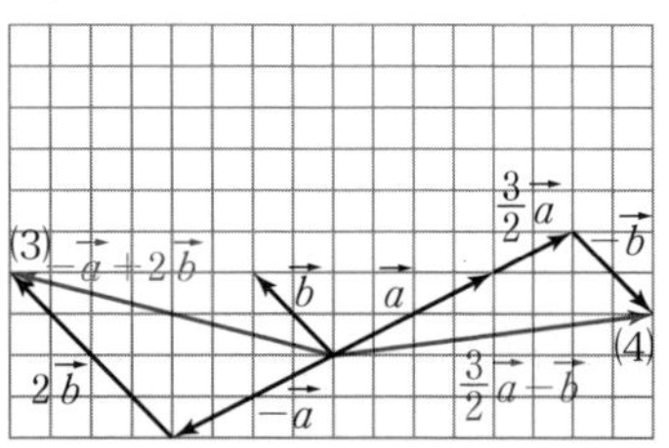

● **単位ベクトル** ……………… **解き方のポイント**

$\vec{a}\neq\vec{0}$ のとき，$\vec{a}$ と同じ向きの単位ベクトルを $\vec{e}$ とすると，次のようになる。

$$\vec{e}=\frac{1}{|\vec{a}|}\vec{a}$$

教 p.10

問9 $|\vec{a}|=3$ のとき，$\vec{a}$ と同じ向きの単位ベクトルを求めよ。

解 答 $\vec{a}$ と同じ向きの単位ベクトルを $\vec{e}$ とすると

$$\vec{e}=\frac{1}{|\vec{a}|}\vec{a}=\frac{1}{3}\vec{a}$$

● ベクトルの実数倍　解き方のポイント

[1] $k(l\vec{a})=(kl)\vec{a}$

[2] $(k+l)\vec{a}=k\vec{a}+l\vec{a}$

[3] $k(\vec{a}+\vec{b})=k\vec{a}+k\vec{b}$

教 p.11

問 10　次の図において，上の [3] が成り立つことを確かめよ。

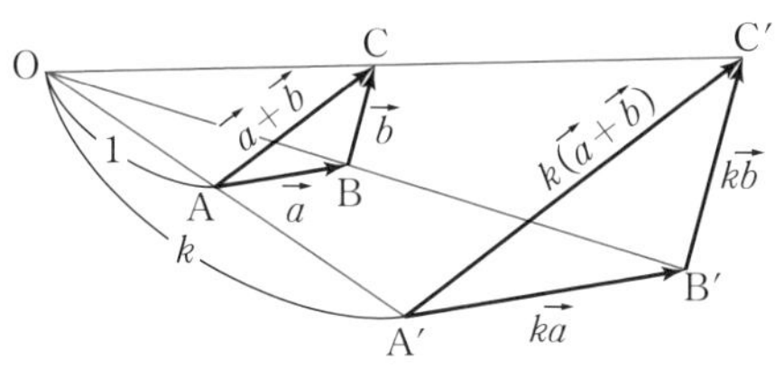

考え方　実数 k に対して，$k(\vec{a}+\vec{b})=k\vec{a}+k\vec{b}$ が成り立つことを確かめる。

解 答　$\overrightarrow{\mathrm{A'B'}}=k\overrightarrow{\mathrm{AB}}$，$\overrightarrow{\mathrm{B'C'}}=k\overrightarrow{\mathrm{BC}}$，$\overrightarrow{\mathrm{A'C'}}=k\overrightarrow{\mathrm{AC}}$

であるから

$$\begin{aligned} k(\vec{a}+\vec{b}) &= k\overrightarrow{\mathrm{AC}} \\ &= \overrightarrow{\mathrm{A'C'}} \\ &= \overrightarrow{\mathrm{A'B'}}+\overrightarrow{\mathrm{B'C'}} \\ &= k\overrightarrow{\mathrm{AB}}+k\overrightarrow{\mathrm{BC}} \\ &= k\vec{a}+k\vec{b} \end{aligned}$$

教 p.11

問 11　次を計算せよ。

(1)　$3\vec{a}+4\vec{a}-2\vec{a}$　　(2)　$3(\vec{a}+2\vec{b})-5(2\vec{a}-\vec{b})$

考え方　ベクトルの加法，減法，実数倍の計算は，多項式の計算と同様に行うことができる。$\vec{a}$，$\vec{b}$ などを，多項式における文字 a，b などと同じように考えて，計算すればよい。

解 答　(1)　$3\vec{a}+4\vec{a}-2\vec{a}=(3+4-2)\vec{a}$

$$=5\vec{a}$$

(2)　$$\begin{aligned} 3(\vec{a}+2\vec{b})-5(2\vec{a}-\vec{b}) &= 3\vec{a}+6\vec{b}-10\vec{a}+5\vec{b} \\ &= (3-10)\vec{a}+(6+5)\vec{b} \\ &= -7\vec{a}+11\vec{b} \end{aligned}$$

教 p.11

問 12 次の式を満たす $\vec{x}$ を $\vec{a}$，$\vec{b}$ で表せ。

(1) $\vec{x}-3\vec{b}=-2\vec{x}+9\vec{a}$

(2) $3(\vec{x}-2\vec{a})-2(\vec{x}-4\vec{b})=2\vec{a}-4\vec{b}-3\vec{x}$

考え方 等式を文字 x について解くのと同様に考え，$\vec{x}$ について解けばよい。

解 答 (1)

$$\begin{aligned}\vec{x}-3\vec{b}&=-2\vec{x}+9\vec{a}\\ \vec{x}+2\vec{x}&=9\vec{a}+3\vec{b}\\ (1+2)\vec{x}&=9\vec{a}+3\vec{b}\\ 3\vec{x}&=9\vec{a}+3\vec{b}\\ \vec{x}&=3\vec{a}+\vec{b}\end{aligned}$$

(2)

$$\begin{aligned}3(\vec{x}-2\vec{a})-2(\vec{x}-4\vec{b})&=2\vec{a}-4\vec{b}-3\vec{x}\\ 3\vec{x}-6\vec{a}-2\vec{x}+8\vec{b}&=2\vec{a}-4\vec{b}-3\vec{x}\\ (3-2+3)\vec{x}&=(2+6)\vec{a}+(-4-8)\vec{b}\\ 4\vec{x}&=8\vec{a}-12\vec{b}\\ \vec{x}&=2\vec{a}-3\vec{b}\end{aligned}$$

● ベクトルの平行条件 …………………… **解き方のポイント**

$\vec{a}\neq\vec{0}$，$\vec{b}\neq\vec{0}$ のとき

$\vec{a}\parallel\vec{b}\iff$ **$\vec{b}=k\vec{a}$ となる実数 k がある**

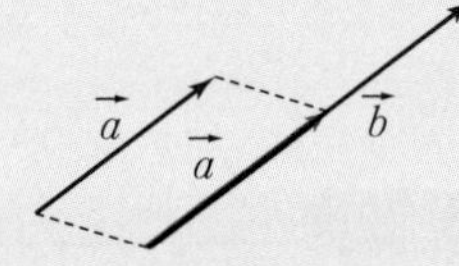

教 p.12

問 13 右の図において，$\vec{b}$，$\vec{c}$ を $\vec{a}$ で表せ。
また，$\vec{a}$，$\vec{b}$ を $\vec{c}$ で表せ。

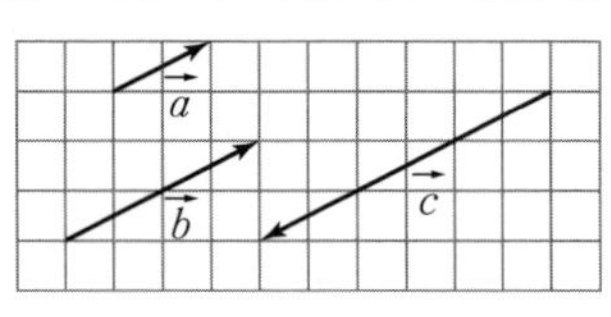

考え方 $\vec{a}$，$\vec{b}$，$\vec{c}$ はそれぞれ平行であるから，互いに他のベクトルの実数倍で表すことができる。大きさおよび向きの関係を調べて実数の値を求める。

解答　$\vec{b}$ の大きさは $\vec{a}$ の大きさの2倍，向きは $\vec{a}$ の向きと同じ向きであるから　　$\vec{b}=2\vec{a}$

$\vec{c}$ の大きさは $\vec{a}$ の大きさの3倍，向きは $\vec{a}$ の向きと反対の向きであるから　　$\vec{c}=-3\vec{a}$

$\vec{a}$ の大きさは $\vec{c}$ の大きさの $\dfrac{1}{3}$ 倍，向きは $\vec{c}$ と反対の向きであるから　　$\vec{a}=-\dfrac{1}{3}\vec{c}$

$\vec{b}$ の大きさは $\vec{c}$ の大きさの $\dfrac{2}{3}$ 倍，向きは $\vec{c}$ と反対の向きであるから　　$\vec{b}=-\dfrac{2}{3}\vec{c}$

教 p.12

問14　例題1で，$\overrightarrow{AE}$，$\overrightarrow{CB}$，$\overrightarrow{DF}$ をそれぞれ $\vec{a}$，$\vec{b}$ で表せ。

考え方　$\overrightarrow{AE}$，$\overrightarrow{CB}$，$\overrightarrow{DF}$ をそれぞれ適当な2つの有向線分に分解してから $\vec{a}$，$\vec{b}$ で表すことを考える。

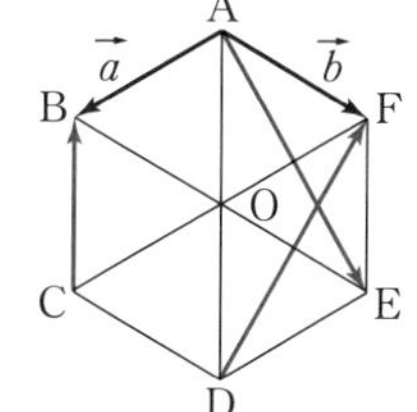

解答

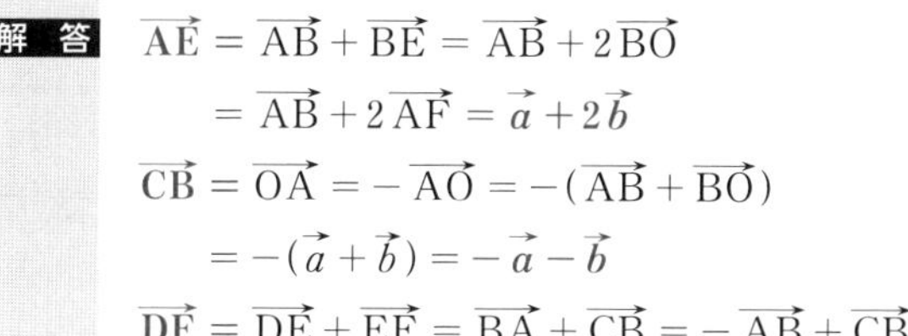

$$\overrightarrow{AE}=\overrightarrow{AB}+\overrightarrow{BE}=\overrightarrow{AB}+2\overrightarrow{BO}$$
$$=\overrightarrow{AB}+2\overrightarrow{AF}=\vec{a}+2\vec{b}$$
$$\overrightarrow{CB}=\overrightarrow{OA}=-\overrightarrow{AO}=-(\overrightarrow{AB}+\overrightarrow{BO})$$
$$=-(\vec{a}+\vec{b})=-\vec{a}-\vec{b}$$
$$\overrightarrow{DF}=\overrightarrow{DE}+\overrightarrow{EF}=\overrightarrow{BA}+\overrightarrow{CB}=-\overrightarrow{AB}+\overrightarrow{CB}$$
$$=-\vec{a}+(-\vec{a}-\vec{b})=-2\vec{a}-\vec{b}$$

● ベクトルの分解　　解き方のポイント

平面上の2つのベクトル $\vec{a}$，$\vec{b}$ について，次のことが成り立つ。

$\vec{a}\neq\vec{0}$，$\vec{b}\neq\vec{0}$ で，$\vec{a}$ と $\vec{b}$ が平行でないとき，平面上の任意のベクトル $\vec{p}$ は，実数 k，l を用いて $\vec{p}=k\vec{a}+l\vec{b}$ の形にただ1通りに表される。

また，$\vec{a}\neq\vec{0}$，$\vec{b}\neq\vec{0}$ で，$\vec{a}$ と $\vec{b}$ が平行でないとき，次のことが成り立つ。

$$k\vec{a}+l\vec{b}=k'\vec{a}+l'\vec{b} \iff k=k',\ l=l'$$

特に　$$k\vec{a}+l\vec{b}=\vec{0} \iff k=l=0$$

注意　$\vec{a}\neq\vec{0}$，$\vec{b}\neq\vec{0}$ で，$\vec{a}$ と $\vec{b}$ が平行でないとき，$\vec{a}$ と $\vec{b}$ は **1次独立** であるという。

3 ベクトルの成分

用語のまとめ

座標とベクトル

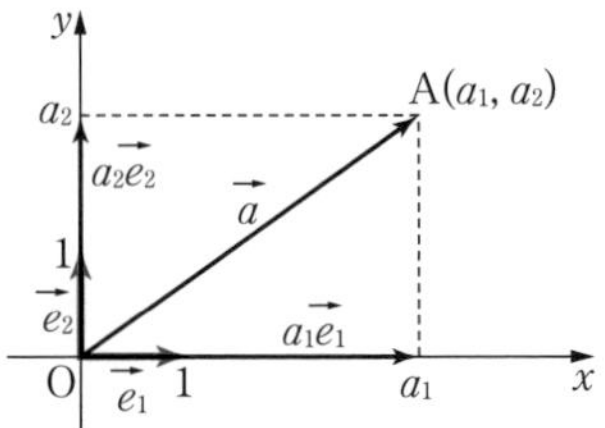

- O を原点とする座標平面上で，x 軸および y 軸の正の向きと同じ向きの単位ベクトルを，**基本ベクトル** といい，それぞれ $\vec{e_1}$，$\vec{e_2}$ で表す。
- 与えられたベクトル $\vec{a}$ に対して，$\vec{a}=\overrightarrow{\mathrm{OA}}$ となる点 A をとり，その座標を (a_1, a_2) とすると，$\vec{a}$ は

$$\vec{a}=a_1\vec{e_1}+a_2\vec{e_2}$$

と，ただ 1 通りに表される。これを $\vec{a}$ の **基本ベクトル表示** という。

この a_1，a_2 をそれぞれ $\vec{a}$ の **x 成分**，**y 成分** といい，$\vec{a}$ を

$$\vec{a}=(a_1,\ a_2)$$

と表す。この表し方を，$\vec{a}$ の **成分表示** という。

● ベクトルの表示　　解き方のポイント

$\vec{a}=a_1\vec{e_1}+a_2\vec{e_2}$　　**基本ベクトル表示**

$\vec{a}=(a_1,\ a_2)$　　**成分表示**

特に，$\vec{0}$ および $\vec{e_1}$，$\vec{e_2}$ の成分表示は次のようになる。

$\vec{0}=(0,\ 0)$，$\vec{e_1}=(1,\ 0)$，$\vec{e_2}=(0,\ 1)$

● ベクトルの相等　　解き方のポイント

2 つのベクトル $\vec{a}=(a_1,\ a_2)$，$\vec{b}=(b_1,\ b_2)$ に対して

$$\vec{a}=\vec{b} \iff a_1=b_1,\ a_2=b_2$$

● ベクトルの大きさ　　解き方のポイント

$\vec{a}=(a_1,\ a_2)$ のとき　$|\vec{a}|=\sqrt{a_1^2+a_2^2}$

教 p.15

問 15　右の図のベクトル $\vec{a}$，$\vec{b}$，$\vec{c}$，$\vec{d}$ を成分表示し，その大きさを求めよ。

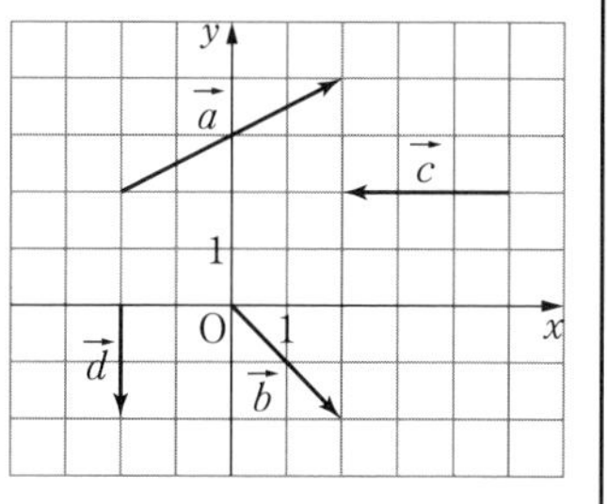

考え方　それぞれのベクトルを基本ベクトルを用いて表し，x 成分，y 成分を求める。

解 答　基本ベクトルを $\vec{e_1}$，$\vec{e_2}$ とする。

$\vec{a}=4\vec{e_1}+2\vec{e_2}$ と表されるから

$\vec{a}=(4,\ 2)$　　$|\vec{a}|=\sqrt{4^2+2^2}=\sqrt{20}=2\sqrt{5}$

$\vec{b}=2\vec{e_1}-2\vec{e_2}$ と表されるから

$\vec{b}=(2,\ -2)$　　$|\vec{b}|=\sqrt{2^2+(-2)^2}=\sqrt{8}=2\sqrt{2}$

$\vec{c}=-3\vec{e_1}$ と表されるから

$\vec{c}=(-3,\ 0)$　　$|\vec{c}|=\sqrt{(-3)^2+0^2}=3$

$\vec{d}=-2\vec{e_2}$ と表されるから

$\vec{d}=(0,\ -2)$　　$|\vec{d}|=\sqrt{0^2+(-2)^2}=2$

● 成分による演算　　解き方のポイント

1. $(\boldsymbol{a_1},\ \boldsymbol{a_2})+(\boldsymbol{b_1},\ \boldsymbol{b_2})=(\boldsymbol{a_1}+\boldsymbol{b_1},\ \boldsymbol{a_2}+\boldsymbol{b_2})$
2. $(\boldsymbol{a_1},\ \boldsymbol{a_2})-(\boldsymbol{b_1},\ \boldsymbol{b_2})=(\boldsymbol{a_1}-\boldsymbol{b_1},\ \boldsymbol{a_2}-\boldsymbol{b_2})$
3. $\boldsymbol{k}(\boldsymbol{a_1},\ \boldsymbol{a_2})=(\boldsymbol{ka_1},\ \boldsymbol{ka_2})$　　　$\boldsymbol{k}$ は実数

教 p.16

問 16　$\vec{a}=(2,\ -3)$，$\vec{b}=(-1,\ 2)$ のとき，次のベクトルを成分表示せよ。

(1)　$\vec{a}+\vec{b}$　　(2)　$2\vec{a}-5\vec{b}$　　(3)　$3(2\vec{a}-6\vec{b})-5(\vec{a}-4\vec{b})$

考え方　成分による演算の性質を用いて求める。

(3)　ベクトルの計算を多項式の計算と同様に行い，括弧を外してから成分表示を考える。

解 答　(1)　$\vec{a}+\vec{b}=(2,\ -3)+(-1,\ 2)=(2-1,\ -3+2)$

$=(1,\ -1)$

(2) $2\vec{a}-5\vec{b}=2(2,\ -3)-5(-1,\ 2)$

$$=(4,\ -6)-(-5,\ 10)$$

$$=(4-(-5),\ -6-10)$$

$$=(9,\ -16)$$

(3) $3(2\vec{a}-6\vec{b})-5(\vec{a}-4\vec{b})=6\vec{a}-18\vec{b}-5\vec{a}+20\vec{b}$

$$=\vec{a}+2\vec{b}$$

$$=(2,\ -3)+2(-1,\ 2)$$

$$=(2,\ -3)+(-2,\ 4)$$

$$=(2-2,\ -3+4)$$

$$=(0,\ 1)$$

教 p.16

問 17 $\vec{a}=(3,\ 0)$, $\vec{b}=(4,\ -5)$ のとき，$\vec{a}-3\vec{x}=2(\vec{x}+\vec{b})$ を満たす $\vec{x}$ の成分表示を求めよ。

考え方 等式を $\vec{x}$ について解いてから成分表示を考える。

解答

$$\vec{a}-3\vec{x}=2(\vec{x}+\vec{b})$$

$$\vec{a}-3\vec{x}=2\vec{x}+2\vec{b}$$

$$-5\vec{x}=-\vec{a}+2\vec{b}$$

よって　$\vec{x}=\frac{1}{5}(\vec{a}-2\vec{b})$

$\vec{a}=(3,\ 0)$, $\vec{b}=(4,\ -5)$ であるから

$$\vec{x}=\frac{1}{5}\{(3,\ 0)-2(4,\ -5)\}$$

$$=\frac{1}{5}\{(3,\ 0)-(8,\ -10)\}$$

$$=\frac{1}{5}(-5,\ 10)$$

$$=(-1,\ 2)$$

教 p.16

問 18 $\vec{a}=(12,\ -5)$ と同じ向きの単位ベクトルを成分表示せよ。

考え方 $\vec{a}\neq\vec{0}$ のとき，$\vec{a}$ と同じ向きの単位ベクトルは，$\frac{1}{|\vec{a}|}\vec{a}$ である。

また，$\vec{a}=(a_1,\ a_2)$ のとき，$|\vec{a}|=\sqrt{a_1{}^2+a_2{}^2}$ である。

解答 $|\vec{a}|=\sqrt{12^2+(-5)^2}=13$ であるから，求める単位ベクトルは

$$\frac{1}{|\vec{a}|}\vec{a}=\frac{1}{13}\vec{a}=\left(\frac{12}{13},\ -\frac{5}{13}\right)$$

教 p.16

問 19 $\vec{a}=(1,\ 2)$，$\vec{b}=(1,\ -1)$ のとき，次のベクトルを $k\vec{a}+l\vec{b}$ の形で表せ。

(1) $\vec{c}=(5,\ 1)$ (2) $\vec{d}=(0,\ -3)$

考え方 $\vec{a}=(1,\ 2)$，$\vec{b}=(1,\ -1)$ を用いて，$k\vec{a}+l\vec{b}$ を成分表示する。これが，$\vec{c}$，$\vec{d}$ とそれぞれ等しいことから k，l の値を決定する。

解答 (1) $k\vec{a}+l\vec{b}=k(1,\ 2)+l(1,\ -1)=(k+l,\ 2k-l)$

これが $\vec{c}=(5,\ 1)$ に等しいから

$k+l=5,\ 2k-l=1$

これを解いて　$k=2,\ l=3$

ゆえに　$\vec{c}=2\vec{a}+3\vec{b}$

(2) $k\vec{a}+l\vec{b}=(k+l,\ 2k-l)$

これが $\vec{d}=(0,\ -3)$ に等しいから

$k+l=0,\ 2k-l=-3$

これを解いて　$k=-1,\ l=1$

ゆえに　$\vec{d}=-\vec{a}+\vec{b}$

別解 $\vec{a}=(1,\ 2)$，$\vec{b}=(1,\ -1)$ であるから

$\vec{a}+2\vec{b}=(3,\ 0)$　より　$\dfrac{\vec{a}+2\vec{b}}{3}=(1,\ 0)$

$\vec{a}-\vec{b}=(0,\ 3)$　より　$\dfrac{\vec{a}-\vec{b}}{3}=(0,\ 1)$

(1) $(5,\ 1)=5(1,\ 0)+(0,\ 1)$

$$=\frac{5(\vec{a}+2\vec{b})}{3}+\frac{\vec{a}-\vec{b}}{3}$$

$$=2\vec{a}+3\vec{b}$$

(2) $(0,\ -3)=-3(0,\ 1)$

$$=\frac{-3(\vec{a}-\vec{b})}{3}$$

$$=-\vec{a}+\vec{b}$$

座標と成分表示　解き方のポイント

$A(a_1,\ a_2)$, $B(b_1,\ b_2)$ のとき

1 $\overrightarrow{AB}=(b_1-a_1,\ b_2-a_2)$

2 $|\overrightarrow{AB}|=\sqrt{(b_1-a_1)^2+(b_2-a_2)^2}$

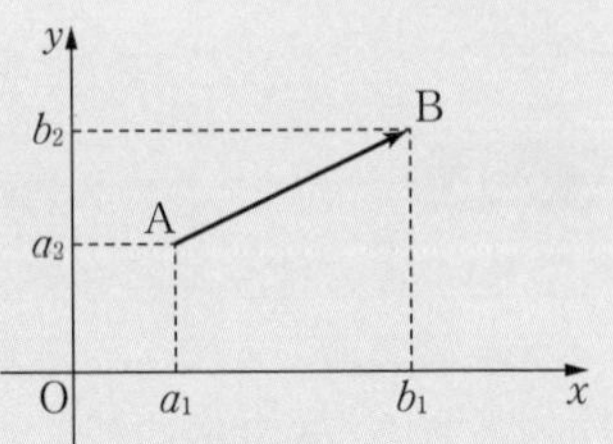

教 p.17

問 20　3 点 A(−2, 6), B(3, −1), C(3, −4) について，次のベクトルを成分表示し，その大きさを求めよ。

(1) $\overrightarrow{AB}$　　(2) $\overrightarrow{BC}$　　(3) $\overrightarrow{CA}$

解答

(1) $\overrightarrow{AB}=(3-(-2),\ -1-6)=(5,\ -7)$

$|\overrightarrow{AB}|=\sqrt{5^2+(-7)^2}=\sqrt{25+49}=\sqrt{74}$

(2) $\overrightarrow{BC}=(3-3,\ -4-(-1))=(0,\ -3)$

$|\overrightarrow{BC}|=\sqrt{0^2+(-3)^2}=3$

(3) $\overrightarrow{CA}=(-2-3,\ 6-(-4))=(-5,\ 10)$

$|\overrightarrow{CA}|=\sqrt{(-5)^2+10^2}=\sqrt{25+100}=5\sqrt{5}$

教 p.17

問 21　例題 3 の 3 点 A, B, C を頂点にもつ平行四辺形は 3 つある。ほかの 2 つの平行四辺形の残りの頂点の座標を求めよ。

考え方　四角形が平行四辺形になるための条件の 1 つ「1 組の対辺が平行でその長さが等しい」を利用する。例題 3 では，$\overrightarrow{AD}=\overrightarrow{BC}$ を用いた。ほかに，下のような平行四辺形 ABEC, AFBC が考えられる。

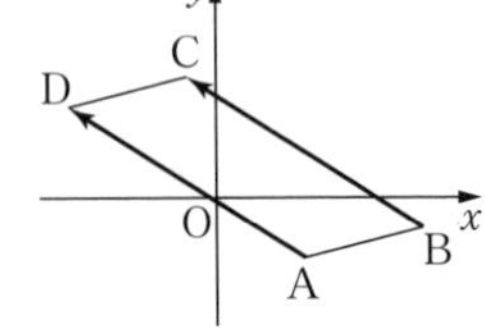

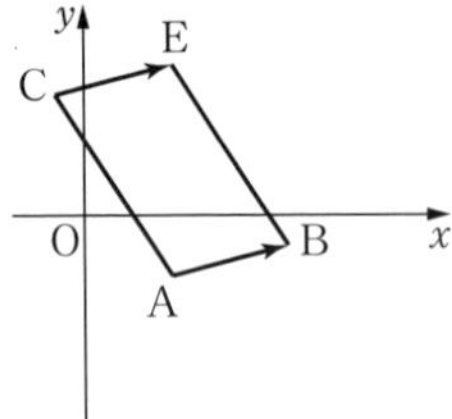

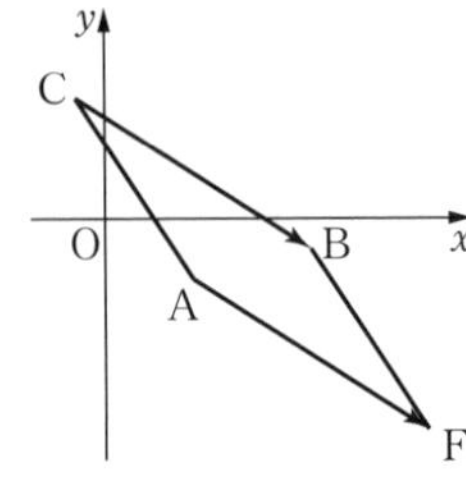

解答 点 E の座標を $(x_1,\ y_1)$ とする。

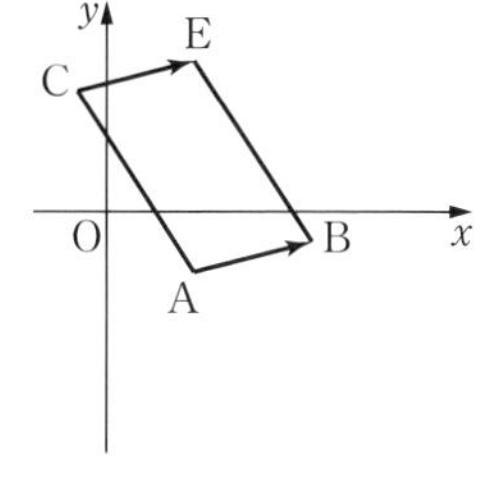

四角形 ABEC が平行四辺形になるのは

$$\overrightarrow{AB}=\overrightarrow{CE}$$

のときであるから

$$(7-3,\ -1-(-2))=(x_1-(-1),\ y_1-4)$$

よって　　$x_1+1=4,\ y_1-4=1$

ゆえに　　$x_1=3,\ y_1=5$

したがって　E(3, 5)

次に，点 F の座標を $(x_2,\ y_2)$ とする。

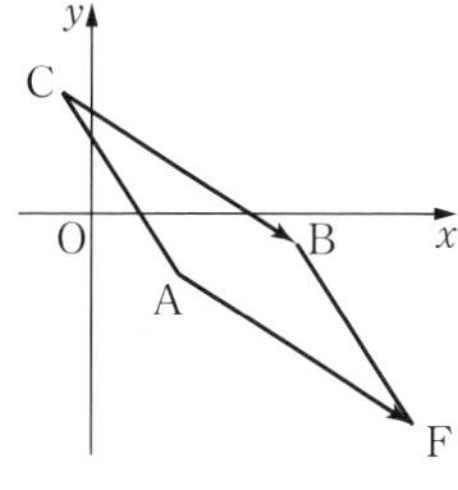

四角形 AFBC が平行四辺形になるのは

$$\overrightarrow{AF}=\overrightarrow{CB}$$

のときであるから

$$(x_2-3,\ y_2-(-2))=(7-(-1),\ -1-4)$$

よって　　$x_2-3=8,\ y_2+2=-5$

ゆえに　　$x_2=11,\ y_2=-7$

したがって　F(11, −7)

● ベクトルの平行条件　　解き方のポイント

$\vec{a}=(a_1,\ a_2)$, $\vec{b}=(b_1,\ b_2)$ に対して，$\vec{a}\neq\vec{0}$, $\vec{b}\neq\vec{0}$ のとき

$\vec{a}\parallel\vec{b} \iff (b_1,\ b_2)=k(a_1,\ a_2)$ となる実数 k がある

教 p.18

問 22　$\vec{a}=(1,\ -2)$, $\vec{b}=(-3,\ y)$ が平行になるような y の値を求めよ。

解答 $\vec{a}\parallel\vec{b}$ であるから，$\vec{b}=k\vec{a}$ となる実数 k がある。

よって

$$\vec{b}=(-3,\ y)=k(1,\ -2)=(k,\ -2k)$$

したがって

$-3=k$　　……①

$y=-2k$　　……②

① を ② に代入すると

$$y=6$$

教 p.18

問 23　$\vec{a}=(-2,\ 2)$ と平行で，大きさが3であるベクトルを求めよ。

考え方　$\vec{a}$ と平行なベクトルは，k を実数として，$k\vec{a}$ と表される。このベクトルの大きさが3となるように k の値を定める。

解　答　求めるベクトルを $\vec{b}$ とする。

$\vec{a}/\!/\vec{b}$ であるから，$\vec{b}=k\vec{a}$ となる実数 k がある。

よって

$$\vec{b}=k\vec{a}=k(-2,\ 2)=(-2k,\ 2k) \quad \cdots\cdots①$$

また，$|\vec{b}|=\sqrt{(-2k)^2+(2k)^2}=3$ を満たす。

これより，$8k^2=9$ であるから

$$k=\pm\frac{3\sqrt{2}}{4}$$

ゆえに，① より，求めるベクトルは

$$\left(-\frac{3\sqrt{2}}{2},\ \frac{3\sqrt{2}}{2}\right),\ \left(\frac{3\sqrt{2}}{2},\ -\frac{3\sqrt{2}}{2}\right)$$

教 p.18

問 24　$\vec{a}=(6,\ -1)$，$\vec{b}=(-3,\ 2)$，$\vec{c}=(1,\ -1)$ のとき，$\vec{a}+t\vec{b}$ が $\vec{c}$ と平行になるような実数 t の値を求めよ。

考え方　$(\vec{a}+t\vec{b})/\!/\vec{c} \iff \vec{a}+t\vec{b}=k\vec{c}$ となる実数 k がある。

解　答　$(\vec{a}+t\vec{b})/\!/\vec{c}$ であるから，$\vec{a}+t\vec{b}=k\vec{c}$ となる実数 k がある。

よって

$$(6,\ -1)+t(-3,\ 2)=k(1,\ -1)$$

$$(6-3t,\ -1+2t)=(k,\ -k)$$

ゆえに

$$6-3t=k,\ -1+2t=-k$$

したがって　　$t=5$　※

※
$$\begin{array}{rr} & 6-3t=k \\ +) & -1+2t=-k \\ \hline & 5-t=0 \\ & t=5 \end{array}$$

4 ベクトルの内積

用語のまとめ

ベクトルの内積

- $\vec{0}$ でない2つのベクトル $\vec{a}$，$\vec{b}$ に対して，1点Oを定め，$\vec{a}=\overrightarrow{OA}$，$\vec{b}=\overrightarrow{OB}$ となるように点A，Bをとる。このとき，半直線OA，OBのなす角 θ のうち，$0^\circ \leqq \theta \leqq 180^\circ$ であるものを，$\vec{a}$ と $\vec{b}$ の**なす角** という。

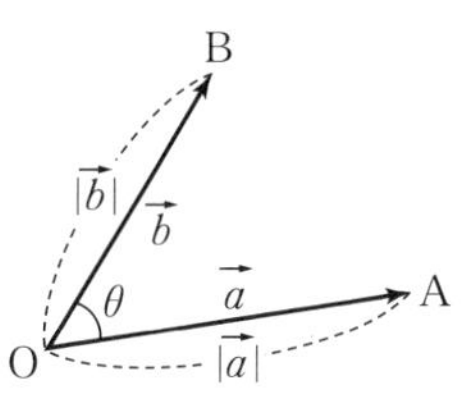

- $|\vec{a}||\vec{b}|\cos\theta$ を $\vec{a}$ と $\vec{b}$ の **内積** といい，$\vec{a}\cdot\vec{b}$ で表す。

ベクトルの垂直と内積

- $\vec{0}$ でない2つのベクトル $\vec{a}$，$\vec{b}$ のなす角を θ とすると，内積 $\vec{a}\cdot\vec{b}$ の符号について，次のことが成り立つ。

$0^\circ \leqq \theta < 90^\circ$ のとき　$\vec{a}\cdot\vec{b}>0$

$\theta = 90^\circ$ のとき　$\vec{a}\cdot\vec{b}=0$

$90^\circ < \theta \leqq 180^\circ$ のとき　$\vec{a}\cdot\vec{b}<0$

- $\theta=90^\circ$ のとき，$\vec{a}$ と $\vec{b}$ は **垂直** であるといい，$\vec{a}\perp\vec{b}$ と書く。

● 内積の定義 …… 解き方のポイント

$\vec{0}$ でない2つのベクトル $\vec{a}$，$\vec{b}$ のなす角を θ とすると

$$\vec{a}\cdot\vec{b}=|\vec{a}||\vec{b}|\cos\theta$$

$\vec{a}=\vec{0}$ または $\vec{b}=\vec{0}$ のときは，$\vec{a}\cdot\vec{b}=0$ と定める。

注意　内積 $\vec{a}\cdot\vec{b}$ はベクトルではなく実数である。

教 p.19

問25　例7で，$\vec{a}$ と $\vec{b}$ のなす角が次のとき，内積 $\vec{a}\cdot\vec{b}$ を求めよ。

(1)　150°　　(2)　0°

考え方　内積を表す記号「・」は，乗法を表す記号と区別する必要があるので，ここでは数値の掛け算に記号「×」を用いることとする。

解答　(1)　$\vec{a}\cdot\vec{b}=3\times2\times\cos150^\circ$
$=-3\sqrt{3}$

(2)　$\vec{a}\cdot\vec{b}=3\times2\times\cos0^\circ$
$=6$

教 p.19

問 26　右の図の直角三角形 ABC について，次の内積を求めよ。

(1)　$\overrightarrow{AB}\cdot\overrightarrow{AC}$　　(2)　$\overrightarrow{CA}\cdot\overrightarrow{CB}$

(3)　$\overrightarrow{AB}\cdot\overrightarrow{BC}$　　(4)　$\overrightarrow{AB}\cdot\overrightarrow{CA}$

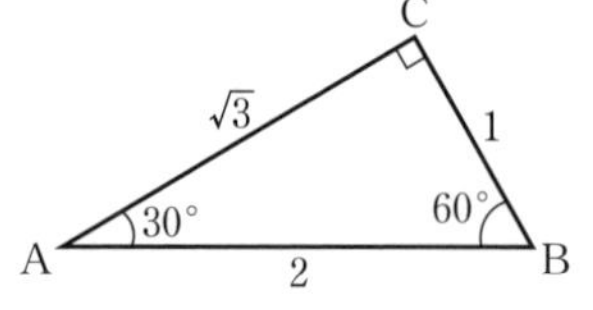

考え方　内積の定義 $\vec{a}\cdot\vec{b}=|\vec{a}||\vec{b}|\cos\theta$（$0^\circ \leqq \theta \leqq 180^\circ$）にあてはめる。

2 つのベクトルのなす角は，それらのベクトルの始点をそろえて調べる。

解　答　(1)　$\overrightarrow{AB}\cdot\overrightarrow{AC}=2\times\sqrt{3}\times\cos 30^\circ=3$

(2)　$\overrightarrow{CA}\cdot\overrightarrow{CB}=\sqrt{3}\times 1\times\cos 90^\circ=0$

(3)　右の図のように，$\overrightarrow{BC}$ を平行移動する。

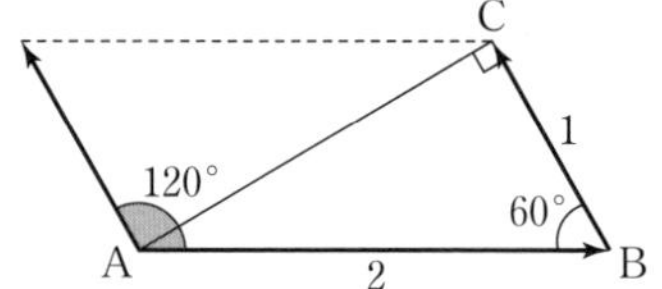

$\overrightarrow{AB}$ と $\overrightarrow{BC}$ のなす角は 120° であるから

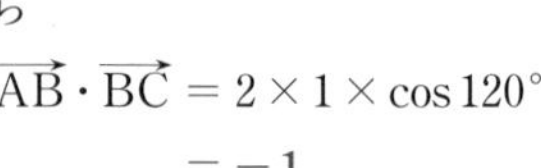

$$\overrightarrow{AB}\cdot\overrightarrow{BC}=2\times 1\times\cos 120^\circ$$
$$=-1$$

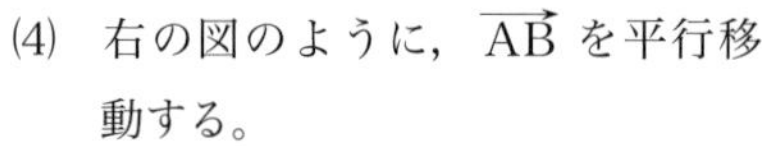

(4)　右の図のように，$\overrightarrow{AB}$ を平行移動する。

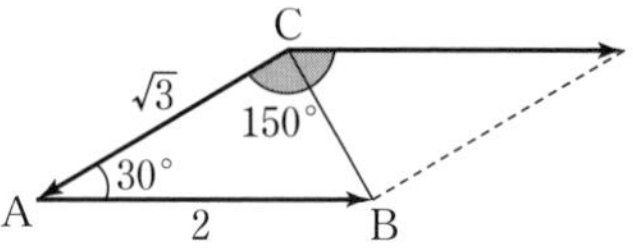

$\overrightarrow{AB}$ と $\overrightarrow{CA}$ のなす角は 150° であるから

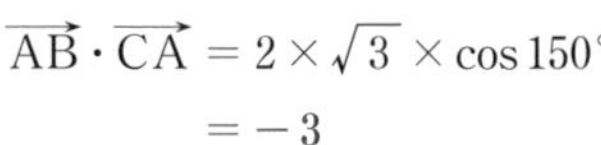

$$\overrightarrow{AB}\cdot\overrightarrow{CA}=2\times\sqrt{3}\times\cos 150^\circ$$
$$=-3$$

● ベクトルの垂直と内積　　解き方のポイント

$\vec{a}\neq\vec{0}$，$\vec{b}\neq\vec{0}$ のとき

$$\vec{a}\perp\vec{b}\iff\vec{a}\cdot\vec{b}=0$$

教 p.20

問 27　基本ベクトル $\vec{e_1}$，$\vec{e_2}$ について，$\vec{e_1}\cdot\vec{e_2}$ を求めよ。

考え方　基本ベクトルは，$\vec{e_1}=(1,\ 0)$，$\vec{e_2}=(0,\ 1)$ であり，互いに垂直である。

解　答　$\vec{e_1}\perp\vec{e_2}$ であるから　　$\vec{e_1}\cdot\vec{e_2}=0$

● 内積の性質 [1]　解き方のポイント

1 $\vec{a}\cdot\vec{b}=\vec{b}\cdot\vec{a}$

2 $\vec{a}\cdot\vec{a}=|\vec{a}|^2$,　　$|\vec{a}|=\sqrt{\vec{a}\cdot\vec{a}}$

3 $|\vec{a}\cdot\vec{b}|\leqq|\vec{a}||\vec{b}|$

教 p.20

問 28　$\vec{0}$ でない 2 つのベクトル $\vec{a}$, $\vec{b}$ に対して，次のことを証明せよ。

$\vec{a}\mathbin{/\!/}\vec{b}$ ならば $\vec{a}\cdot\vec{b}=|\vec{a}||\vec{b}|$ または $\vec{a}\cdot\vec{b}=-|\vec{a}||\vec{b}|$

考え方　平行なベクトルのなす角 θ は

　同じ向きのとき　　$\theta=0^\circ$

　反対の向きのとき　$\theta=180^\circ$

である。

$\vec{a}$ $\vec{b}$ $\theta=0^\circ$

$\vec{a}$ $\vec{b}$ $\theta=180^\circ$

証明　$\vec{a}$ と $\vec{b}$ のなす角を θ とすると

$$\vec{a}\cdot\vec{b}=|\vec{a}||\vec{b}|\cos\theta$$

$\vec{a}\mathbin{/\!/}\vec{b}$ であるから，$\theta=0^\circ$　または

$\theta=180^\circ$ である。

$\theta=0^\circ$ のとき $\cos 0^\circ=1$ であるから

$$\vec{a}\cdot\vec{b}=|\vec{a}||\vec{b}|\cos 0^\circ=|\vec{a}|\times|\vec{b}|\times 1=|\vec{a}||\vec{b}|$$

$\theta=180^\circ$ のとき $\cos 180^\circ=-1$ であるから

$$\vec{a}\cdot\vec{b}=|\vec{a}||\vec{b}|\cos 180^\circ=|\vec{a}|\times|\vec{b}|\times(-1)=-|\vec{a}||\vec{b}|$$

したがって，次のことが成り立つ。

$$\vec{a}\mathbin{/\!/}\vec{b}\ \text{ならば}\quad \vec{a}\cdot\vec{b}=|\vec{a}||\vec{b}|\quad\text{または}\quad \vec{a}\cdot\vec{b}=-|\vec{a}||\vec{b}|$$

● 内積と成分　解き方のポイント

$\vec{a}=(a_1,\ a_2)$, $\vec{b}=(b_1,\ b_2)$ のとき

$$\vec{a}\cdot\vec{b}=a_1b_1+a_2b_2$$

注意　この式は，$\vec{a}=\vec{0}$ または $\vec{b}=\vec{0}$ のときも成り立つ。

教 p.21

問 29 次のベクトル $\vec{a}$, $\vec{b}$ の内積を求めよ。

(1) $\vec{a}=(-2,\ 3)$, $\vec{b}=(5,\ 4)$

(2) $\vec{a}=(\sqrt{3}-1,\ \sqrt{2})$, $\vec{b}=(\sqrt{3}+1,\ -\sqrt{2})$

解 答 (1) $\vec{a}\cdot\vec{b}=(-2)\times5+3\times4$
$=-10+12$
$=2$

(2) $\vec{a}\cdot\vec{b}=(\sqrt{3}-1)\times(\sqrt{3}+1)+\sqrt{2}\times(-\sqrt{2})$
$=2+(-2)$
$=0$

● ベクトルのなす角と成分 …… 解き方のポイント

$\vec{0}$ でない 2 つのベクトル $\vec{a}=(a_1,\ a_2)$, $\vec{b}=(b_1,\ b_2)$ のなす角を θ とすると, $\vec{a}\cdot\vec{b}=|\vec{a}||\vec{b}|\cos\theta$ より, $\cos\theta$ の値は次のようになる。

$$\cos\theta=\frac{\vec{a}\cdot\vec{b}}{|\vec{a}||\vec{b}|}=\frac{a_1b_1+a_2b_2}{\sqrt{a_1{}^2+a_2{}^2}\sqrt{b_1{}^2+b_2{}^2}}\qquad \text{ただし, } 0^\circ\leqq\theta\leqq180^\circ$$

教 p.22

問 30 次のベクトル $\vec{a}$, $\vec{b}$ のなす角 θ を求めよ。

(1) $\vec{a}=(3,\ 0)$, $\vec{b}=(-1,\ \sqrt{3})$ (2) $\vec{a}=(1,\ -2)$, $\vec{b}=(3,\ -1)$

考え方 成分表示されたベクトルでは, $\cos\theta$ の値を計算で求めることができる。$0^\circ\leqq\theta\leqq180^\circ$ の範囲で $\cos\theta$ の値を満たす θ を求めればよい。

解 答 (1) $\cos\theta=\dfrac{\vec{a}\cdot\vec{b}}{|\vec{a}||\vec{b}|}=\dfrac{3\times(-1)+0\times\sqrt{3}}{\sqrt{3^2+0^2}\sqrt{(-1)^2+(\sqrt{3})^2}}=\dfrac{-3}{3\times2}=-\dfrac{1}{2}$

$0^\circ\leqq\theta\leqq180^\circ$ であるから　$\theta=120^\circ$

(2) $\cos\theta=\dfrac{\vec{a}\cdot\vec{b}}{|\vec{a}||\vec{b}|}=\dfrac{1\times3+(-2)\times(-1)}{\sqrt{1^2+(-2)^2}\sqrt{3^2+(-1)^2}}=\dfrac{5}{\sqrt{5}\times\sqrt{10}}=\dfrac{1}{\sqrt{2}}$

$0^\circ\leqq\theta\leqq180^\circ$ であるから　$\theta=45^\circ$

● ベクトルの垂直と成分 …… 解き方のポイント

$\vec{0}$ でない 2 つのベクトル $\vec{a}=(a_1,\ a_2)$, $\vec{b}=(b_1,\ b_2)$ について, 次のことが成り立つ。

$$\vec{a}\perp\vec{b}\iff a_1b_1+a_2b_2=0$$

教 p.22

問 31 次のベクトル $\vec{a}$, $\vec{b}$ が垂直になるような x, y の値を求めよ。

(1) $\vec{a}=(-3,\ 1)$, $\vec{b}=(x,\ 6)$ (2) $\vec{a}=(2,\ y)$, $\vec{b}=(8,\ -y)$

解答 (1) $\vec{a}\perp\vec{b}$ であるから $\vec{a}\cdot\vec{b}=0$

したがって $-3\times x+1\times 6=0$

$$-3x+6=0$$

$$x=2$$

(2) $\vec{a}\perp\vec{b}$ であるから $\vec{a}\cdot\vec{b}=0$

したがって $2\times 8+y\times(-y)=0$

$$16-y^2=0$$

$$y=4,\ -4$$

教 p.22

問 32 $\vec{a}=(-4,\ 3)$ に垂直な単位ベクトルを求めよ。

考え方 求める単位ベクトルを $\vec{e}$ とすると，$\vec{a}\cdot\vec{e}=0$, $|\vec{e}|=1$ である。
$\vec{e}=(x,\ y)$ とおき，この 2 つの条件を満たす x, y の値を求める。

解答 求める単位ベクトルを $\vec{e}=(x,\ y)$ とすると

$\vec{a}\perp\vec{e}$ より，$\vec{a}\cdot\vec{e}=0$ であるから

$$-4x+3y=0 \quad \cdots\cdots①$$

$|\vec{e}|=1$ より，$|\vec{e}|^2=1$ であるから

$$x^2+y^2=1 \quad \cdots\cdots②$$

①, ② から y を消去すると

$$x^2+\left(\frac{4}{3}x\right)^2=1 \quad より \quad x^2=\frac{9}{25}$$

すなわち $x=\pm\dfrac{3}{5}$

$x=\dfrac{3}{5}$ のとき $y=\dfrac{4}{5}$

$x=-\dfrac{3}{5}$ のとき $y=-\dfrac{4}{5}$

よって，求める単位ベクトルは

$$\left(\frac{3}{5},\ \frac{4}{5}\right),\ \left(-\frac{3}{5},\ -\frac{4}{5}\right)$$

● 内積の性質 [2] …… 解き方のポイント

4 $(k\vec{a})\cdot\vec{b}=k(\vec{a}\cdot\vec{b})=\vec{a}\cdot(k\vec{b})$　k は実数

5 $\vec{a}\cdot(\vec{b}+\vec{c})=\vec{a}\cdot\vec{b}+\vec{a}\cdot\vec{c}$

6 $(\vec{a}+\vec{b})\cdot\vec{c}=\vec{a}\cdot\vec{c}+\vec{b}\cdot\vec{c}$

教 p.23

問 33　上の 4, 6 を証明せよ。

考え方　$\vec{a}=(a_1,\ a_2)$, $\vec{b}=(b_1,\ b_2)$, $\vec{c}=(c_1,\ c_2)$ として，内積と成分，成分による演算を用いて証明する。

証明　4 の証明

$\vec{a}=(a_1,\ a_2)$, $\vec{b}=(b_1,\ b_2)$ とすると，k が実数のとき

$k\vec{a}=(ka_1,\ ka_2)$ であるから

$$(k\vec{a})\cdot\vec{b}=(ka_1)b_1+(ka_2)b_2=ka_1b_1+ka_2b_2$$
$$=k(a_1b_1+a_2b_2)=k(\vec{a}\cdot\vec{b})$$

$k\vec{b}=(kb_1,\ kb_2)$ であるから

$$\vec{a}\cdot(k\vec{b})=a_1(kb_1)+a_2(kb_2)=ka_1b_1+ka_2b_2$$
$$=k(a_1b_1+a_2b_2)=k(\vec{a}\cdot\vec{b})$$

よって　$(k\vec{a})\cdot\vec{b}=k(\vec{a}\cdot\vec{b})=\vec{a}\cdot(k\vec{b})$

6 の証明

$\vec{a}=(a_1,\ a_2)$, $\vec{b}=(b_1,\ b_2)$, $\vec{c}=(c_1,\ c_2)$ とすると，

$\vec{a}+\vec{b}=(a_1+b_1,\ a_2+b_2)$ であるから

$$(\vec{a}+\vec{b})\cdot\vec{c}=(a_1+b_1)c_1+(a_2+b_2)c_2$$
$$=a_1c_1+b_1c_1+a_2c_2+b_2c_2$$
$$=(a_1c_1+a_2c_2)+(b_1c_1+b_2c_2)$$
$$=\vec{a}\cdot\vec{c}+\vec{b}\cdot\vec{c}$$

よって　$(\vec{a}+\vec{b})\cdot\vec{c}=\vec{a}\cdot\vec{c}+\vec{b}\cdot\vec{c}$

教 p.23

問 34　$\vec{a}\cdot(\vec{b}-\vec{c})=\vec{a}\cdot\vec{b}-\vec{a}\cdot\vec{c}$ を証明せよ。

考え方　内積の性質 4, 5 を用いて証明する。
成分による演算を用いて証明することもできる。(**別証** の方法)

証明

$$\vec{a}\cdot(\vec{b}-\vec{c})=\vec{a}\cdot\{\vec{b}+(-\vec{c})\}$$
$$=\vec{a}\cdot\vec{b}+\vec{a}\cdot(-\vec{c})$$
$$=\vec{a}\cdot\vec{b}-\vec{a}\cdot\vec{c}$$

（1行目→2行目：内積の性質 5，2行目→3行目：内積の性質 4 ($k=-1$ として)）

よって　$\vec{a}\cdot(\vec{b}-\vec{c})=\vec{a}\cdot\vec{b}-\vec{a}\cdot\vec{c}$

別証　$\vec{a}=(a_1,\ a_2)$，$\vec{b}=(b_1,\ b_2)$，$\vec{c}=(c_1,\ c_2)$ とすると，

$\vec{b}-\vec{c}=(b_1-c_1,\ b_2-c_2)$ であるから

$$\vec{a}\cdot(\vec{b}-\vec{c})=a_1(b_1-c_1)+a_2(b_2-c_2)$$
$$=a_1b_1-a_1c_1+a_2b_2-a_2c_2$$
$$=(a_1b_1+a_2b_2)-(a_1c_1+a_2c_2)$$
$$=\vec{a}\cdot\vec{b}-\vec{a}\cdot\vec{c}$$

よって　$\vec{a}\cdot(\vec{b}-\vec{c})=\vec{a}\cdot\vec{b}-\vec{a}\cdot\vec{c}$

教 p.23

問35　ベクトル $\vec{a}$，$\vec{b}$ に対して，次の等式が成り立つことを示せ。

(1)　$|\vec{a}+\vec{b}|^2=|\vec{a}|^2+2\vec{a}\cdot\vec{b}+|\vec{b}|^2$

(2)　$(\vec{a}+\vec{b})\cdot(\vec{a}-\vec{b})=|\vec{a}|^2-|\vec{b}|^2$

考え方　ベクトルの内積の性質を用いて左辺を変形し，右辺を導く。

(1)　$|\vec{a}+\vec{b}|^2$ は内積の性質[1]の 2 より，内積 $(\vec{a}+\vec{b})\cdot(\vec{a}+\vec{b})$ の形にして計算する。

証明　(1)

$$|\vec{a}+\vec{b}|^2=(\vec{a}+\vec{b})\cdot(\vec{a}+\vec{b})$$
$$=\vec{a}\cdot(\vec{a}+\vec{b})+\vec{b}\cdot(\vec{a}+\vec{b})$$
$$=\vec{a}\cdot\vec{a}+\vec{a}\cdot\vec{b}+\vec{b}\cdot\vec{a}+\vec{b}\cdot\vec{b}$$
$$=\vec{a}\cdot\vec{a}+\vec{a}\cdot\vec{b}+\vec{a}\cdot\vec{b}+\vec{b}\cdot\vec{b}$$
$$=|\vec{a}|^2+2\vec{a}\cdot\vec{b}+|\vec{b}|^2$$

(2)

$$(\vec{a}+\vec{b})\cdot(\vec{a}-\vec{b})=\vec{a}\cdot(\vec{a}-\vec{b})+\vec{b}\cdot(\vec{a}-\vec{b})$$
$$=\vec{a}\cdot\vec{a}-\vec{a}\cdot\vec{b}+\vec{b}\cdot\vec{a}-\vec{b}\cdot\vec{b}$$
$$=\vec{a}\cdot\vec{a}-\vec{a}\cdot\vec{b}+\vec{a}\cdot\vec{b}-\vec{b}\cdot\vec{b}$$
$$=|\vec{a}|^2-|\vec{b}|^2$$

注意　内積の計算は，性質にあるように，交換法則や分配法則が成り立つから，式の展開と同様に計算することができる。

$$(a+b)^2=a^2+2ab+b^2 \iff |\vec{a}+\vec{b}|^2=|\vec{a}|^2+2\vec{a}\cdot\vec{b}+|\vec{b}|^2$$
$$(a+b)(a-b)=a^2-b^2 \iff (\vec{a}+\vec{b})\cdot(\vec{a}-\vec{b})=|\vec{a}|^2-|\vec{b}|^2$$

教 p.24

問 36 $|\vec{a}|=1$, $|\vec{b}|=3$, $\vec{a}\cdot\vec{b}=-1$ のとき，$|3\vec{a}-\vec{b}|$ の値を求めよ。

考え方 $|3\vec{a}-\vec{b}|^2$ の値は，$(3\vec{a}-\vec{b})\cdot(3\vec{a}-\vec{b})$ の形に変形し，内積の性質を用いて計算する。

解 答

$$\begin{aligned}|3\vec{a}-\vec{b}|^2&=(3\vec{a}-\vec{b})\cdot(3\vec{a}-\vec{b})\\&=3\vec{a}\cdot(3\vec{a}-\vec{b})-\vec{b}\cdot(3\vec{a}-\vec{b})\\&=9\vec{a}\cdot\vec{a}-3\vec{a}\cdot\vec{b}-3\vec{b}\cdot\vec{a}+\vec{b}\cdot\vec{b}\\&=9|\vec{a}|^2-6\vec{a}\cdot\vec{b}+|\vec{b}|^2\\&=9\times1^2-6\times(-1)+3^2\\&=24\end{aligned}$$

$|3\vec{a}-\vec{b}|\geqq0$ であるから

$$|3\vec{a}-\vec{b}|=\sqrt{24}=2\sqrt{6}$$

$$(3a-b)^2=9a^2-6ab+b^2$$

であることから

$$|3\vec{a}-\vec{b}|^2=9|\vec{a}|^2-6\vec{a}\cdot\vec{b}+|\vec{b}|^2$$

となる。

教 p.24

問 37 $|\vec{a}|=\sqrt{2}$, $|\vec{b}|=3$ で，$\vec{a}-\vec{b}$ と $6\vec{a}-\vec{b}$ が垂直であるとき，$\vec{a}$, $\vec{b}$ のなす角 θ を求めよ。

考え方 2つのベクトル $\vec{a}-\vec{b}$ と $6\vec{a}-\vec{b}$ が垂直であるから，その内積は0である。このことから $\cos\theta$ の値を求める。

解 答 $\vec{a}-\vec{b}$ と $6\vec{a}-\vec{b}$ が垂直であるから，次の式が成り立つ。

$$(\vec{a}-\vec{b})\cdot(6\vec{a}-\vec{b})=0$$

よって　$6\vec{a}\cdot\vec{a}-\vec{a}\cdot\vec{b}-6\vec{a}\cdot\vec{b}+\vec{b}\cdot\vec{b}=0$

$$6|\vec{a}|^2-7\vec{a}\cdot\vec{b}+|\vec{b}|^2=0$$

ここで，$|\vec{a}|=\sqrt{2}$, $|\vec{b}|=3$, $\vec{a}\cdot\vec{b}=\sqrt{2}\times3\times\cos\theta$ であるから

$$6\times(\sqrt{2})^2-7\times\sqrt{2}\times3\times\cos\theta+3^2=0$$

ゆえに　$21-21\sqrt{2}\cos\theta=0$

これより　$\cos\theta=\dfrac{1}{\sqrt{2}}$

$0^\circ\leqq\theta\leqq180^\circ$ であるから　　$\theta=45^\circ$

問　題　　教 p.25

1 △ABC の辺 AB，AC を $m:n$ に内分する点をそれぞれ P，Q とするとき，次の問に答えよ。

(1) $\overrightarrow{PQ}$ を $\overrightarrow{AB}$，$\overrightarrow{AC}$ を用いて表せ。

(2) $\overrightarrow{PQ} /\!/ \overrightarrow{BC}$ となることを示せ。

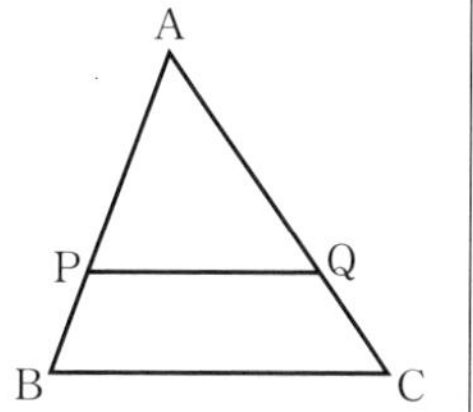

考え方 (1) $\overrightarrow{PQ}=\overrightarrow{AQ}-\overrightarrow{AP}$ であるから，$\overrightarrow{AP}$，$\overrightarrow{AQ}$ をそれぞれ $\overrightarrow{AB}$，$\overrightarrow{AC}$ を用いて表す。AP : PB = AQ : QC = $m:n$ より，AP : AB = AQ : AC = $m:(m+n)$ である。

(2) $\overrightarrow{PQ} /\!/ \overrightarrow{BC} \iff \overrightarrow{PQ}=k\overrightarrow{BC}$ となる実数 k があることを示す。

解　答 (1) 点 P，Q はそれぞれ辺 AB，AC を $m:n$ に内分する点であるから

$$\overrightarrow{AP}=\frac{m}{m+n}\overrightarrow{AB},\qquad \overrightarrow{AQ}=\frac{m}{m+n}\overrightarrow{AC}$$

よって　$\overrightarrow{PQ}=\overrightarrow{AQ}-\overrightarrow{AP}=\frac{m}{m+n}\overrightarrow{AC}-\frac{m}{m+n}\overrightarrow{AB}$

(2) (1) より　$\overrightarrow{PQ}=\frac{m}{m+n}(\overrightarrow{AC}-\overrightarrow{AB})=\frac{m}{m+n}\overrightarrow{BC}$

$\overrightarrow{PQ}\neq\vec{0}$，$\overrightarrow{BC}\neq\vec{0}$ であり，$\overrightarrow{PQ}=k\overrightarrow{BC}$ となる実数 k があるから

$\overrightarrow{PQ} /\!/ \overrightarrow{BC}$

2 $\vec{a}=(6,\ -2)$，$\vec{b}=(0,\ 2)$，$\vec{p}=\vec{a}+t\vec{b}$ とするとき，次の問に答えよ。ただし，t は実数とする。

(1) $|\vec{p}|=10$ となるような t の値を求めよ。

(2) $|\vec{p}|$ の最小値を求めよ。また，そのときの t の値を求めよ。

考え方 (1) $\vec{p}$ を成分表示し，$|\vec{p}|^2=10^2$ となるような t の値を求める。

(2) $|\vec{p}|$ が最小となるのは，$|\vec{p}|^2$ が最小となるときである。$|\vec{p}|^2$ は，(1) より t の 2 次式であるから，これを変形して最小値を求める。

解　答 $\vec{a}=(6,\ -2)$，$\vec{b}=(0,\ 2)$ であるから

$$\vec{p}=\vec{a}+t\vec{b}=(6,\ -2)+t(0,\ 2)=(6,\ -2+2t)$$

よって　$|\vec{p}|^2=6^2+(-2+2t)^2=4t^2-8t+40$

(1) $|\vec{p}|=10$ より，$|\vec{p}|^2=10^2$ であるから

$$4t^2-8t+40=10^2$$

$$t^2-2t-15=0$$

$(t+3)(t-5)=0$

これを解くと　$t=-3,\ 5$

(2)　$|\vec{p}|^2=4t^2-8t+40=4(t-1)^2+36$

よって，$|\vec{p}|^2$ は $t=1$ のとき，最小値 36 をとる。

ゆえに，$t=1$ のとき　$|\vec{p}|$ の最小値 6

3　右の図において，$\overrightarrow{OA}=\vec{a}$，$\overrightarrow{OB}=\vec{b}$ とするとき，OA×OD と OB×OC の値を $\vec{a}$，$\vec{b}$ を用いて表し

$$OA\times OD=OB\times OC$$

が成り立つことを確認せよ。

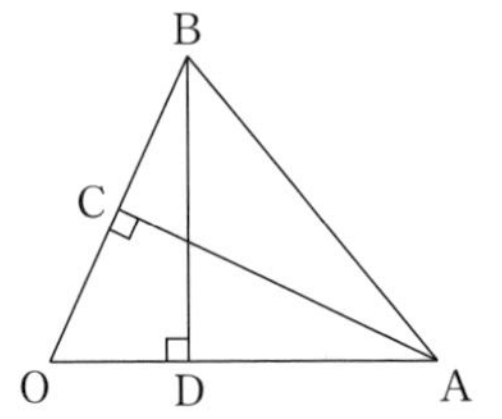

考え方　$\vec{a}$ と $\vec{b}$ のなす角を θ として，$|\overrightarrow{OC}|$，$|\overrightarrow{OD}|$ を $\vec{a}$，$\vec{b}$，θ を用いて表す。
$|\overrightarrow{OC}|$ は $\overrightarrow{OC}$ の大きさであり，OC の長さに等しい。

解答　$\vec{a}$ と $\vec{b}$ のなす角を θ とすると

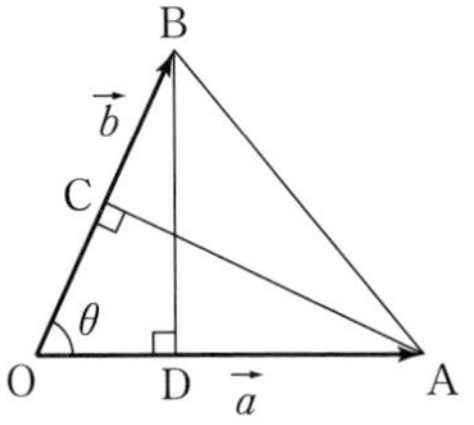

$|\overrightarrow{OC}|=|\vec{a}|\cos\theta$

$|\overrightarrow{OD}|=|\vec{b}|\cos\theta$

であるから

$OA\times OD=|\vec{a}|\times|\vec{b}|\cos\theta=\vec{a}\cdot\vec{b}$

$OB\times OC=|\vec{b}|\times|\vec{a}|\cos\theta=\vec{a}\cdot\vec{b}$

よって，OA×OD＝OB×OC が成り立つ。

4　1辺の長さが1の正六角形 ABCDEF について，次の内積を求めよ。

(1)　$\overrightarrow{AB}\cdot\overrightarrow{AF}$　　(2)　$\overrightarrow{AC}\cdot\overrightarrow{AE}$

(3)　$\overrightarrow{AC}\cdot\overrightarrow{AF}$　　(4)　$\overrightarrow{AC}\cdot\overrightarrow{CE}$

(5)　$\overrightarrow{BE}\cdot\overrightarrow{CF}$

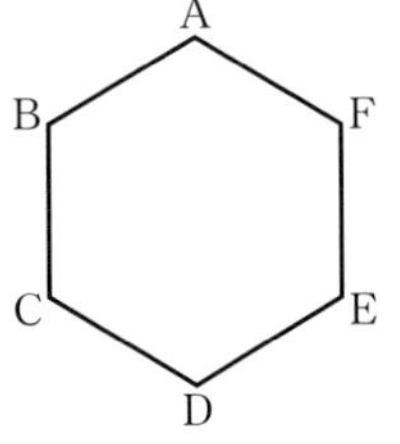

考え方　2つのベクトルのなす角を求め，内積の定義に従って計算する。特に，(4)，(5) はベクトルの始点をそろえて，なす角を求める。

解答　$|\overrightarrow{AC}|$，$|\overrightarrow{AE}|$，$|\overrightarrow{CE}|$ を求める。

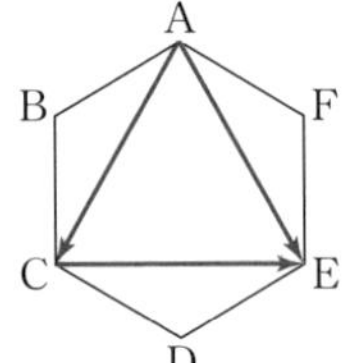

$|\overrightarrow{AC}|=|\overrightarrow{AB}+\overrightarrow{BC}|$

両辺を 2 乗して

$|\overrightarrow{AC}|^2=|\overrightarrow{AB}|^2+2\overrightarrow{AB}\cdot\overrightarrow{BC}+|\overrightarrow{BC}|^2$

ここで　$\overrightarrow{\mathrm{AB}}\cdot\overrightarrow{\mathrm{BC}}=1\times1\times\cos60^\circ=\dfrac{1}{2}$

よって　$|\overrightarrow{\mathrm{AC}}|^2=1^2+2\times\dfrac{1}{2}+1^2=3$

したがって　$|\overrightarrow{\mathrm{AC}}|=\sqrt{3}$

同様に　$|\overrightarrow{\mathrm{AE}}|=|\overrightarrow{\mathrm{CE}}|=\sqrt{3}$

(1)　$\overrightarrow{\mathrm{AB}}$ と $\overrightarrow{\mathrm{AF}}$ のなす角は 120° であるから

$$\overrightarrow{\mathrm{AB}}\cdot\overrightarrow{\mathrm{AF}}=|\overrightarrow{\mathrm{AB}}|\times|\overrightarrow{\mathrm{AF}}|\times\cos120^\circ$$
$$=1\times1\times\left(-\frac{1}{2}\right)=-\frac{1}{2}$$

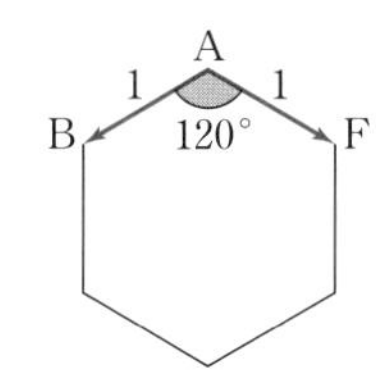

(2)　$\overrightarrow{\mathrm{AC}}$ と $\overrightarrow{\mathrm{AE}}$ のなす角は 60° であるから

$$\overrightarrow{\mathrm{AC}}\cdot\overrightarrow{\mathrm{AE}}=|\overrightarrow{\mathrm{AC}}|\times|\overrightarrow{\mathrm{AE}}|\times\cos60^\circ$$
$$=\sqrt{3}\times\sqrt{3}\times\frac{1}{2}=\frac{3}{2}$$

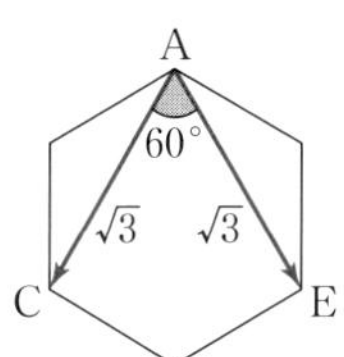

(3)　$\overrightarrow{\mathrm{AC}}\perp\overrightarrow{\mathrm{AF}}$ であるから

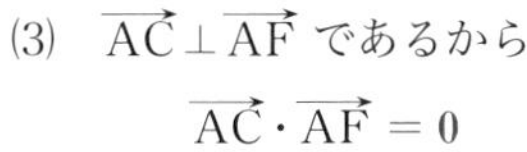

$$\overrightarrow{\mathrm{AC}}\cdot\overrightarrow{\mathrm{AF}}=0$$

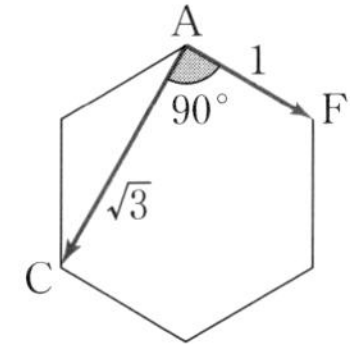

(4)　右の図のように，$\overrightarrow{\mathrm{CE}}$ を平行移動する。

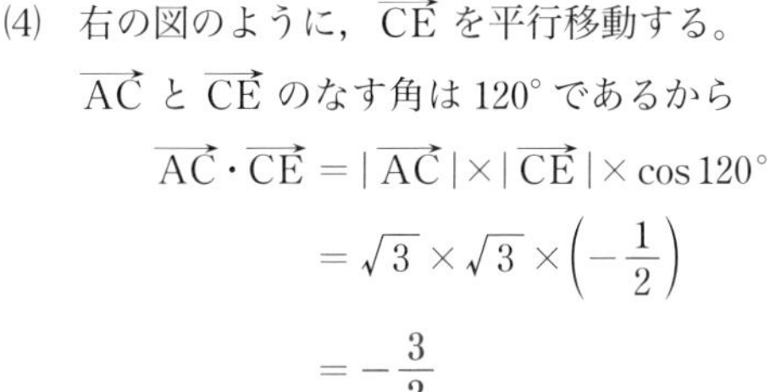

$\overrightarrow{\mathrm{AC}}$ と $\overrightarrow{\mathrm{CE}}$ のなす角は 120° であるから

$$\overrightarrow{\mathrm{AC}}\cdot\overrightarrow{\mathrm{CE}}=|\overrightarrow{\mathrm{AC}}|\times|\overrightarrow{\mathrm{CE}}|\times\cos120^\circ$$
$$=\sqrt{3}\times\sqrt{3}\times\left(-\frac{1}{2}\right)$$
$$=-\frac{3}{2}$$

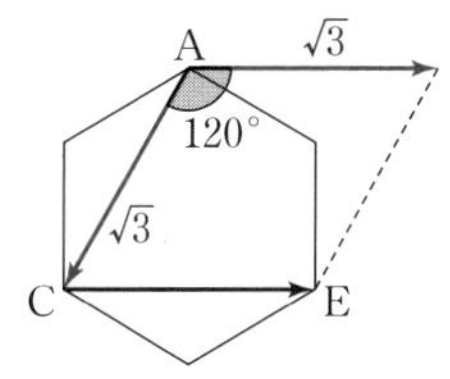

(5)　右の図のように，$\overrightarrow{\mathrm{CF}}$ を平行移動する。

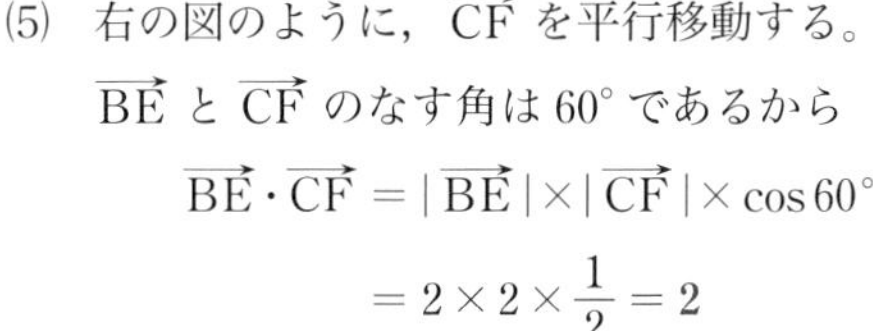

$\overrightarrow{\mathrm{BE}}$ と $\overrightarrow{\mathrm{CF}}$ のなす角は 60° であるから

$$\overrightarrow{\mathrm{BE}}\cdot\overrightarrow{\mathrm{CF}}=|\overrightarrow{\mathrm{BE}}|\times|\overrightarrow{\mathrm{CF}}|\times\cos60^\circ$$
$$=2\times2\times\frac{1}{2}=2$$

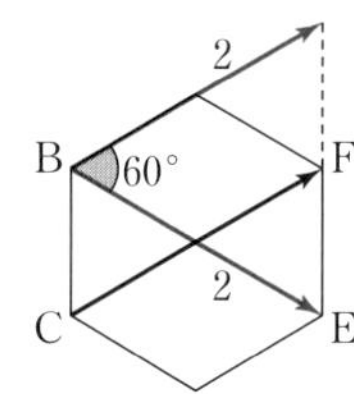

5　次のそれぞれの場合について，ベクトル $\vec{a}$，$\vec{b}$ のなす角 θ を求めよ。

(1)　$|\vec{a}|=3$，$|\vec{b}|=4$，$\vec{a}\cdot\vec{b}=6$

(2)　$|\vec{a}|=\sqrt{2}$，$|\vec{a}-2\vec{b}|=\sqrt{10}$，$\vec{a}\cdot\vec{b}=2$

考え方 内積の定義の式を用いて $\cos\theta$ の値を求める。

(2) $|\vec{a}-2\vec{b}|=\sqrt{10}$ の両辺を2乗し，$|\vec{b}|$ の値を求める。

解　答 (1) $$\cos\theta=\frac{\vec{a}\cdot\vec{b}}{|\vec{a}||\vec{b}|}=\frac{6}{3\times4}=\frac{1}{2}$$

$0^\circ \leqq \theta \leqq 180^\circ$ であるから　　$\theta=60^\circ$

(2) $|\vec{a}-2\vec{b}|=\sqrt{10}$ であるから　　$|\vec{a}-2\vec{b}|^2=(\sqrt{10})^2$

$$(\vec{a}-2\vec{b})\cdot(\vec{a}-2\vec{b})=10$$

$$|\vec{a}|^2-4\vec{a}\cdot\vec{b}+4|\vec{b}|^2=10$$

$|\vec{a}|=\sqrt{2}$，$\vec{a}\cdot\vec{b}=2$ であるから

$(\sqrt{2})^2-4\times2+4|\vec{b}|^2=10$　より　$|\vec{b}|^2=4$

よって　　$|\vec{b}|=2$

したがって　　$\cos\theta=\dfrac{\vec{a}\cdot\vec{b}}{|\vec{a}||\vec{b}|}=\dfrac{2}{\sqrt{2}\times2}=\dfrac{1}{\sqrt{2}}$

$0^\circ \leqq \theta \leqq 180^\circ$ であるから　　$\theta=45^\circ$

---

6 $|\vec{a}|=2$，$|\vec{b}|=3$，$|\vec{a}+\vec{b}|=\sqrt{17}$ のとき，次の問に答えよ。

(1) $\vec{a}\cdot\vec{b}$ の値を求めよ。

(2) $|\vec{a}-\vec{b}|$ の値を求めよ。

(3) $\vec{a}+t\vec{b}$ と $\vec{a}-\vec{b}$ が垂直になるような実数 t の値を求めよ。

考え方 $|\vec{a}+\vec{b}|$ や $|\vec{a}-\vec{b}|$ は，2乗することで，内積の性質が利用できる。

(3) 2つのベクトルが垂直になるとき，その内積は0である。

解　答 (1) $|\vec{a}+\vec{b}|=\sqrt{17}$ であるから

$$|\vec{a}+\vec{b}|^2=(\sqrt{17})^2$$

$$(\vec{a}+\vec{b})\cdot(\vec{a}+\vec{b})=17$$

$$|\vec{a}|^2+2\vec{a}\cdot\vec{b}+|\vec{b}|^2=17$$

$|\vec{a}|=2$，$|\vec{b}|=3$ であるから

$$2^2+2\vec{a}\cdot\vec{b}+3^2=17$$

よって　　$\vec{a}\cdot\vec{b}=2$

(2) $|\vec{a}-\vec{b}|^2=(\vec{a}-\vec{b})\cdot(\vec{a}-\vec{b})=|\vec{a}|^2-2\vec{a}\cdot\vec{b}+|\vec{b}|^2$

$$=2^2-2\times2+3^2=9$$

よって　　$|\vec{a}-\vec{b}|=3$

(3) $\vec{a}+t\vec{b}$ と $\vec{a}-\vec{b}$ が垂直になるとき

$$(\vec{a}+t\vec{b})\cdot(\vec{a}-\vec{b})=0$$

$$|\vec{a}|^2+(t-1)\vec{a}\cdot\vec{b}-t|\vec{b}|^2=0$$

$$2^2+(t-1)\times2-t\times3^2=0$$

$4+2t-2-9t=0$

$-7t=-2$

よって　　$t=\dfrac{2}{7}$

探究 内積と図形の性質

教 p.26

考察 1 $\vec{0}$ でない 2 つのベクトル $\vec{a}$, $\vec{b}$ に対して，次が成り立つことを確認してみよう。

$|\vec{a}|=|\vec{b}|$ ならば $(\vec{a}+\vec{b})\cdot(\vec{a}-\vec{b})=0$ である。

考え方 教科書 p.23 の問 35 の (2) より

$$(\vec{a}+\vec{b})\cdot(\vec{a}-\vec{b})=|\vec{a}|^2-|\vec{b}|^2$$

である。

解 答

$$(\vec{a}+\vec{b})\cdot(\vec{a}-\vec{b})=|\vec{a}|^2-|\vec{b}|^2 \quad \cdots\cdots ①$$

である。$|\vec{a}|=|\vec{b}|$ ならば

$$|\vec{a}|^2=|\vec{b}|^2$$

すなわち，$|\vec{a}|^2-|\vec{b}|^2=0$ であるから，① より

$$(\vec{a}+\vec{b})\cdot(\vec{a}-\vec{b})=0$$

考察 2 点 O を定め，$\vec{a}=\overrightarrow{OA}$，$\vec{b}=\overrightarrow{OB}$ となる 2 点 A，B をとる。このとき，考察 1 がどのような図形の性質を示す計算になっていると考えられるか，3 点 O，A，B が一直線上にある場合とない場合に分けて調べてみよう。

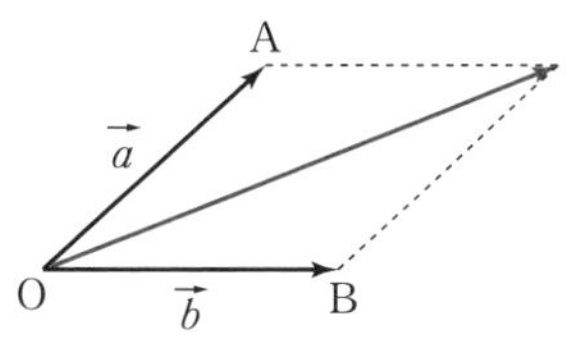

解 答 (i) 3 点 O，A，B が一直線上にある場合

このとき，$\vec{b}=k\vec{a}$ となる実数 k がある。

$|\vec{a}|=|\vec{b}|$ は，OA = OB であることを表す。

$(\vec{a}+\vec{b})\cdot(\vec{a}-\vec{b})=0$ より

$$(\vec{a}+\vec{b})\cdot(\vec{a}-\vec{b})=|\vec{a}|^2-|\vec{b}|^2=|\vec{a}|^2-k^2|\vec{a}|^2$$

であるから

$$|\vec{a}|^2-k^2|\vec{a}|^2=0 \quad \text{すなわち} \quad k=\pm 1$$

よって　$\vec{b}=\vec{a}$，$\vec{b}=-\vec{a}$

これは，B が A に一致する，または，線分 AB の中点が O になることを表す。

したがって，**考察 1** の計算は

3 点 O，A，B が一直線上にあるとき

OA = OB ならば，B が A に一致する，または，線分 AB の中点が O になる

ことを表す。

(ii) 3 点 O，A，B が一直線上にない場合

$\overrightarrow{OC}=\vec{a}+\vec{b}$ を満たす点を C とすると，四角形 AOBC は平行四辺形である。

このとき，$|\vec{a}|=|\vec{b}|$ は，平行四辺形 AOBC において，隣り合う 2 辺が等しいことを表しているから，四角形 AOBC がひし形であることを表す。

ここで，$\overrightarrow{OC}=\vec{a}+\vec{b}$，$\overrightarrow{BA}=\vec{a}-\vec{b}$ であり，$\overrightarrow{OC}$，$\overrightarrow{BA}$ はともに $\vec{0}$ でないから，$(\vec{a}+\vec{b})\cdot(\vec{a}-\vec{b})=0$ は，$OC\perp BA$ であることを表す。

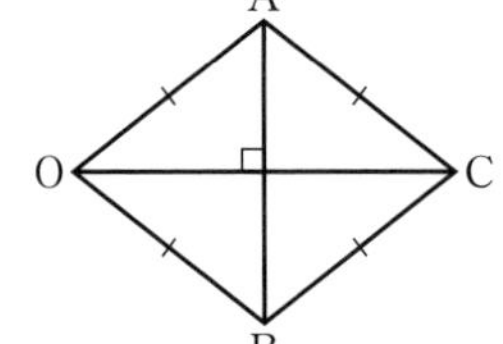

OC，BA は平行四辺形 AOBC の対角線であるから，平行四辺形 AOBC の対角線が垂直に交わることを表す。

したがって，**考察 1** の計算は

ひし形ならば，その対角線が垂直に交わる

ことを表す。

考察 3 $\vec{0}$ でない 2 つのベクトル $\vec{a}$，$\vec{b}$ に対して，次が成り立つことを確認し，その図形的な意味を考えてみよう。

$(\vec{a}+\vec{b})\cdot(\vec{a}-\vec{b})=0$ ならば $|\vec{a}|=|\vec{b}|$ である。

考え方 この命題は，**考察 1** で示した命題の逆である。

解 答

$$(\vec{a}+\vec{b})\cdot(\vec{a}-\vec{b})=|\vec{a}|^2-|\vec{b}|^2$$

であるから

$(\vec{a}+\vec{b})\cdot(\vec{a}-\vec{b})=0$ ならば　$|\vec{a}|^2=|\vec{b}|^2$　すなわち　$|\vec{a}|=|\vec{b}|$

である。

点 O を定め，$\vec{a}=\overrightarrow{OA}$，$\vec{b}=\overrightarrow{OB}$ となる 2 点 A，B をとると，**考察 2** より，このことは次のことを表す。

(i) 3 点 O, A, B が一直線上にあるとき

B が A に一致する，または，線分 AB の中点が O になるならば，OA = OB である

ことを表す。

(ii) 3 点 O, A, B が一直線上にないとき

$\overrightarrow{\mathrm{OC}} = \vec{a} + \vec{b}$ を満たす点を C とすると，平行四辺形 AOBC において

対角線が垂直に交わるならば，その平行四辺形はひし形である

ことを表す。

考察 4 「対角線の長さが等しい平行四辺形は，長方形である」ことを，ベクトルを用いて示すことはできないだろうか。

考え方 長方形であることを示すには，隣り合う 2 辺が垂直であることを示せばよい。

解 答 点 O を定め，平行でない 2 つのベクトル $\vec{a}$, $\vec{b}$ について，$\vec{a} = \overrightarrow{\mathrm{OA}}$, $\vec{b} = \overrightarrow{\mathrm{OB}}$ となる 2 点 A, B をとる。

$\overrightarrow{\mathrm{OC}} = \vec{a} + \vec{b}$ を満たす点 C をとると，四角形 AOBC は平行四辺形であり，対角線 AB, OC について，それぞれ

$$\overrightarrow{\mathrm{BA}} = \vec{a} - \vec{b},\quad \overrightarrow{\mathrm{OC}} = \vec{a} + \vec{b}$$

であるから，対角線の長さが等しいとき

$$|\overrightarrow{\mathrm{BA}}| = |\overrightarrow{\mathrm{OC}}| \quad \text{すなわち} \quad |\vec{a} - \vec{b}| = |\vec{a} + \vec{b}|$$

である。

$|\vec{a} - \vec{b}| = |\vec{a} + \vec{b}|$ について，両辺を 2 乗して整理すると

$$|\vec{a} - \vec{b}|^2 = |\vec{a} + \vec{b}|^2$$

$$(\vec{a} - \vec{b})\cdot(\vec{a} - \vec{b}) = (\vec{a} + \vec{b})\cdot(\vec{a} + \vec{b})$$

$$|\vec{a}|^2 - 2\vec{a}\cdot\vec{b} + |\vec{b}|^2 = |\vec{a}|^2 + 2\vec{a}\cdot\vec{b} + |\vec{b}|^2$$

$$4\vec{a}\cdot\vec{b} = 0$$

したがって　$\vec{a}\cdot\vec{b} = 0$

$\vec{a} \neq \vec{0}$, $\vec{b} \neq \vec{0}$ であるから，$\vec{a}\cdot\vec{b} = 0$ は $\mathrm{OA} \perp \mathrm{OB}$ であることを表す。

これは，平行四辺形 AOBC において，隣り合う 2 辺が垂直であること，すなわち，平行四辺形 AOBC が長方形であることを表している。

2節 ベクトルの応用

1 位置ベクトル

用語のまとめ

位置ベクトル

- 平面上に1点Oを固定すると，この平面上の任意の点Pの位置は，ベクトル $\overrightarrow{\mathrm{OP}}=\vec{p}$ によって定まる。この $\vec{p}$ を点Oを基準とする点Pの **位置ベクトル** という。
- 点Pの位置ベクトルが $\vec{p}$ であることを $\mathrm{P}(\vec{p})$ と表す。
- 2点 $\mathrm{A}(\vec{a})$，$\mathrm{B}(\vec{b})$ に対して

$$\overrightarrow{\mathrm{AB}}=\vec{b}-\vec{a}$$

と表される。

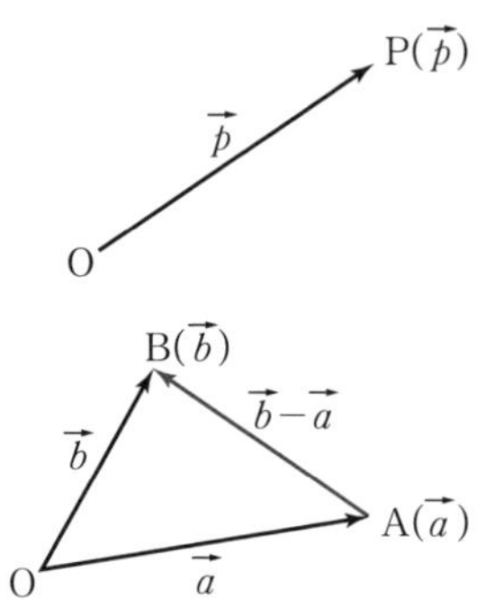

● 内分点の位置ベクトル 　解き方のポイント

2点 $\mathrm{A}(\vec{a})$，$\mathrm{B}(\vec{b})$ を結ぶ線分ABを $m:n$ に内分する点Pの位置ベクトル $\vec{p}$ は

$$\vec{p}=\frac{n\vec{a}+m\vec{b}}{m+n}$$

特に，線分ABの中点の位置ベクトルは

$$\frac{\vec{a}+\vec{b}}{2}$$

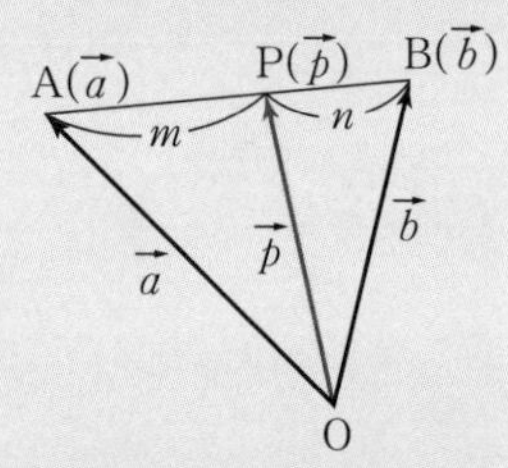

● 外分点の位置ベクトル 　解き方のポイント

線分ABを $m:n$ に外分する点Qの位置ベクトル $\vec{q}$ は

$$\vec{q}=\frac{-n\vec{a}+m\vec{b}}{m-n}$$

となる。ただし，$m\neq n$ とする。

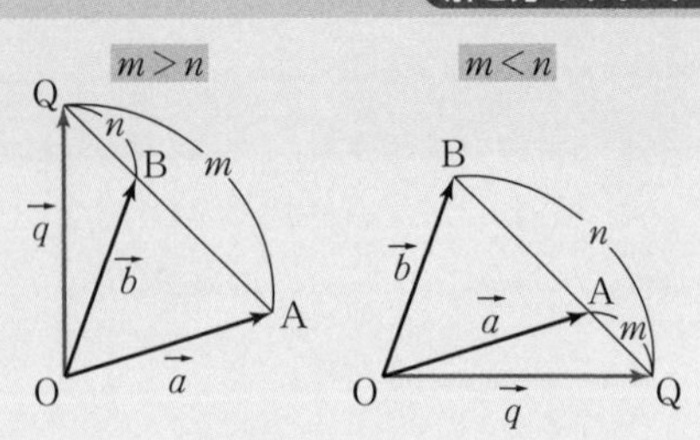

教 p.28

問1　教科書 28 ページの式 ① を確かめよ。

考え方　$\overrightarrow{OQ}=\overrightarrow{OA}+\overrightarrow{AQ}$ であることから，$\vec{q}$ を m，n，$\vec{a}$，$\vec{b}$ を用いて表す。

$\overrightarrow{AQ}$ は，$m>n$，$m<n$ の場合に分けて求める。

$m>n$ のとき

AQ：QB $=m:n$ より，AQ：AB $=m:(m-n)$ であり，

$\overrightarrow{AQ}$ は $\overrightarrow{AB}$ と同じ向きである。

$m<n$ のとき

AQ：QB $=m:n$ より，AQ：AB $=m:(n-m)$ であり，

$\overrightarrow{AQ}$ は $\overrightarrow{BA}$ と同じ向きである。

証明　$m>n$ のとき

$$\overrightarrow{AQ}=\frac{m}{m-n}\overrightarrow{AB}$$

$m<n$ のとき

$$\overrightarrow{AQ}=\frac{m}{n-m}\overrightarrow{BA}=\frac{m}{m-n}\overrightarrow{AB}$$

よって，いずれの場合も

$$\vec{q}=\overrightarrow{OA}+\overrightarrow{AQ}=\overrightarrow{OA}+\frac{m}{m-n}\overrightarrow{AB}$$

$$=\vec{a}+\frac{m}{m-n}(\vec{b}-\vec{a})$$

したがって　$\vec{q}=\dfrac{-n\vec{a}+m\vec{b}}{m-n}$

$m>n$

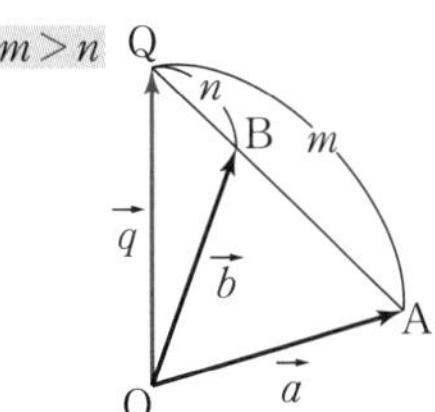

$m<n$

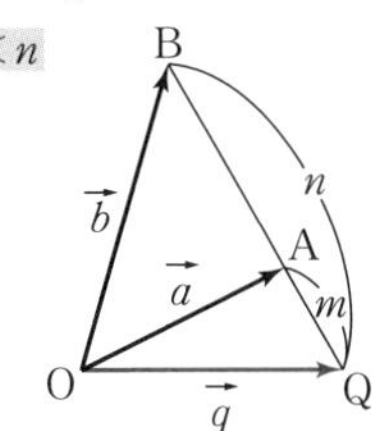

教 p.28

問2　2 点 A($\vec{a}$)，B($\vec{b}$) に対して，線分 AB を次の比に内分する点および外分する点の位置ベクトルを，それぞれ $\vec{a}$，$\vec{b}$ で表せ。

(1)　3：2　　　　(2)　2：5

考え方　分点（内分点と外分点）の位置ベクトルの公式を用いる。$m:n$ に外分する点は，$m:(-n)$ に内分する点と考えることもできる。

解答　(1)　内分する点 P の位置ベクトルは

$$\frac{2\vec{a}+3\vec{b}}{3+2}=\frac{2\vec{a}+3\vec{b}}{5}$$

外分する点 Q の位置ベクトルは

$$\frac{-2\vec{a}+3\vec{b}}{3-2}=-2\vec{a}+3\vec{b}$$

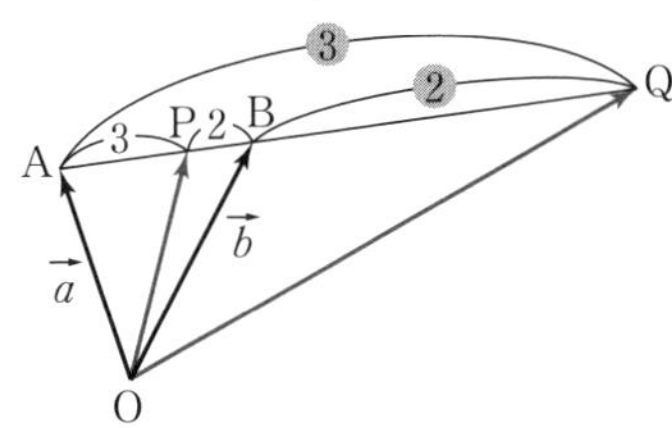

(2)　内分する点 P の位置ベクトルは

$$\frac{5\vec{a}+2\vec{b}}{2+5}=\frac{5\vec{a}+2\vec{b}}{7}$$

外分する点 Q の位置ベクトルは

$$\frac{-5\vec{a}+2\vec{b}}{2-5}=\frac{5\vec{a}-2\vec{b}}{3}$$

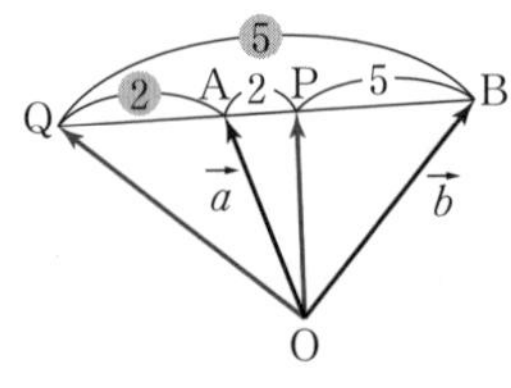

●三角形の重心の位置ベクトル　解き方のポイント

A($\vec{a}$), B($\vec{b}$), C($\vec{c}$) とするとき,

△ABC の重心 G の位置ベクトル $\vec{g}$ は

$$\vec{g}=\frac{\vec{a}+\vec{b}+\vec{c}}{3}$$

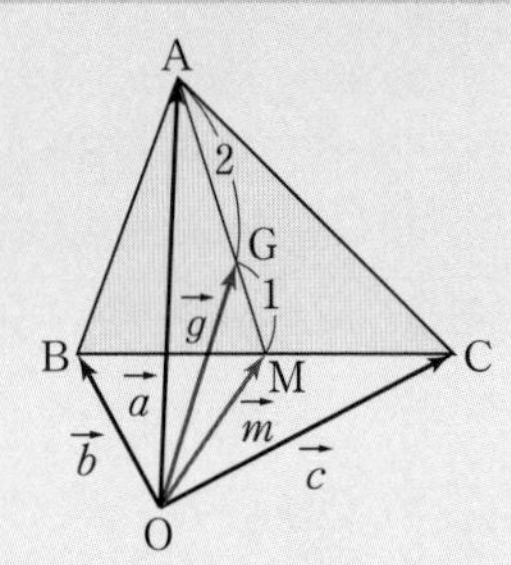

教 p.28

問3　△ABC の重心を G とするとき，次の式を証明せよ。

$$\overrightarrow{GA}+\overrightarrow{GB}+\overrightarrow{GC}=\vec{0}$$

考え方　$\overrightarrow{GA}$，$\overrightarrow{GB}$，$\overrightarrow{GC}$ を，頂点 A，B，C の位置ベクトル $\vec{a}$，$\vec{b}$，$\vec{c}$ と重心の位置ベクトル $\vec{g}$ を用いて表す。

A($\vec{a}$)
G($\vec{g}$)
B($\vec{b}$)
C($\vec{c}$)

証明　頂点 A，B，C の位置ベクトルをそれぞれ $\vec{a}$，$\vec{b}$，$\vec{c}$ とし，△ABC の重心 G の位置ベクトルを $\vec{g}$ とすると

$$\vec{g}=\frac{\vec{a}+\vec{b}+\vec{c}}{3}$$

したがって

$$\begin{aligned}\overrightarrow{GA}+\overrightarrow{GB}+\overrightarrow{GC}&=(\vec{a}-\vec{g})+(\vec{b}-\vec{g})+(\vec{c}-\vec{g})\\&=\vec{a}+\vec{b}+\vec{c}-3\vec{g}\\&=\vec{a}+\vec{b}+\vec{c}-3\times\frac{\vec{a}+\vec{b}+\vec{c}}{3}\\&=\vec{0}\end{aligned}$$

● 3 点が一直線上にあるための条件　解き方のポイント

2 点 A，B が異なるとき

3 点 A，B，C が一直線上にある

$\Longleftrightarrow$ $\overrightarrow{AC}=k\overrightarrow{AB}$ となる実数 k がある

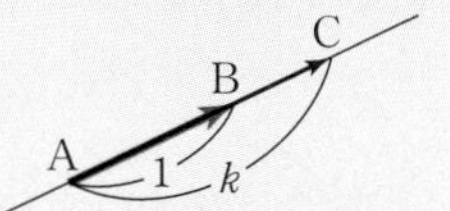

教 p.29

問 4　平行四辺形 ABCD の辺 BC を 3：2 に内分する点を E，対角線 BD を 3：5 に内分する点を F とすると，3 点 A，E，F は一直線上にあることを証明せよ。

考え方　3 点 A，E，F が一直線上にあることを証明するには，$\overrightarrow{AF}=k\overrightarrow{AE}$ となる実数 k があることを示せばよい。

証明　点 A を基準として，$\overrightarrow{AB}=\vec{b}$，$\overrightarrow{AD}=\vec{d}$ とすると，$\overrightarrow{AC}=\vec{b}+\vec{d}$ となる。

点 E は辺 BC を 3：2 に内分するから

$$\overrightarrow{AE}=\frac{2\overrightarrow{AB}+3\overrightarrow{AC}}{3+2}$$

$$=\frac{2\vec{b}+3(\vec{b}+\vec{d})}{5}=\frac{5\vec{b}+3\vec{d}}{5}$$

点 F は線分 BD を 3：5 に内分するから

$$\overrightarrow{AF}=\frac{5\overrightarrow{AB}+3\overrightarrow{AD}}{3+5}=\frac{5\vec{b}+3\vec{d}}{8}$$

ゆえに　$\overrightarrow{AF}=\dfrac{5}{8}\overrightarrow{AE}$

したがって，3 点 A，E，F は一直線上にある。

教 p.30

問 5　$\overrightarrow{AP}=k\overrightarrow{AB}$ となる実数 k が次の条件を満たすとき，点 P は線分 AB をどのような比に内分または外分する点か。

(1)　$k<0$　　(2)　$1<k$

考え方　それぞれの場合に，点 P は直線 AB 上のどの位置になるかを考える。

解答　(1)　$k<0$ のとき，点 P は線分 BA の A 方向の延長上にあり，

$$\text{AB}:\text{AP}=1:(-k)$$

である。

したがって，点 P は線分 AB を

$(-k):(1-k)$ **に外分する点** である。

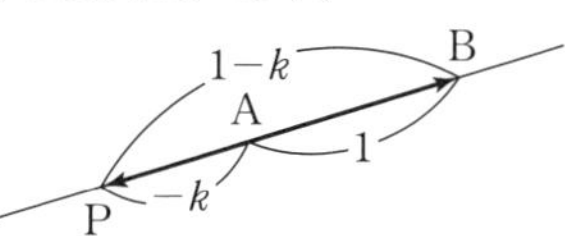

(2) $1<k$ のとき，点 P は線分 AB の B 方向の延長上にあり，

$$\mathrm{AB}:\mathrm{AP}=1:k$$

である。

したがって，点 P は線分 AB を

$k:(k-1)$ に外分する点 である。

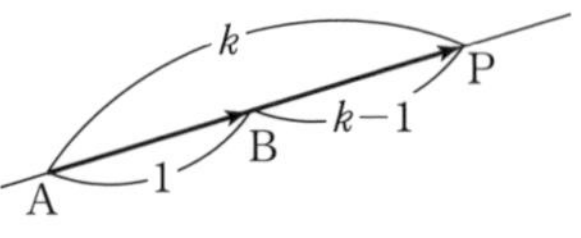

● 直線上の点の位置ベクトル　解き方のポイント

3 点 A，B，P の位置ベクトルをそれぞれ $\vec{a}$，$\vec{b}$，$\vec{p}$ とすると，2 点 A，B が異なるとき，次のことが成り立つ。

点 P が直線 AB 上にある $\Longleftrightarrow$ $\vec{p}=(1-k)\vec{a}+k\vec{b}$ となる実数 k がある

教 p.31

問 6　△OAB において，辺 OA を $2:1$ に内分する点を M，辺 OB を $2:3$ に内分する点を N とし，線分 AN と線分 BM の交点を P とする。$\overrightarrow{\mathrm{OA}}=\vec{a}$，$\overrightarrow{\mathrm{OB}}=\vec{b}$ として，$\overrightarrow{\mathrm{OP}}$ を $\vec{a}$，$\vec{b}$ で表せ。

考え方　交点 P が直線 BM 上にあることから，$\overrightarrow{\mathrm{OP}}$ を $\vec{a}$，$\vec{b}$ を用いて表し，交点 P が直線 AN 上にあることから，$\overrightarrow{\mathrm{OP}}$ を $\vec{a}$，$\vec{b}$ を用いて表すと，$\overrightarrow{\mathrm{OP}}$ は 2 通りに表される。ここで「$\vec{a}\neq\vec{0}$，$\vec{b}\neq\vec{0}$ で，$\vec{a}$ と $\vec{b}$ が平行でないとき，平面上の任意のベクトル $\vec{p}$ は，実数 k, l を用いて $\vec{p}=k\vec{a}+l\vec{b}$ の形にただ 1 通りに表される」ことを用いる。

解 答　$\overrightarrow{\mathrm{OM}}=\dfrac{2}{3}\vec{a}$，$\overrightarrow{\mathrm{ON}}=\dfrac{2}{5}\vec{b}$ である。

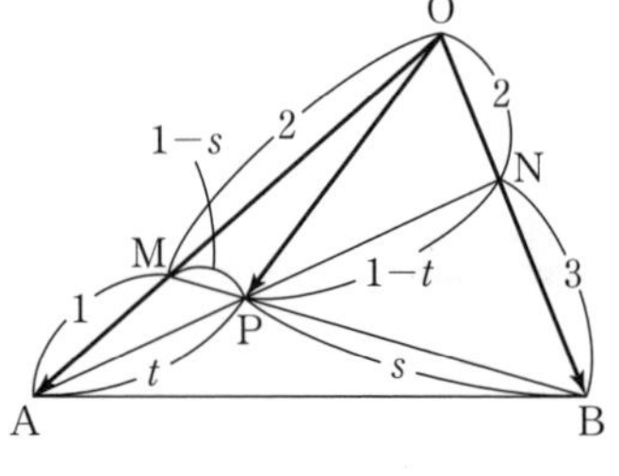

点 P は直線 BM 上にあるから

$$\overrightarrow{\mathrm{OP}}=(1-s)\overrightarrow{\mathrm{OB}}+s\overrightarrow{\mathrm{OM}}$$

$$=\frac{2}{3}s\vec{a}+(1-s)\vec{b}\quad\cdots\cdots①$$

となる実数 s がある。

また，点 P は直線 AN 上にあるから

$$\overrightarrow{\mathrm{OP}}=(1-t)\overrightarrow{\mathrm{OA}}+t\overrightarrow{\mathrm{ON}}\ \text{より}$$

$$=(1-t)\vec{a}+\frac{2}{5}t\vec{b}\quad\cdots\cdots②$$

となる実数 t がある。

①，② より　$\dfrac{2}{3}s\vec{a}+(1-s)\vec{b}=(1-t)\vec{a}+\dfrac{2}{5}t\vec{b}$

ここで，$\vec{a} \neq \vec{0}$，$\vec{b} \neq \vec{0}$ で，$\vec{a}$ と $\vec{b}$ は平行でないから

$$\frac{2}{3}s = 1-t, \quad 1-s = \frac{2}{5}t$$

これを解いて　$s = \frac{9}{11}$，$t = \frac{5}{11}$

したがって　$\overrightarrow{\mathrm{OP}} = \frac{6}{11}\vec{a} + \frac{2}{11}\vec{b}$

教 p.32

問7　△ABC と点 P があり，$3\overrightarrow{\mathrm{AP}} + 5\overrightarrow{\mathrm{BP}} + 7\overrightarrow{\mathrm{CP}} = \vec{0}$ を満たしている。

(1)　$\overrightarrow{\mathrm{AB}} = \vec{b}$，$\overrightarrow{\mathrm{AC}} = \vec{c}$ として，$\overrightarrow{\mathrm{AP}}$ を $\vec{b}$，$\vec{c}$ で表せ。

(2)　△PBC，△PCA，△PAB の面積の比を求めよ。

考え方　(1)　$\overrightarrow{\mathrm{BP}}$，$\overrightarrow{\mathrm{CP}}$ をそれぞれ $\overrightarrow{\mathrm{AP}}$，$\overrightarrow{\mathrm{AB}}$，$\overrightarrow{\mathrm{AC}}$ で表し，
$3\overrightarrow{\mathrm{AP}} + 5\overrightarrow{\mathrm{BP}} + 7\overrightarrow{\mathrm{CP}} = \vec{0}$ を $\overrightarrow{\mathrm{AP}}$ について解けばよい。

(2)　右の図において，高さが等しい 2 つの三角形の面積の比は底辺の比に等しいから

△ABQ：△AQC = BQ：QC

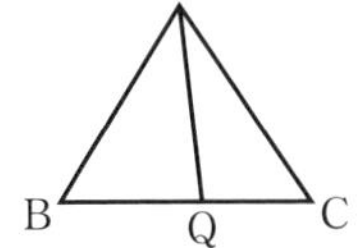

解　答　(1)　$3\overrightarrow{\mathrm{AP}} + 5\overrightarrow{\mathrm{BP}} + 7\overrightarrow{\mathrm{CP}} = \vec{0}$ より

$$3\overrightarrow{\mathrm{AP}} + 5(\overrightarrow{\mathrm{AP}} - \overrightarrow{\mathrm{AB}}) + 7(\overrightarrow{\mathrm{AP}} - \overrightarrow{\mathrm{AC}}) = \vec{0}$$

$$15\overrightarrow{\mathrm{AP}} - 5\overrightarrow{\mathrm{AB}} - 7\overrightarrow{\mathrm{AC}} = \vec{0}$$

ゆえに　$\overrightarrow{\mathrm{AP}} = \frac{5\vec{b} + 7\vec{c}}{15}$

(2)　2 直線 AP，BC の交点を Q とする。

(1) より

$$\overrightarrow{\mathrm{AP}} = \frac{12}{15} \times \frac{5\vec{b} + 7\vec{c}}{12}$$

ここで，点 R を $\overrightarrow{\mathrm{AR}} = \frac{5\vec{b} + 7\vec{c}}{12}$ となる点とすると，点 R は線分 BC を 7：5 に内分する点である。

また

$$\overrightarrow{\mathrm{AP}} = \frac{12}{15} \times \overrightarrow{\mathrm{AR}} = \frac{4}{5} \times \overrightarrow{\mathrm{AR}}$$

より，点 R は直線 AP 上の点である。

よって，点 R は AP，BC の交点であり，点 Q と一致する。

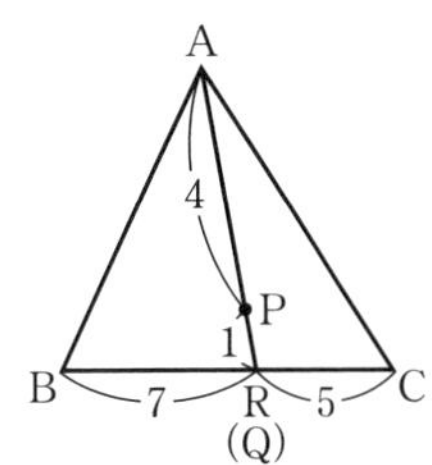

点Pは線分AQを4：1に内分するから，以上より

$$\triangle PBC = \triangle ABC \times \frac{PQ}{AQ} = \frac{1}{5}\triangle ABC$$

$$\triangle PCA = \triangle ABC \times \frac{QC}{BC} \times \frac{AP}{AQ} = \frac{5}{12} \times \frac{4}{5}\triangle ABC$$

$$= \frac{1}{3}\triangle ABC$$

$$\triangle PAB = \triangle ABC \times \frac{BQ}{BC} \times \frac{AP}{AQ} = \frac{7}{12} \times \frac{4}{5}\triangle ABC$$

$$= \frac{7}{15}\triangle ABC$$

したがって

$$\boldsymbol{\triangle PBC : \triangle PCA : \triangle PAB = \frac{1}{5} : \frac{1}{3} : \frac{7}{15} = 3 : 5 : 7}$$

教 p.33

問8 OA＝OB である二等辺三角形OABにおいて，底辺ABの中点をMとする。このとき，OM⊥AB であることを証明せよ。

考え方 OM⊥AB を示すには，ベクトルを利用して，$\overrightarrow{OM} \cdot \overrightarrow{AB} = 0$ を示せばよい。

証明 $\overrightarrow{OA} = \vec{a}$，$\overrightarrow{OB} = \vec{b}$ とおくと，MはABの中点であるから

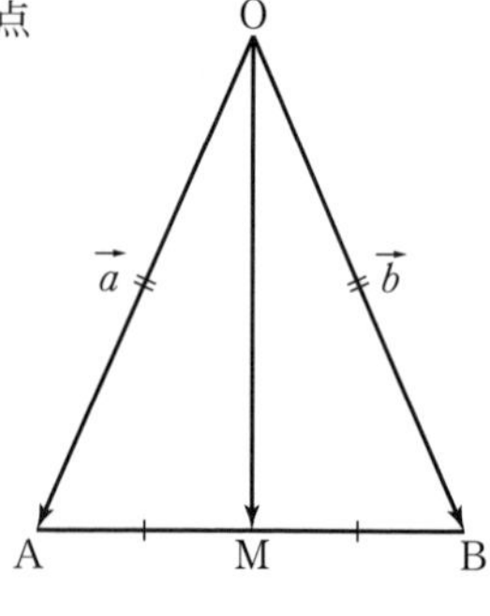

$$\overrightarrow{OM} = \frac{\vec{a} + \vec{b}}{2}$$

このとき

$$\overrightarrow{OM} \cdot \overrightarrow{AB} = \frac{\vec{a} + \vec{b}}{2} \cdot (\vec{b} - \vec{a})$$

$$= \frac{1}{2}(\vec{b} + \vec{a}) \cdot (\vec{b} - \vec{a})$$

$$= \frac{1}{2}(|\vec{b}|^2 - |\vec{a}|^2)$$

OA＝OB であるから　$|\vec{a}| = |\vec{b}|$

ゆえに　$\frac{1}{2}(|\vec{b}|^2 - |\vec{a}|^2) = 0$

すなわち　$\overrightarrow{OM} \cdot \overrightarrow{AB} = 0$

$\overrightarrow{AB} \neq \vec{0}$，$\overrightarrow{OM} \neq \vec{0}$ であるから

OM⊥AB

教 p.33

問9 $\angle A = 90^\circ$，AB：AC＝2：3 である △ABC において，線分 BC を 4：3 に内分する点を P，線分 AC を 1：2 に内分する点を Q とする。このとき，AP⊥BQ であることを証明せよ。

考え方 AP⊥BQ であることを証明するためには，$\overrightarrow{AP}\cdot\overrightarrow{BQ}=0$ を示せばよい。
$\overrightarrow{AB}=\vec{b}$，$\overrightarrow{AC}=\vec{c}$ とおくと，条件「$\angle A = 90^\circ$，AB：AC＝2：3」は，「$\vec{b}\cdot\vec{c}=0$，$|\vec{b}|:|\vec{c}|=2:3$」となる。

証明 $\overrightarrow{AB}=\vec{b}$，$\overrightarrow{AC}=\vec{c}$ とおくと，
$\angle A = 90^\circ$ であるから

$$\vec{b}\cdot\vec{c}=0 \quad \cdots\cdots ①$$

また，AB：AC＝2：3 であるから

$$|\vec{c}|=\frac{3}{2}|\vec{b}| \quad \cdots\cdots ②$$

A B C P Q 1 2 4 3

点 P は線分 BC を 4：3 に内分する点であるから

$$\overrightarrow{AP}=\frac{3\overrightarrow{AB}+4\overrightarrow{AC}}{4+3}=\frac{3}{7}\vec{b}+\frac{4}{7}\vec{c}$$

点 Q は線分 AC を 1：2 に内分する点であるから

$$\overrightarrow{BQ}=\overrightarrow{AQ}-\overrightarrow{AB}=\frac{1}{3}\vec{c}-\vec{b}=-\vec{b}+\frac{1}{3}\vec{c}$$

よって

$$\overrightarrow{AP}\cdot\overrightarrow{BQ}=\left(\frac{3}{7}\vec{b}+\frac{4}{7}\vec{c}\right)\cdot\left(-\vec{b}+\frac{1}{3}\vec{c}\right)$$

$$=-\frac{3}{7}|\vec{b}|^2+\frac{1}{7}\vec{b}\cdot\vec{c}-\frac{4}{7}\vec{b}\cdot\vec{c}+\frac{4}{21}|\vec{c}|^2$$

これに ①，② を代入すると

$$\overrightarrow{AP}\cdot\overrightarrow{BQ}=-\frac{3}{7}|\vec{b}|^2+\frac{4}{21}\times\frac{9}{4}|\vec{b}|^2=0$$

すなわち　$\overrightarrow{AP}\cdot\overrightarrow{BQ}=0$

$\overrightarrow{AP}\neq\vec{0}$，$\overrightarrow{BQ}\neq\vec{0}$ であるから

AP⊥BQ

内積と三角形の面積　教 p.34

● **内積と三角形の面積**　解き方のポイント

△OAB において，$\overrightarrow{OA}=\vec{a}$，$\overrightarrow{OB}=\vec{b}$ とするとき，△OAB の面積 S は次のようになる。

$$S=\frac{1}{2}\sqrt{|\vec{a}|^2|\vec{b}|^2-(\vec{a}\cdot\vec{b})^2}$$

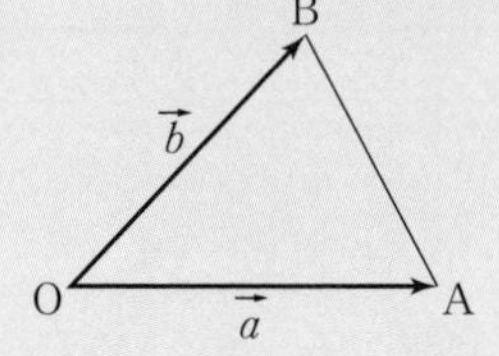

また，原点 O と $A(a_1, a_2)$，$B(b_1, b_2)$ を頂点とする △OAB の面積 S は次のようになる。

$$S=\frac{1}{2}|a_1b_2-a_2b_1|$$

教 p.34

問 1　例題 1 の結果を利用して，次の問に答えよ。

(1) 原点 O と $A(a_1, a_2)$，$B(b_1, b_2)$ を頂点とする △OAB の面積 S は

$$S=\frac{1}{2}|a_1b_2-a_2b_1|$$

と表されることを証明せよ。

(2) 3 点 O(0, 0)，A(4, 2)，B(−1, 1) を頂点とする三角形の面積を求めよ。

考え方　(1) $\overrightarrow{OA}=(a_1, a_2)$，$\overrightarrow{OB}=(b_1, b_2)$ であるから，例題 1 で示した式において，成分による計算を行えばよい。

証明　(1) $\vec{a}=\overrightarrow{OA}=(a_1, a_2)$，$\vec{b}=\overrightarrow{OB}=(b_1, b_2)$ であるから

$$\begin{aligned}|\vec{a}|^2|\vec{b}|^2-(\vec{a}\cdot\vec{b})^2&=(a_1^2+a_2^2)(b_1^2+b_2^2)-(a_1b_1+a_2b_2)^2\\&=a_1^2b_2^2-2a_1a_2b_1b_2+a_2^2b_1^2\\&=(a_1b_2-a_2b_1)^2\end{aligned}$$

$S=\frac{1}{2}\sqrt{|\vec{a}|^2|\vec{b}|^2-(\vec{a}\cdot\vec{b})^2}$ であるから

$$\begin{aligned}S&=\frac{1}{2}\sqrt{(a_1b_2-a_2b_1)^2}\\&=\frac{1}{2}|a_1b_2-a_2b_1|\end{aligned}$$

(2) $\overrightarrow{OA}=(4, 2)$，$\overrightarrow{OB}=(-1, 1)$ であるから，求める三角形の面積は

$$\frac{1}{2}|4\times1-2\times(-1)|=3$$

2 ベクトル方程式

用語のまとめ

直線のベクトル方程式

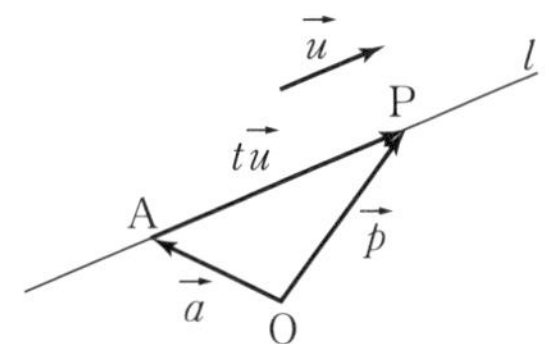

- 定点 A$(\vec{a})$ を通り，$\vec{0}$ でないベクトル $\vec{u}$ に平行な直線を l とし，l 上の任意の点を P$(\vec{p})$ とすると，$\overrightarrow{AP}=t\vec{u}$ となる実数 t がある。
  ここで，点 O を位置ベクトルの基準の点とすると，$\overrightarrow{OP}=\overrightarrow{OA}+\overrightarrow{AP}$ であるから

  $$\vec{p}=\vec{a}+t\vec{u} \quad \cdots\cdots ①$$

  ① を直線 l の **ベクトル方程式** といい，t を **媒介変数** という。
- ① の $\vec{u}$ のように直線 l の方向を定めるベクトルを，直線 l の **方向ベクトル** という。
- 定点 A の座標を $(x_1,\ y_1)$，点 P の座標を $(x,\ y)$ とすると，$\vec{a}=(x_1,\ y_1)$，$\vec{p}=(x,\ y)$ である。$\vec{u}=(a,\ b)$ とすると，① は

  $$(x,\ y)=(x_1,\ y_1)+t(a,\ b)$$

  となるから

  $$\begin{cases} x=x_1+at \\ y=y_1+bt \end{cases} \quad \cdots\cdots ②$$

  ② を直線 l の **媒介変数表示** という。

直線と法線ベクトル

- 直線 l と垂直な $\vec{0}$ でないベクトルを直線 l の **法線ベクトル** という。

直線 l の媒介変数表示　　解き方のポイント

点 A$(x_1,\ y_1)$ を通り，$\vec{u}=(a,\ b)$ を方向ベクトルとする直線 l 上の点を P$(x,\ y)$ とすると，直線 l の媒介変数表示は次のようになる。

$$\begin{cases} x=x_1+at \\ y=y_1+bt \end{cases}$$

教 p.37

問 10　次の点 A を通り，$\vec{u}$ を方向ベクトルとする直線を媒介変数表示せよ。

(1)　A$(2,\ -3)$，$\vec{u}=(1,\ 2)$　　(2)　A$(4,\ 0)$，$\vec{u}=(-3,\ 2)$

解 答 (1) $\begin{cases} x=2+t \\ y=-3+2t \end{cases}$

(2) $\begin{cases} x=4-3t \\ y=2t \end{cases}$

プラス+ それぞれ次の直線の媒介変数表示である。

(1) $y+3=2(x-2)$

(2) $y=-\dfrac{2}{3}(x-4)$

(1)

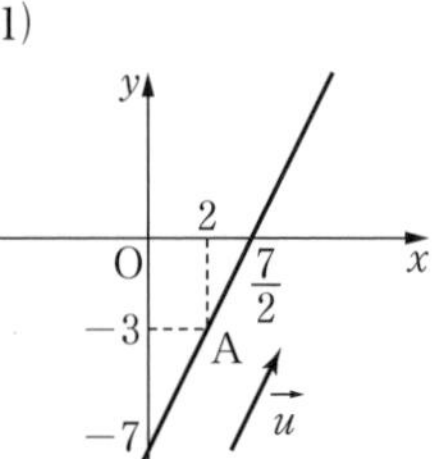

(2)

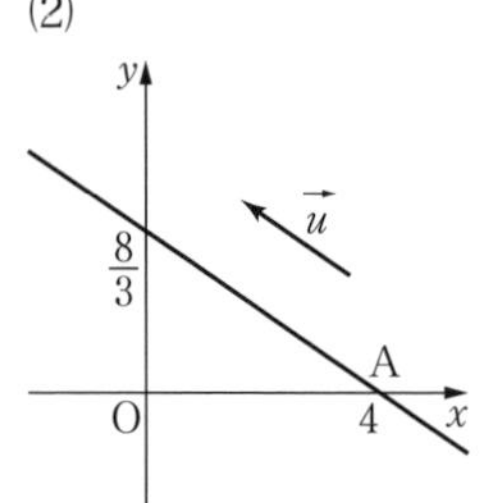

● 2点 $A(\vec{a})$, $B(\vec{b})$ を通る直線 …… 解き方のポイント

2点 $A(\vec{a})$, $B(\vec{b})$ を通る直線のベクトル方程式は

[1] $\vec{p}=(1-t)\vec{a}+t\vec{b}$

[2] $\vec{p}=s\vec{a}+t\vec{b}$, $s+t=1$

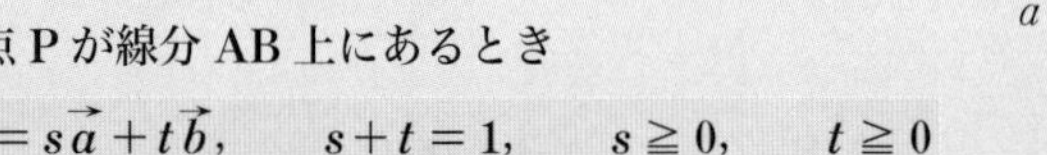

特に，点Pが線分AB上にあるとき

$$\vec{p}=s\vec{a}+t\vec{b},\quad s+t=1,\quad s\geqq 0,\quad t\geqq 0$$

は線分ABのベクトル方程式となる。

教 p.38

問11 例題5で，$s\geqq 0$，$t\geqq 0$，$s+t=2$ のとき，点Pの存在する範囲を求めよ。

考え方 $\triangle OAB$ に対して，$\overrightarrow{OP}=s\overrightarrow{OA}+t\overrightarrow{OB}$ とおく。実数 s, t は上の条件を満たしながら変化する。
$\vec{p}=s\vec{a}+t\vec{b}$, $s+t=1$ は，2点 $A(\vec{a})$, $B(\vec{b})$ を通る直線のベクトル方程式であるが，特に，$s\geqq 0$, $t\geqq 0$ のときは，線分ABのベクトル方程式となる。

解 答 $s+t=2$ より，$\dfrac{s}{2}+\dfrac{t}{2}=1$ が成り立つから

$$\frac{s}{2}=m,\quad \frac{t}{2}=n$$

とおくと

$$m\geqq 0,\quad n\geqq 0,\quad m+n=1$$

$\overrightarrow{\mathrm{OP}} = s\overrightarrow{\mathrm{OA}} + t\overrightarrow{\mathrm{OB}}$ より

$$\overrightarrow{\mathrm{OP}} = 2m\overrightarrow{\mathrm{OA}} + 2n\overrightarrow{\mathrm{OB}}$$

すなわち

$$\overrightarrow{\mathrm{OP}} = m(2\overrightarrow{\mathrm{OA}}) + n(2\overrightarrow{\mathrm{OB}})$$

ここで

$$\overrightarrow{\mathrm{OM}} = 2\overrightarrow{\mathrm{OA}},\quad \overrightarrow{\mathrm{ON}} = 2\overrightarrow{\mathrm{OB}}$$

である点M，Nをとると，M，Nは線分OA，OBをそれぞれ2：1に外分する点であり

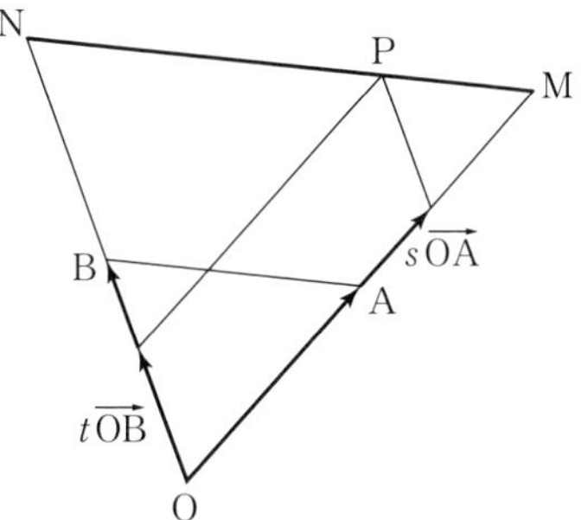

$$\overrightarrow{\mathrm{OP}} = m\overrightarrow{\mathrm{OM}} + n\overrightarrow{\mathrm{ON}},\ m+n=1,\ m \geqq 0,\ n \geqq 0$$

となるから，点Pの存在する範囲は

線分OA，OBをそれぞれ2：1に外分する点M，Nを両端とする線分MN

である。

教 p.39

問12 △OABに対して，$\overrightarrow{\mathrm{OP}} = s\overrightarrow{\mathrm{OA}} + t\overrightarrow{\mathrm{OB}}$ とおく。実数 s，t が，$s \geqq 0$，$t \geqq 0$，$s+t \leqq \dfrac{1}{2}$ を満たしながら変化するとき，点Pの存在する範囲を求めよ。

考え方 △OABに対して，$\overrightarrow{\mathrm{OP}} = s\overrightarrow{\mathrm{OA}} + t\overrightarrow{\mathrm{OB}}$ とおくと，$s \geqq 0$，$t \geqq 0$，$s+t \leqq 1$ のとき，点Pの存在する範囲は，△OABの内部および周である。

解　答 $s=0$，$t=0$ のとき，点Pは点Oに一致する。

次に，$0 < k \leqq 1$ を満たす k を固定し，$s+t=\dfrac{k}{2}$ のときの点Pの存在する範囲を調べる。このとき

$$\frac{2s}{k} + \frac{2t}{k} = 1$$

が成り立つから

$$\frac{2s}{k} = m,\quad \frac{2t}{k} = n$$

とおくと，$m \geqq 0$，$n \geqq 0$，$m+n=1$ となる。

また　$\overrightarrow{\mathrm{OP}} = s\overrightarrow{\mathrm{OA}} + t\overrightarrow{\mathrm{OB}} = m\left(\dfrac{k}{2}\overrightarrow{\mathrm{OA}}\right) + n\left(\dfrac{k}{2}\overrightarrow{\mathrm{OB}}\right)$

より　$\overrightarrow{\mathrm{OM}} = \dfrac{k}{2}\overrightarrow{\mathrm{OA}}$，$\overrightarrow{\mathrm{ON}} = \dfrac{k}{2}\overrightarrow{\mathrm{OB}}$

である点 M, N をとると

$$\overrightarrow{OP} = m\overrightarrow{OM} + n\overrightarrow{ON}$$

$$m + n = 1,\ m \geqq 0,\ n \geqq 0$$

となるから，点 P は線分 MN 上にある。

ここで，k を $0 < k \leqq 1$ の範囲で動かすと，線分 MN は頂点 O を除いて，△OMN の内部および周上を動く。

$k = 1$ のとき

$$\overrightarrow{OM} = \frac{1}{2}\overrightarrow{OA},\ \overrightarrow{ON} = \frac{1}{2}\overrightarrow{OB}$$

であるから，M, N はそれぞれ辺 OA, OB の中点となる。

したがって，点 P の存在する範囲は

辺 OA, OB の中点 M, N と O を頂点とする △OMN の内部および周

である。

教 p.39

問 13 O を原点とする座標平面上に 2 点 A(1, 0), B(0, 1) がある。点 P が $\overrightarrow{OP} = s\overrightarrow{OA} + t\overrightarrow{OB}$ で表され，実数 s, t が $s \geqq 0$, $t \geqq 0$, $s + t \leqq 2$ を満たしながら変化するとき，点 P の存在する範囲を図示せよ。

考え方 前問での解き方にならって，△OMN に対して，$\overrightarrow{OP} = m\overrightarrow{OM} + n\overrightarrow{ON}$ とおくと，$m \geqq 0$, $n \geqq 0$, $m + n \leqq 1$ のとき，点 P の存在する範囲は，△OMNの内部および周である。

ここでは，この点 M, N のとり方を考える。

解 答 $s = 0$, $t = 0$ のとき，点 P は原点 O に一致する。

次に，$0 < k \leqq 1$ を満たす k を固定し，$s + t = 2k$ のときの点 P の存在する範囲を調べる。このとき

$$\frac{s}{2k} + \frac{t}{2k} = 1$$

が成り立つから

$$\frac{s}{2k} = m,\ \frac{t}{2k} = n$$

とおくと，$m \geqq 0$, $n \geqq 0$, $m + n = 1$ となる。

また　$\overrightarrow{OP} = s\overrightarrow{OA} + t\overrightarrow{OB} = m(2k\overrightarrow{OA}) + n(2k\overrightarrow{OB})$

より　$\overrightarrow{OM} = 2k\overrightarrow{OA},\ \overrightarrow{ON} = 2k\overrightarrow{OB}$

である点 M, N をとると

$$\overrightarrow{OP} = m\overrightarrow{OM} + n\overrightarrow{ON}$$

$$m + n = 1,\ m \geqq 0,\ n \geqq 0$$

となるから，点 P は線分 MN 上にある。

ここで，k を $0 < k \leqq 1$ の範囲で動かすと，線分 MN は原点 O を除いて，△OMN の内部および周上を動く。

$k = 1$ のとき　$\overrightarrow{OM} = 2\overrightarrow{OA}$，$\overrightarrow{ON} = 2\overrightarrow{OB}$

であるから，M，N は線分 OA，OB をそれぞれ 2：1 に外分する点となる。

したがって，点 P の存在する範囲は

線分 OA，OB をそれぞれ 2：1 に外分する点 M，N と原点 O を頂点とする △OMN の内部および周

である。

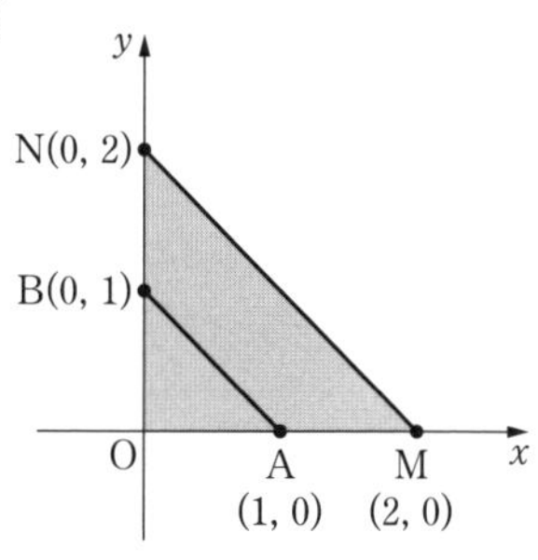

プラス＋

△OAB と点 P に対して，

$\overrightarrow{OP} = ●\overrightarrow{OA} + ▲\overrightarrow{OB}$ を満たすとき，点 P の存在範囲は

1　● + ▲ = 1 ⟶ 直線 AB

2　● + ▲ = 1，● ≧ 0，▲ ≧ 0 ⟶ 線分 AB

3　● + ▲ ≦ 1，● ≧ 0，▲ ≧ 0 ⟶ △OAB の内部および周

● 直線と法線ベクトル　解き方のポイント

定点 A$(\vec{a})$ を通り，法線ベクトルが $\vec{n}$ である直線 l のベクトル方程式は，直線 l 上の任意の点を P$(\vec{p})$ とすると，内積を用いて

$$\vec{n}\cdot(\vec{p}-\vec{a}) = 0 \quad \cdots\cdots ①$$

となる。

定点 A の座標を $(x_1,\ y_1)$，任意の点 P の座標を $(x,\ y)$ とし，$\vec{n} = (a,\ b)$ とすると，① は次のようになる。

$$a(x-x_1)+b(y-y_1)=0 \quad \cdots\cdots ②$$

ここで，$c = -ax_1 - by_1$ とおくと，② は $ax+by+c=0$ と表される。

したがって

$\vec{n} = (a,\ b)$ は，直線 $ax+by+c=0$ の法線ベクトルである。

教 p.40

問 14　次の点 A を通り，ベクトル $\vec{n}$ に垂直な直線の方程式を求めよ。

(1)　A(5，−4)，$\vec{n} = (2,\ 3)$　　(2)　A(−1，4)，$\vec{n} = (2,\ -1)$

考え方 ベクトル $\vec{n}$ は，それぞれ求める直線の法線ベクトルである。

定点 $A(x_1,\ y_1)$ を通り，法線ベクトルが $\vec{n}=(a,\ b)$ である直線上の任意の点Pの座標を $(x,\ y)$ とすると，この直線の方程式は

$$\underline{a(x-x_1)+b(y-y_1)=0}$$

と表される。

解答 (1) $2(x-5)+3\{y-(-4)\}=0$

すなわち　$\boldsymbol{2x+3y+2=0}$

(2) $2\{x-(-1)\}+(-1)\times(y-4)=0$

すなわち　$\boldsymbol{2x-y+6=0}$

別解 法線ベクトルが $\vec{n}=(a,\ b)$ である直線は，$ax+by+c=0$ と表される。

(1) $2x+3y+c=0$ とおき，$x=5$，$y=-4$ を代入すると

$2\times5+3\times(-4)+c=0$　より　$c=2$

したがって　$2x+3y+2=0$

(2) $2x-y+c=0$ とおき，$x=-1$，$y=4$ を代入すると

$2\times(-1)-4+c=0$　より　$c=6$

したがって　$2x-y+6=0$

教 p.40

問15 直線 $3x-4y+5=0$ の法線ベクトルで，大きさが1であるものを求めよ。

考え方 直線 $ax+by+c=0$ の法線ベクトルの1つは，$\vec{n}=(a,\ b)$ である。求めるベクトルは大きさが1のものであるから，単位ベクトルで，$\vec{n}$ と同じ向き，反対の向きの単位ベクトルはそれぞれ $\dfrac{1}{|\vec{n}|}\vec{n}$，$-\dfrac{1}{|\vec{n}|}\vec{n}$ である。

解答 直線 $3x-4y+5=0$ の法線ベクトルの1つを $\vec{n}$ とすると

$\vec{n}=(3,\ -4)$

$|\vec{n}|=\sqrt{3^2+(-4)^2}=5$

したがって，求めるベクトルは

$\vec{n}$ と同じ向きの単位ベクトルで　$\dfrac{1}{|\vec{n}|}\vec{n}=\dfrac{1}{5}(3,\ -4)=\left(\dfrac{3}{5},\ -\dfrac{4}{5}\right)$

$\vec{n}$ と反対向きの単位ベクトルで　$-\dfrac{1}{|\vec{n}|}\vec{n}=-\dfrac{1}{5}(3,\ -4)=\left(-\dfrac{3}{5},\ \dfrac{4}{5}\right)$

教 p.41

問16 2直線 $2x-\sqrt{3}\,y+4=0$，$x+3\sqrt{3}\,y+9=0$ のなす角 θ を求めよ。ただし，$0°\leqq\theta\leqq90°$ とする。

考え方 2 直線の法線ベクトルのなす角 α を求めて，2 直線のなす角 θ を

$\alpha \leqq 90^\circ$ の場合は　$\theta = \alpha$

$\alpha > 90^\circ$ の場合は　$\theta = 180^\circ - \alpha$

とする。

解　答

$\overrightarrow{n_1} = (2,\ -\sqrt{3})$

$\overrightarrow{n_2} = (1,\ 3\sqrt{3})$

はそれぞれ 2 直線の法線ベクトルである。

$\overrightarrow{n_1}$，$\overrightarrow{n_2}$ のなす角を α とおくと

$$\cos\alpha = \frac{\overrightarrow{n_1}\cdot\overrightarrow{n_2}}{|\overrightarrow{n_1}||\overrightarrow{n_2}|}$$

$$= \frac{2\times1+(-\sqrt{3})\times3\sqrt{3}}{\sqrt{2^2+(-\sqrt{3})^2}\sqrt{1^2+(3\sqrt{3})^2}}$$

$$= -\frac{7}{\sqrt{7}\sqrt{28}} = -\frac{1}{2}$$

よって，$\alpha = 120^\circ$ である。

2 直線のなす角 θ は，$0^\circ \leqq \theta \leqq 90^\circ$ であり，$\alpha > 90^\circ$ であるから

$\theta = 180^\circ - \alpha = 60^\circ$

円のベクトル方程式　　解き方のポイント

点 $C(\vec{c})$ を中心とする半径 r の円 C 上の任意の点を $P(\vec{p})$ とすると

$|\overrightarrow{CP}| = r$

すなわち

$|\vec{p} - \vec{c}| = r$　　…… ①

① の両辺を 2 乗して，内積を用いて表すと

$(\vec{p} - \vec{c})\cdot(\vec{p} - \vec{c}) = r^2$　　…… ②

①，② をともに円 C のベクトル方程式という。

問 17　平面上の定点を $A(\vec{a})$ とする。点 $P(\vec{p})$ についての次のベクトル方程式で表される円の中心の位置ベクトルと半径を求めよ。

(1)　$|\vec{p} - \vec{a}| = 1$　　　(2)　$|3\vec{p} - \vec{a}| = 6$

考え方 点 $C(\vec{c})$ を中心とする半径 r の円のベクトル方程式は，$|\vec{p} - \vec{c}| = r$ である。

解答 (1) $|\vec{p}-\vec{a}|=1$ より，**中心の位置ベクトル** $\vec{a}$，**半径** 1

(2) $|3\vec{p}-\vec{a}|=6$ の両辺を 3 で割ると $\quad \left|\vec{p}-\dfrac{1}{3}\vec{a}\right|=2$

よって，**中心の位置ベクトル** $\dfrac{1}{3}\vec{a}$，**半径** 2

教 p.42

> **問 18** 例 3 で得られたベクトル方程式は，$(\vec{p}-\vec{a})\cdot(\vec{p}-\vec{b})=0$ と変形できることを示せ。

考え方 例 3 で得られたベクトル方程式の両辺を 2 乗する。

証明 例 3 で得られたベクトル方程式の両辺を 2 乗すると

$$\left|\vec{p}-\frac{\vec{a}+\vec{b}}{2}\right|^2=\frac{|\vec{b}-\vec{a}|^2}{2^2}$$

$$\left(\vec{p}-\frac{\vec{a}+\vec{b}}{2}\right)\cdot\left(\vec{p}-\frac{\vec{a}+\vec{b}}{2}\right)=\frac{(\vec{b}-\vec{a})\cdot(\vec{b}-\vec{a})}{4}$$

$$|\vec{p}|^2-\vec{p}\cdot(\vec{a}+\vec{b})+\frac{|\vec{a}|^2+2\vec{a}\cdot\vec{b}+|\vec{b}|^2}{4}=\frac{|\vec{b}|^2-2\vec{a}\cdot\vec{b}+|\vec{a}|^2}{4}$$

よって

$$|\vec{p}|^2-\vec{p}\cdot(\vec{a}+\vec{b})+\vec{a}\cdot\vec{b}=0$$

$$\vec{p}\cdot\vec{p}-\vec{p}\cdot\vec{a}-\vec{p}\cdot\vec{b}+\vec{a}\cdot\vec{b}=0$$

$$(\vec{p}-\vec{a})\cdot(\vec{p}-\vec{b})=0$$

教 p.43

> **問 19** 教科書 43 ページで考えた円の接線は，次のベクトル方程式で表すこともできることを示せ。
>
> $$(\vec{p}-\vec{c})\cdot(\vec{a}-\vec{c})=r^2$$

考え方 点 A が円上の点であることと，接線は接点を通る半径に垂直であることから，接線のベクトル方程式を導く。

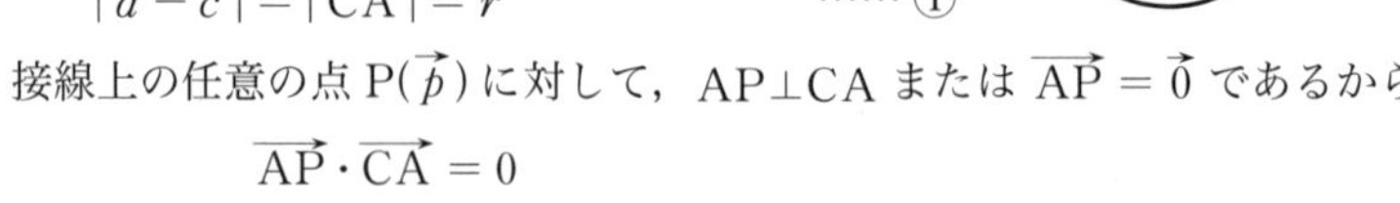

証明 点 $A(\vec{a})$ は点 $C(\vec{c})$ を中心とする半径 r の円上の点であるから

$$|\vec{a}-\vec{c}|=|\overrightarrow{CA}|=r \quad \cdots\cdots ①$$

接線上の任意の点 $P(\vec{p})$ に対して，$AP\perp CA$ または $\overrightarrow{AP}=\vec{0}$ であるから

$$\overrightarrow{AP}\cdot\overrightarrow{CA}=0$$

すなわち

$(\vec{p}-\vec{a})\cdot(\vec{a}-\vec{c})=0$

ここで，$\vec{p}-\vec{a}=(\vec{p}-\vec{c})-(\vec{a}-\vec{c})$ であるから

$\{(\vec{p}-\vec{c})-(\vec{a}-\vec{c})\}\cdot(\vec{a}-\vec{c})=0$

$(\vec{p}-\vec{c})\cdot(\vec{a}-\vec{c})-|\vec{a}-\vec{c}|^2=0$

よって，① より

$(\vec{p}-\vec{c})\cdot(\vec{a}-\vec{c})-r^2=0$

したがって，A におけるこの円の接線のベクトル方程式は

$(\vec{p}-\vec{c})\cdot(\vec{a}-\vec{c})=r^2$

教 p.43

問 20 点 C(3, 4) を中心とする半径 5 の円 C がある。円 C 上の点 A(7, 7) における円の接線の方程式を求めよ。

考え方 3 点 $P(\vec{p})$，$A(\vec{a})$，$C(\vec{c})$ において

$(\vec{a}-\vec{c})\cdot(\vec{p}-\vec{a})=0$

または

$(\vec{p}-\vec{c})\cdot(\vec{a}-\vec{c})=r^2$

を利用する。(後者は **別解** の方法)

解答 3 点 $P(\vec{p})$，$A(\vec{a})$，$C(\vec{c})$ において，CA⊥AP であるから，求める接線のベクトル方程式は

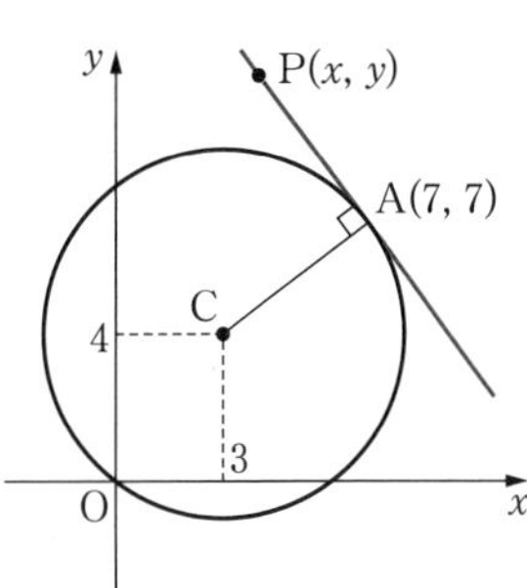

$(\vec{a}-\vec{c})\cdot(\vec{p}-\vec{a})=0$

$\vec{a}-\vec{c}=(7-3,\ 7-4)=(4,\ 3)$ であるから，$\vec{p}=(x,\ y)$ とすると

$4(x-7)+3(y-7)=0$

すなわち，求める接線の方程式は

$\boldsymbol{4x+3y=49}$

別解 問 19 の結果を用いて，求める接線のベクトル方程式は

$(\vec{p}-\vec{c})\cdot(\vec{a}-\vec{c})=25$

$\vec{p}=(x,\ y)$ とすると

$4(x-3)+3(y-4)=25$

すなわち，求める接線の方程式は

$4x+3y=49$

問　題　　教 p.44

7 △ABC で辺 BC，CA，AB を 3：1 に内分する点をそれぞれ P，Q，R とするとき，$\overrightarrow{AP}+\overrightarrow{BQ}+\overrightarrow{CR}=\vec{0}$ であることを示せ。

考え方 $\overrightarrow{AP}$，$\overrightarrow{BQ}$，$\overrightarrow{CR}$ をそれぞれ $\overrightarrow{AB}$ と $\overrightarrow{AC}$ を用いて表し，$\overrightarrow{AP}+\overrightarrow{BQ}+\overrightarrow{CR}$ に代入する。

証明 $\overrightarrow{AB}=\vec{b}$，$\overrightarrow{AC}=\vec{c}$ とおくと，点 P，Q，R はそれぞれ辺 BC，CA，AB を 3：1 に内分するから

$$\overrightarrow{AP}=\frac{\overrightarrow{AB}+3\overrightarrow{AC}}{3+1}=\frac{1}{4}\vec{b}+\frac{3}{4}\vec{c}$$

$\overrightarrow{AQ}=\frac{1}{4}\vec{c}$，$\overrightarrow{AR}=\frac{3}{4}\vec{b}$ より

$$\overrightarrow{BQ}=\overrightarrow{AQ}-\overrightarrow{AB}=\frac{1}{4}\vec{c}-\vec{b}$$

$$\overrightarrow{CR}=\overrightarrow{AR}-\overrightarrow{AC}=\frac{3}{4}\vec{b}-\vec{c}$$

よって

$$\overrightarrow{AP}+\overrightarrow{BQ}+\overrightarrow{CR}=\left(\frac{1}{4}\vec{b}+\frac{3}{4}\vec{c}\right)+\left(\frac{1}{4}\vec{c}-\vec{b}\right)+\left(\frac{3}{4}\vec{b}-\vec{c}\right)=\vec{0}$$

8 平行四辺形 ABCD の辺 BC を 3：2 に内分する点を E，辺 CD を 2：k に外分する点を F とする。3 点 A，E，F が一直線上にあるとき，k の値を求めよ。

考え方 点 E は辺 BC を内分する点であるから，$\overrightarrow{AE}$ は $\overrightarrow{AB}$ と $\overrightarrow{AC}$ で表すことができる。3 点 A，E，F が一直線上にあるとき，$\overrightarrow{AF}=l\overrightarrow{AE}$ となる実数 l がある。

解答 $\overrightarrow{AB}=\vec{a}$，$\overrightarrow{AD}=\vec{b}$ とする。

$\overrightarrow{AC}=\overrightarrow{AB}+\overrightarrow{AD}=\vec{a}+\vec{b}$ である。

点 E は辺 BC を 3：2 に内分するから

$$\overrightarrow{AE}=\frac{2\overrightarrow{AB}+3\overrightarrow{AC}}{3+2}$$

$$=\frac{2\vec{a}+3(\vec{a}+\vec{b})}{5}=\vec{a}+\frac{3}{5}\vec{b}\quad\cdots\cdots ①$$

点 F は辺 CD を 2：k に外分するから

$$\overrightarrow{AF}=\frac{-k\overrightarrow{AC}+2\overrightarrow{AD}}{2-k}=\frac{-k(\vec{a}+\vec{b})+2\vec{b}}{2-k}$$

$= \dfrac{-k\vec{a}+(2-k)\vec{b}}{2-k} = \dfrac{k}{k-2}\vec{a}+\vec{b}$ ……②

3点A，E，Fが一直線上にあるとき

$\overrightarrow{AF} = l\overrightarrow{AE}$

となる実数 l がある。

①，②より　$\dfrac{k}{k-2}\vec{a}+\vec{b} = l\left(\vec{a}+\dfrac{3}{5}\vec{b}\right)$

$\vec{a} \neq \vec{0}$，$\vec{b} \neq \vec{0}$ で，$\vec{a}$ と $\vec{b}$ は平行でないから

$$\begin{cases} \dfrac{k}{k-2} = l & \cdots\cdots ③ \\ 1 = \dfrac{3}{5}l & \cdots\cdots ④ \end{cases}$$

④より　$l = \dfrac{5}{3}$

③に代入して　$\boldsymbol{k = 5}$

9　△OABにおいて，辺OAを2：1に内分する点をL，辺OBを2：3に内分する点をM，辺ABの中点をNとする。線分LMと線分ONとの交点をPとするとき，$\overrightarrow{OP}$ を $\overrightarrow{OA} = \vec{a}$ と $\overrightarrow{OB} = \vec{b}$ で表せ。また，LP：PM，OP：PNを求めよ。

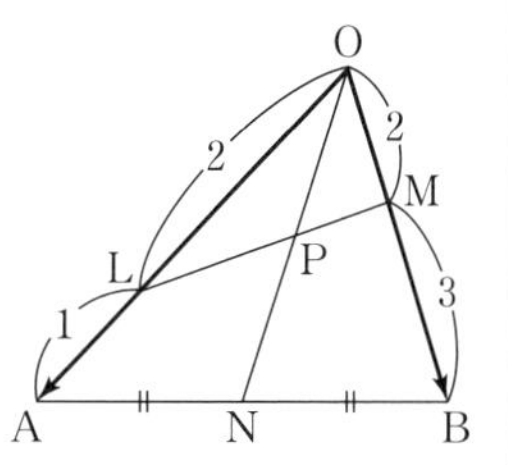

考え方　$\overrightarrow{OP}$ を2通りに表し，「$\vec{0}$ でない2つのベクトル $\vec{a}$，$\vec{b}$ が平行でないならば，任意のベクトル $\vec{p}$ はただ1通りに $k\vec{a}+l\vec{b}$ の形に表される」ことを利用する。

解　答　$\overrightarrow{OL} = \dfrac{2}{3}\vec{a}$，$\overrightarrow{OM} = \dfrac{2}{5}\vec{b}$，$\overrightarrow{ON} = \dfrac{1}{2}\vec{a}+\dfrac{1}{2}\vec{b}$ である。

点Pは線分LM上にあるから，

$\overrightarrow{OP} = (1-s)\overrightarrow{OL}+s\overrightarrow{OM}$ より

$= \dfrac{2}{3}(1-s)\vec{a}+\dfrac{2}{5}s\vec{b}$ ……①

となる実数 s がある。

また，点Pは線分ON上にあるから

$\overrightarrow{OP} = t\overrightarrow{ON} = \dfrac{1}{2}t\vec{a}+\dfrac{1}{2}t\vec{b}$ ……②

となる実数 t がある。

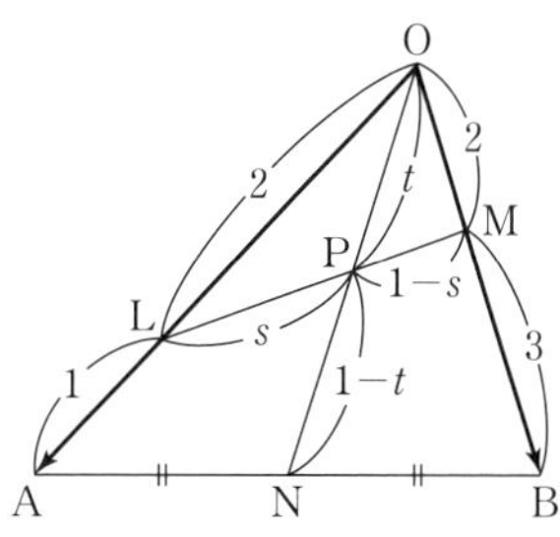

$\vec{a} \neq \vec{0}$, $\vec{b} \neq \vec{0}$ で, $\vec{a}$ と $\vec{b}$ は平行でないから,

①, ② より

$$\frac{2}{3}(1-s)=\frac{1}{2}t, \quad \frac{2}{5}s=\frac{1}{2}t$$

これを解いて　$s=\frac{5}{8}$, $t=\frac{1}{2}$

ゆえに　$\overrightarrow{\mathrm{OP}}=\frac{1}{4}\vec{a}+\frac{1}{4}\vec{b}$

また　$\mathrm{LP}:\mathrm{PM}=s:(1-s)=\frac{5}{8}:\left(1-\frac{5}{8}\right)=5:3$

$\mathrm{OP}:\mathrm{PN}=t:(1-t)=\frac{1}{2}:\left(1-\frac{1}{2}\right)=1:1$

10 △ABC と点 P があり, $l\overrightarrow{\mathrm{AP}}+m\overrightarrow{\mathrm{BP}}+n\overrightarrow{\mathrm{CP}}=\vec{0}$ を満たしている。ここで, l, m, n は実数とする。

(1) l, m, n がすべて正のとき, 点 P は △ABC の内部にあることを示せ。

(2) l, m, n がすべて正で, △ABC の面積が 1 であるとき, △PBC, △PCA, △PAB の面積をそれぞれ求めよ。

考え方 (1) $l\overrightarrow{\mathrm{AP}}+m\overrightarrow{\mathrm{BP}}+n\overrightarrow{\mathrm{CP}}=\vec{0}$ を $\overrightarrow{\mathrm{AP}}$, $\overrightarrow{\mathrm{AB}}$, $\overrightarrow{\mathrm{AC}}$ で表し, $\overrightarrow{\mathrm{AP}}$ について解く。

(2) 三角形の面積比は, 辺の長さの比を利用する。

解　答 (1) $l\overrightarrow{\mathrm{AP}}+m\overrightarrow{\mathrm{BP}}+n\overrightarrow{\mathrm{CP}}=\vec{0}$ より

$$l\overrightarrow{\mathrm{AP}}+m(\overrightarrow{\mathrm{AP}}-\overrightarrow{\mathrm{AB}})+n(\overrightarrow{\mathrm{AP}}-\overrightarrow{\mathrm{AC}})=\vec{0}$$

$$(l+m+n)\overrightarrow{\mathrm{AP}}-m\overrightarrow{\mathrm{AB}}-n\overrightarrow{\mathrm{AC}}=\vec{0}$$

よって

$$\overrightarrow{\mathrm{AP}}=\frac{m\overrightarrow{\mathrm{AB}}+n\overrightarrow{\mathrm{AC}}}{l+m+n}=\frac{m+n}{l+m+n}\times\frac{m\overrightarrow{\mathrm{AB}}+n\overrightarrow{\mathrm{AC}}}{n+m}$$

$\overrightarrow{\mathrm{AQ}}=\frac{m\overrightarrow{\mathrm{AB}}+n\overrightarrow{\mathrm{AC}}}{n+m}$ とおくと, m, n が正のとき, 点 Q は辺 BC を $n:m$ に内分する点である。

また, $\overrightarrow{\mathrm{AP}}=\frac{m+n}{l+m+n}\overrightarrow{\mathrm{AQ}}$ であるから, l, m, n が正のとき, 点 P は線分 AQ を $(n+m):l$ に内分する点である。

l, m, n はすべて正であるから, 点 P は △ABC の内部にある。

(2) (1)より

$$\triangle \mathrm{PBC} = \triangle \mathrm{ABC} \times \frac{\mathrm{PQ}}{\mathrm{AQ}} = 1 \times \frac{l}{l+m+n} = \frac{l}{l+m+n}$$

$$\triangle \mathrm{PCA} = \triangle \mathrm{ABC} \times \frac{\mathrm{QC}}{\mathrm{BC}} \times \frac{\mathrm{AP}}{\mathrm{AQ}} = 1 \times \frac{m}{m+n} \times \frac{n+m}{l+m+n}$$

$$= \frac{m}{l+m+n}$$

$$\triangle \mathrm{PAB} = \triangle \mathrm{ABC} \times \frac{\mathrm{BQ}}{\mathrm{BC}} \times \frac{\mathrm{AP}}{\mathrm{AQ}} = 1 \times \frac{n}{m+n} \times \frac{n+m}{l+m+n}$$

$$= \frac{n}{l+m+n}$$

11 $\triangle \mathrm{OAB}$ に対して，$\overrightarrow{\mathrm{OP}} = s\overrightarrow{\mathrm{OA}} + t\overrightarrow{\mathrm{OB}}$ とおく。実数 s，t が次の条件を満たしながら変化するとき，点Pの存在する範囲を求めよ。

(1) $s+2t=1$　　　(2) $s \geqq 0$，$t \geqq 0$，$s+2t \leqq 1$

考え方 $\triangle \mathrm{OAB}$ に対して，$\overrightarrow{\mathrm{OP}} = s\overrightarrow{\mathrm{OA}} + t\overrightarrow{\mathrm{OB}}$ とおくと，$s+t=1$ のとき，これは直線ABのベクトル方程式である。また，$s \geqq 0$，$t \geqq 0$，$s+t \leqq 1$ のときは，点Pの存在する範囲は $\triangle \mathrm{OAB}$ の内部および周である。

解答 (1) $s+2t=1$ が成り立つから

$s=m$，$2t=n$

とおくと　$m+n=1$

$\overrightarrow{\mathrm{OP}} = s\overrightarrow{\mathrm{OA}} + t\overrightarrow{\mathrm{OB}}$ より　$\overrightarrow{\mathrm{OP}} = m\overrightarrow{\mathrm{OA}} + \frac{n}{2}\overrightarrow{\mathrm{OB}}$

すなわち　$\overrightarrow{\mathrm{OP}} = m\overrightarrow{\mathrm{OA}} + n\left(\frac{1}{2}\overrightarrow{\mathrm{OB}}\right)$

ここで，$\overrightarrow{\mathrm{OB'}} = \frac{1}{2}\overrightarrow{\mathrm{OB}}$ である点B′をとると，B′は辺OBの中点であり

$\overrightarrow{\mathrm{OP}} = m\overrightarrow{\mathrm{OA}} + n\overrightarrow{\mathrm{OB'}}$，$m+n=1$

となるから，点Pの存在する範囲は，

点Aと辺OBの中点B′を通る直線AB′

である。

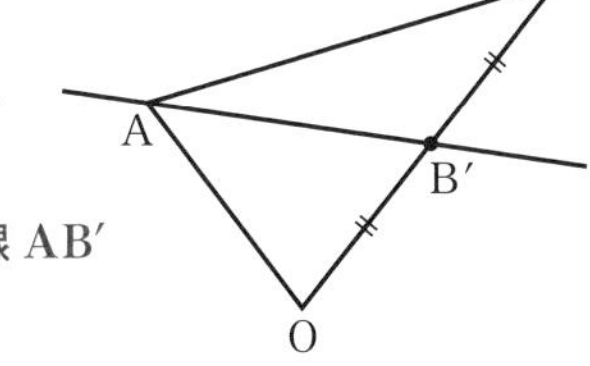

(2) $s=0$，$t=0$ のとき，点Pは点Oに一致する。

次に，$0 < k \leqq 1$ を満たす k を固定し，$s+2t=k$ のときの点Pの存在する範囲を調べる。このとき

$$\frac{s}{k} + \frac{2t}{k} = 1$$

が成り立つから

$$\frac{s}{k}=m,\ \frac{2t}{k}=n$$

とおくと，$m\geqq 0$，$n\geqq 0$，$m+n=1$ となる。

また　$\overrightarrow{\mathrm{OP}}=s\overrightarrow{\mathrm{OA}}+t\overrightarrow{\mathrm{OB}}=m(k\overrightarrow{\mathrm{OA}})+n\left(\frac{k}{2}\overrightarrow{\mathrm{OB}}\right)$

より　$\overrightarrow{\mathrm{OM}}=k\overrightarrow{\mathrm{OA}}$，$\overrightarrow{\mathrm{ON}}=\frac{k}{2}\overrightarrow{\mathrm{OB}}$

である点 M，N をとると

$$\overrightarrow{\mathrm{OP}}=m\overrightarrow{\mathrm{OM}}+n\overrightarrow{\mathrm{ON}},\ m+n=1,\ m\geqq 0,\ n\geqq 0$$

となるから，点 P は線分 MN 上にある。

$k=1$ のとき

$$\overrightarrow{\mathrm{OM}}=\overrightarrow{\mathrm{OA}},\ \overrightarrow{\mathrm{ON}}=\frac{1}{2}\overrightarrow{\mathrm{OB}}$$

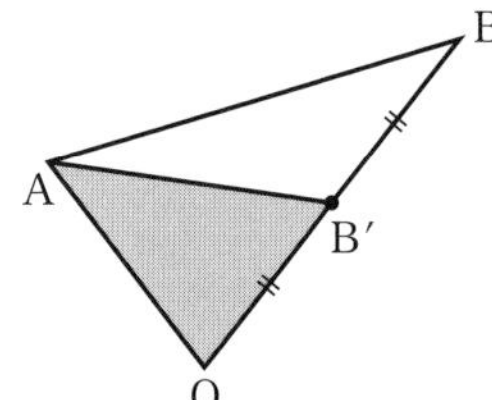

であるから，M は A に一致し，N は辺 OB の中点となり，このときの N を B′ とおく。

ここで，k を $0<k\leqq 1$ の範囲で動かすと，線分 MN は頂点 O を除いて，△OAB′ の内部および周上を動く。

したがって，点 P の存在する範囲は

辺 OB の中点 B′ と点 O, A を頂点とする △OAB′ の内部および周

である。

12　2 直線 $a_1x+b_1y+c_1=0$，$a_2x+b_2y+c_2=0$ について，次の ①，② が成り立つことを，ベクトルを用いて証明せよ。

① 2 直線が平行 $\Longleftrightarrow$ $a_1b_2-a_2b_1=0$

② 2 直線が垂直 $\Longleftrightarrow$ $a_1a_2+b_1b_2=0$

考え方　2 直線の法線ベクトルについて，平行，垂直になるときの条件を考える。

証明　直線 $a_1x+b_1y+c_1=0$ の法線ベクトルとして

$$\overrightarrow{n_1}=(a_1,\ b_1)$$

直線 $a_2x+b_2y+c_2=0$ の法線ベクトルとして

$$\overrightarrow{n_2}=(a_2,\ b_2)$$

をとる。ここで，$\overrightarrow{n_1}\neq\vec{0}$，$\overrightarrow{n_2}\neq\vec{0}$ である。

① 2 直線が平行であるための必要十分条件は，$\overrightarrow{n_1}/\!/\overrightarrow{n_2}$ である。

まず，$\overrightarrow{n_1}/\!/\overrightarrow{n_2}$ であるとき

$$\overrightarrow{n_2}=k\overrightarrow{n_1}$$

すなわち　$a_2 = ka_1,\ b_2 = kb_1$

となる実数 k がある。

よって

$$a_1b_2 - a_2b_1 = a_1 \times kb_1 - ka_1 \times b_1 = 0$$

次に $a_1b_2 - a_2b_1 = 0$ であるとき，$\overrightarrow{n_1} /\!/ \overrightarrow{n_2}$ であることを示す。

(i)　$a_1 \neq 0,\ b_1 \neq 0$ のとき

$a_1b_1 \neq 0$ であるから，$a_1b_2 - a_2b_1 = 0$ の両辺を a_1b_1 で割って

$$\frac{b_2}{b_1} - \frac{a_2}{a_1} = 0$$

すなわち　$\dfrac{a_2}{a_1} = \dfrac{b_2}{b_1}$

ここで，$k = \dfrac{a_2}{a_1} = \dfrac{b_2}{b_1}$ とおくと

$$a_2 = ka_1,\ b_2 = kb_1$$

すなわち　$\overrightarrow{n_2} = k\overrightarrow{n_1}$

よって　$\overrightarrow{n_1} /\!/ \overrightarrow{n_2}$

(ii)　$a_1 = 0$ のとき

$a_1b_2 - a_2b_1 = 0$ より　$a_2b_1 = 0$

ここで，$\overrightarrow{n_1} \neq 0$ であるから　$b_1 \neq 0$

ゆえに　$a_2 = 0$

よって，$\overrightarrow{n_2} = \dfrac{b_2}{b_1}\overrightarrow{n_1}$ であるから　$\overrightarrow{n_1} /\!/ \overrightarrow{n_2}$

(iii)　$b_1 = 0$ のとき

$a_1b_2 - a_2b_1 = 0$ より　$a_1b_2 = 0$

ここで，$\overrightarrow{n_1} \neq \vec{0}$ であるから　$a_1 \neq 0$

ゆえに　$b_2 = 0$

よって，$\overrightarrow{n_2} = \dfrac{a_2}{a_1}\overrightarrow{n_1}$ であるから　$\overrightarrow{n_1} /\!/ \overrightarrow{n_2}$

以上のことから

2 直線が平行　$\Longleftrightarrow$　$a_1b_2 - a_2b_1 = 0$

②　2 直線が垂直であるための必要十分条件は $\overrightarrow{n_1} \perp \overrightarrow{n_2}$ である。

ここで，$\overrightarrow{n_1} \neq \vec{0}$　$\overrightarrow{n_2} \neq \vec{0}$ より，$\overrightarrow{n_1} \perp \overrightarrow{n_2}$ であるとき

$$\overrightarrow{n_1} \cdot \overrightarrow{n_2} = 0$$

すなわち　$a_1a_2 + b_1b_2 = 0$

13 平面上の定点を $A(\vec{a})$ とする。点 $P(\vec{p})$ についての次のベクトル方程式で表される円の中心の位置ベクトルと半径を求めよ。ただし，$\vec{a} \neq \vec{0}$ とする。

(1) $|2\vec{p}-\vec{a}|=|\vec{a}|$　　(2) $(\vec{p}+\vec{a})\cdot(\vec{p}-\vec{a})=0$

考え方 (1) 点 $C(\vec{c})$ を中心とする半径 r の円のベクトル方程式は $|\vec{p}-\vec{c}|=r$

(2) 2 点 $A(\vec{a})$，$B(\vec{b})$ を直径の両端とする円のベクトル方程式は $(\vec{p}-\vec{a})\cdot(\vec{p}-\vec{b})=0$ である（教科書 p.42 の問 18）。

解答 (1) $|2\vec{p}-\vec{a}|=|\vec{a}|$ の両辺を 2 で割ると

$$\left|\vec{p}-\frac{\vec{a}}{2}\right|=\frac{|\vec{a}|}{2}$$

よって，**中心の位置ベクトル $\dfrac{\vec{a}}{2}$，半径 $\dfrac{|\vec{a}|}{2}$**

(2) $(\vec{p}+\vec{a})\cdot(\vec{p}-\vec{a})=0$ より

$$|\vec{p}|^2-|\vec{a}|^2=0$$

$$|\vec{p}|^2=|\vec{a}|^2$$

$|\vec{p}|\geqq 0$，$|\vec{a}|>0$ より　$|\vec{p}|=|\vec{a}|$

よって，**中心の位置ベクトル $\vec{0}$，半径 $|\vec{a}|$**

別解 (2) $(\vec{p}+\vec{a})\cdot(\vec{p}-\vec{a})=0$ より

$$\{\vec{p}-(-\vec{a})\}\cdot(\vec{p}-\vec{a})=0$$

したがって，$P(\vec{p})$ は，2 点 $B(-\vec{a})$，$A(\vec{a})$ を直径の両端とする円上にある。

よって，この円の中心の位置ベクトルは

$$\frac{-\vec{a}+\vec{a}}{2}=\vec{0}$$

また，半径は $|\vec{a}|$ である。

探究 直線の方程式 $ax+by=c$ の c の意味 教 p.45

考察1 直線 $x+3y=c$ において，c の値が変化すると，直線はどのように変化するだろうか。$c=0$，10，20 を代入して考えてみよう。また，$c=-10$，-20 の場合はどうだろうか。

考え方 直線 $x+3y=c$ の法線ベクトル $\vec{n}$ は，c の値によらず $\vec{n}=(1,\ 3)$ である。

解答 それぞれのグラフをかくと，右のようになる。

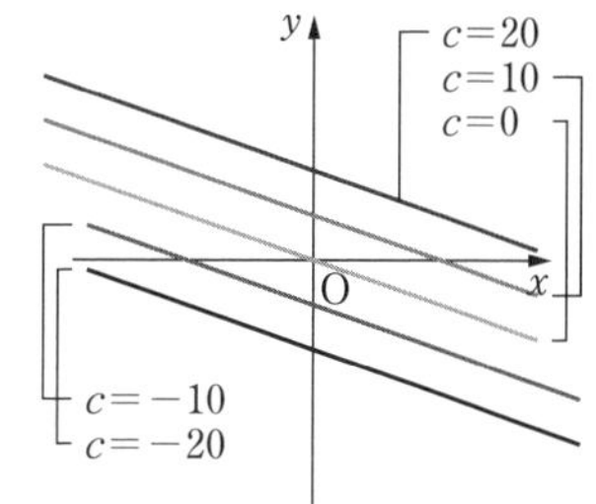

$\vec{n}=(1,\ 3)$ は，c の値によらず，直線 $x+3y=c$ の法線ベクトルである。

よって，直線 $x+3y=0$，

直線 $x+3y=10$，直線 $x+3y=20$ の 3 直線はすべて平行な直線である。

直線 $x+3y=-10$，直線 $x+3y=-20$ についても同様である。

すなわち，$x+3y=c$ の c の値を変化させた直線は，**すべて平行な直線である。**

また，**$|c|$ の値を大きくすると，直線 $ax+by=c$ は原点から遠ざかっていく。**

考察2 原点からの距離が d で，$\vec{n}=(a,\ b)$ を法線ベクトルとする 2 本の直線 l，l' の方程式を求めることを考えてみよう。

(1) 原点から直線 l，l' に下ろした垂線をそれぞれ OH，OH′ とするとき，$\overrightarrow{\mathrm{OH}}=k\vec{n}$，$\overrightarrow{\mathrm{OH'}}=k'\vec{n}$ となる実数 k，k' がある。k，k' をそれぞれ a，b，d で表してみよう。

(2) 直線 l，l' 上の任意の点を $\mathrm{P}(\vec{p})$ として，それぞれのベクトル方程式を求めてみよう。さらに，点 P の座標を $(x,\ y)$ として，直線 l，l' の方程式を a，b，d で表してみよう。

考え方 (2) $\vec{n}\perp\overrightarrow{\mathrm{PH}}$，$\vec{n}\perp\overrightarrow{\mathrm{PH'}}$ であることから，直線 l，l' のベクトル方程式を考える。

解　答　(1)　$|\overrightarrow{\mathrm{OH}}|=d$　かつ　$\overrightarrow{\mathrm{OH}}=k\vec{n}$　より

$$k|\vec{n}|=d$$

すなわち

$$\boldsymbol{k=\frac{d}{|\vec{n}|}=\frac{d}{\sqrt{a^2+b^2}}}$$

また，$\overrightarrow{\mathrm{OH'}}=-\overrightarrow{\mathrm{OH}}$ であるから

$$\boldsymbol{k'=-k=-\frac{d}{\sqrt{a^2+b^2}}}$$

(2)　点Pが直線 l 上にあるとき

$$\vec{n}\cdot\overrightarrow{\mathrm{PH}}=0$$

であるから

$$\vec{n}\cdot(\overrightarrow{\mathrm{OH}}-\overrightarrow{\mathrm{OP}})=0$$

$$\vec{n}\cdot(k\vec{n}-\vec{p})=0$$

$$\vec{n}\cdot\vec{p}=k|\vec{n}|^2$$

$k|\vec{n}|=d$ であるから，直線 l のベクトル方程式は

$$\boldsymbol{\vec{n}\cdot\vec{p}=|\vec{n}|d}$$

同様に，点Pが直線 l' 上にあるとき

$$\vec{n}\cdot\overrightarrow{\mathrm{PH'}}=0$$

であるから，直線 l' のベクトル方程式は

$$\boldsymbol{\vec{n}\cdot\vec{p}=-|\vec{n}|d}$$

したがって，$\mathrm{P}(x,\ y)$ とすると

$$\vec{n}=(a,\ b),\ |\vec{n}|=\sqrt{a^2+b^2}$$

であるから

直線 l の方程式は

$$\boldsymbol{ax+by=d\sqrt{a^2+b^2}}$$

直線 l' の方程式は

$$\boldsymbol{ax+by=-d\sqrt{a^2+b^2}}$$

3節 空間におけるベクトル

1 空間における座標

用語のまとめ

座標空間

- 空間の座標は，1点Oで互いに直交する3本の **座標軸** によって定められる。
  これらは点Oを原点とする数直線であり，それぞれ **x 軸**，**y 軸**，**z 軸** という。
  また，Oを座標の **原点** という。

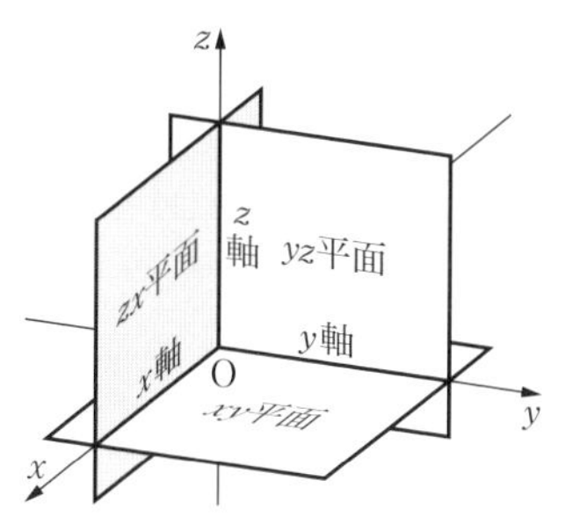

- x 軸と y 軸によって定められる平面，y 軸と z 軸によって定められる平面，z 軸と x 軸によって定められる平面をそれぞれ **xy 平面**，**yz 平面**，**zx 平面** といい，まとめて **座標平面** という。

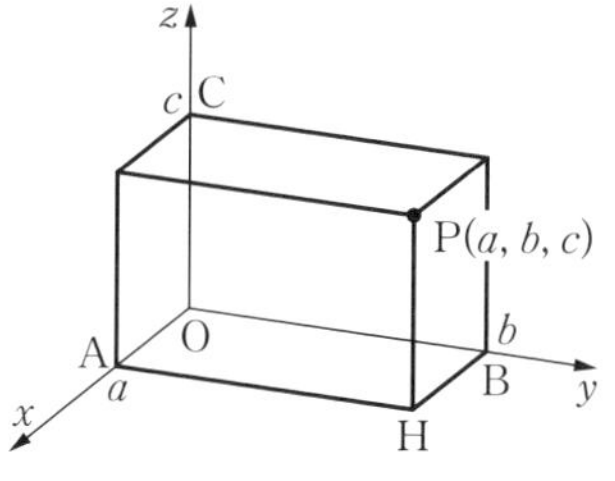

- 空間における任意の点Pに対して，Pを通り，各座標平面に平行な平面が，x 軸，y 軸，z 軸と交わる点をそれぞれA，B，Cとする。点A，B，Cの各座標軸上での座標がそれぞれ a，b，c であるとき，この3つの実数の組 $(a,\ b,\ c)$ を点Pの **座標** という。
- 点Pの座標が $(a,\ b,\ c)$ であることを $\mathrm{P}(a,\ b,\ c)$ と表す。また，a，b，c をそれぞれ点Pの **x 座標**，**y 座標**，**z 座標** という。このように，座標の定められた空間を **座標空間** という。

垂線

- 右の図において，点Pを通り，xy 平面に垂直な直線と xy 平面との交点をHとする。このとき，直線PHをPから xy 平面に下ろした **垂線** という。

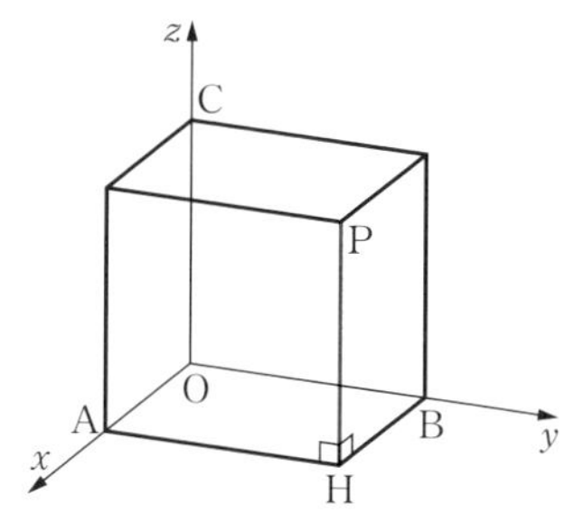

教 p.47

問 1 右の図で，P(2, 5, 4)のとき，点 H, A, B, C の座標を答えよ。

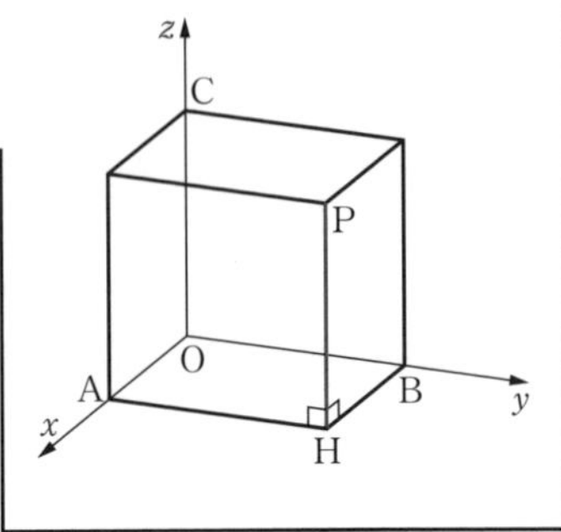

考え方 点 P を通り，各座標平面に平行な平面が，x 軸，y 軸，z 軸と交わる点の各座標軸上での座標はそれぞれ 2, 5, 4 である。

解 答 H(2, 5, 0), A(2, 0, 0), B(0, 5, 0), C(0, 0, 4)

教 p.47

問 2 次の平面，直線，点に関して，点 (3, 2, 1) と対称な点の座標を答えよ。

(1) xy 平面　(2) zx 平面　(3) x 軸

(4) y 軸　(5) 原点

考え方 (1) xy 平面に関して対称な点は，z 座標の符号が変わる。

(3) x 軸に関して対称な点は，y 座標，z 座標の符号が変わる。

(5) 原点に関して対称な点は，すべての座標の符号が変わる。

解 答 (1) (3, 2, −1)

(2) (3, −2, 1)

(3) (3, −2, −1)

(4) (−3, 2, −1)

(5) (−3, −2, −1)

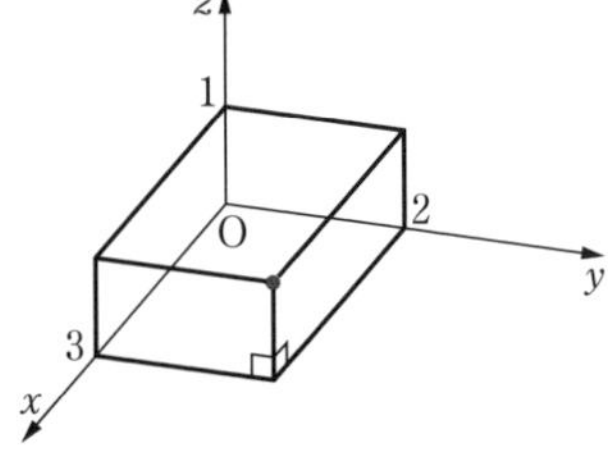

● **2 点間の距離** ······ 解き方のポイント

2 点 $A(a_1, a_2, a_3)$, $B(b_1, b_2, b_3)$ 間の距離 AB は

$$AB = \sqrt{(b_1-a_1)^2+(b_2-a_2)^2+(b_3-a_3)^2}$$

特に，原点 O と点 $P(x, y, z)$ の距離は　$OP = \sqrt{x^2+y^2+z^2}$

教 p.47

問 3 次の 2 点間の距離を求めよ。

(1) O(0, 0, 0), P(1, −2, 2)　(2) A(2, 3, 5), B(4, −3, 2)

解 答 (1) $OP = \sqrt{1^2+(-2)^2+2^2} = \sqrt{9} = 3$

(2) $AB=\sqrt{(4-2)^2+(-3-3)^2+(2-5)^2}$
$=\sqrt{2^2+(-6)^2+(-3)^2}=\sqrt{49}=7$

● **座標平面に平行な平面の方程式** ……… **解き方のポイント**

***xy* 平面に平行で，*z* 軸との交点の *z* 座標が *c* である平面の方程式は　$z=c$**
***yz* 平面に平行で，*x* 軸との交点の *x* 座標が *a* である平面の方程式は　$x=a$**
***zx* 平面に平行で，*y* 軸との交点の *y* 座標が *b* である平面の方程式は　$y=b$**

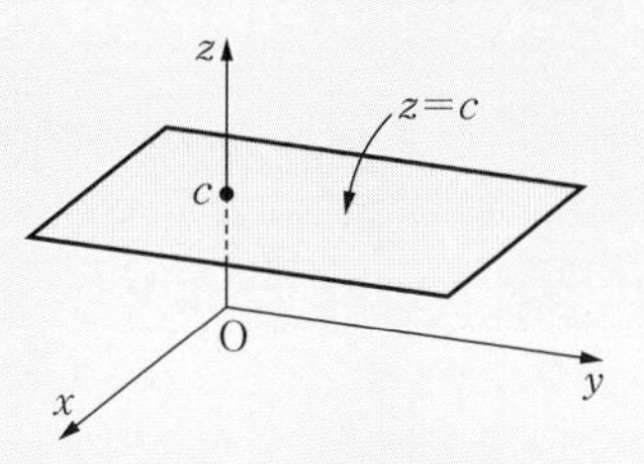

教 p.48

問4　方程式 $x=3$, $y=-2$, $z=0$ はそれぞれどのような平面を表すか。

考え方　方程式が表すそれぞれの平面上の任意の点は，順に，x 座標は常に 3, y 座標は常に -2, z 座標は常に 0 である。

解答　方程式 $x=3$ は
　　yz 平面に平行で，x 軸との交点の x 座標が 3 である平面 を表す。
方程式 $y=-2$ は
　　zx 平面に平行で，y 軸との交点の y 座標が −2 である平面 を表す。
方程式 $z=0$ は
　　xy 平面に平行で，z 軸との交点の z 座標が 0 である平面，すなわち **xy 平面** を表す。

教 p.48

問5　点 P(2, 3, 4) に関して，次の問に答えよ。
(1) 点 P を通り，xy 平面に平行な平面の方程式を求めよ。
(2) 点 P を通り，yz 平面に平行な平面の方程式を求めよ。
(3) 平面 $y=1$ に関して点 P と対称な点 P′ の座標を求めよ。

考え方　(1) xy 平面に平行な平面の方程式は $z=c$ と表される。この平面上に点 P(2, 3, 4) があることから c の値を求める。
(3) 右の図から P′ の座標を求める。

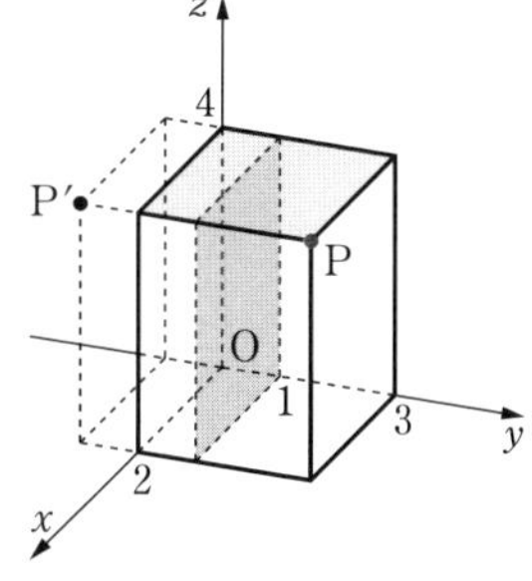

解答　(1) $z=4$
(2) $x=2$
(3) P′(2, −1, 4)

2 空間におけるベクトル

用語のまとめ

空間のベクトル

- 平面の場合と同様に，空間における有向線分について，その位置を問題にせず，向きと長さだけに着目したものを **空間のベクトル** という。
- 有向線分 AB の表すベクトルを，$\overrightarrow{\mathrm{AB}}$ と書く。
  有向線分 AB の長さを $\overrightarrow{\mathrm{AB}}$ の **大きさ** といい，$|\overrightarrow{\mathrm{AB}}|$ で表す。
- 2つのベクトル $\vec{a}$，$\vec{b}$ の向きと大きさが一致するとき，これらのベクトルは **等しい** といい，$\vec{a}=\vec{b}$ と表す。

平行六面体

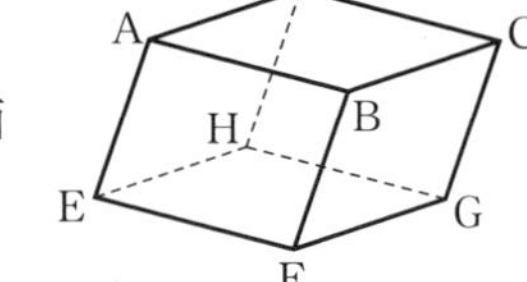

- 3組の向かい合った面がそれぞれ平行である六面体を **平行六面体** という。

ベクトルの分解

- 4点 O，A，B，C が同一平面上にないとき
  $\overrightarrow{\mathrm{OA}}=\vec{a}$，$\overrightarrow{\mathrm{OB}}=\vec{b}$，$\overrightarrow{\mathrm{OC}}=\vec{c}$
  とおくと，$\vec{a}$，$\vec{b}$，$\vec{c}$ は **1次独立** であるという。

ベクトルの成分

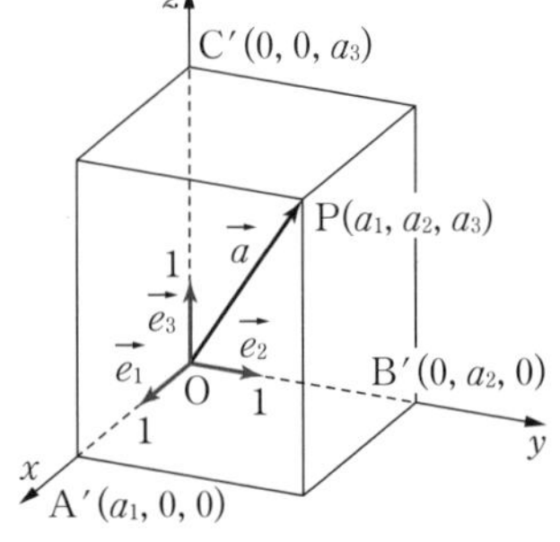

- 空間に座標軸を定めたとき，x 軸，y 軸，z 軸の正の向きと同じ向きの単位ベクトルを **基本ベクトル** といい，それぞれ $\vec{e_1}$，$\vec{e_2}$，$\vec{e_3}$ で表す。
- 空間のベクトル $\vec{a}$ に対して，$\vec{a}=\overrightarrow{\mathrm{OP}}$ となる点Pをとり，その座標を $(a_1,\ a_2,\ a_3)$ とすると，$\vec{a}$ は次のようにただ1通りに表される。
  $$\vec{a}=a_1\vec{e_1}+a_2\vec{e_2}+a_3\vec{e_3}$$
  この a_1，a_2，a_3 をそれぞれ $\vec{a}$ の **x 成分**，**y 成分**，**z 成分** といい，$\vec{a}$ を
  $$\vec{a}=(a_1,\ a_2,\ a_3)$$
  と表す。この表し方を，$\vec{a}$ の **成分表示** という。

空間のベクトルの内積

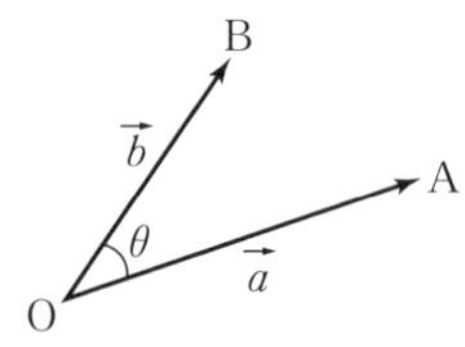

- 平面の場合と同様に，$\vec{a}$ と $\vec{b}$ の内積 $\vec{a}\cdot\vec{b}$ を
  $$\vec{a}\cdot\vec{b}=|\vec{a}||\vec{b}|\cos\theta$$
  と定義する。

教 p.50

問6 例3の平行六面体において，$\overrightarrow{AB}=\vec{a}$，$\overrightarrow{AD}=\vec{b}$，$\overrightarrow{AE}=\vec{c}$ とするとき，次のベクトルを $\vec{a}$，$\vec{b}$，$\vec{c}$ で表せ。

(1) $\overrightarrow{BE}$　　(2) $\overrightarrow{CE}$

(3) $\overrightarrow{AC}+\overrightarrow{FH}$　　(4) $\overrightarrow{BH}-\overrightarrow{DF}$

考え方 各ベクトルを $\overrightarrow{AB}$，$\overrightarrow{AD}$，$\overrightarrow{AE}$ で表す。

解答 (1) $\overrightarrow{BE}=\overrightarrow{AE}-\overrightarrow{AB}$
$=\vec{c}-\vec{a}$

A, B, C, D, E, F, G, H, $\vec{a}$, $\vec{b}$, $\vec{c}$

(2) $\overrightarrow{CE}=\overrightarrow{AE}-\overrightarrow{AC}$
$=\overrightarrow{AE}-(\overrightarrow{AB}+\overrightarrow{BC})$
$=\overrightarrow{AE}-(\overrightarrow{AB}+\overrightarrow{AD})$
$=\vec{c}-\vec{a}-\vec{b}$

(3) $\overrightarrow{AC}+\overrightarrow{FH}=(\overrightarrow{AB}+\overrightarrow{BC})+\overrightarrow{BD}$
$=(\overrightarrow{AB}+\overrightarrow{AD})+(\overrightarrow{AD}-\overrightarrow{AB})$
$=2\overrightarrow{AD}$
$=2\vec{b}$

(4) $\overrightarrow{BH}-\overrightarrow{DF}=(\overrightarrow{AH}-\overrightarrow{AB})-(\overrightarrow{AF}-\overrightarrow{AD})$
$=(\overrightarrow{AD}+\overrightarrow{AE}-\overrightarrow{AB})-(\overrightarrow{AB}+\overrightarrow{AE}-\overrightarrow{AD})$
$=2\overrightarrow{AD}-2\overrightarrow{AB}$
$=2\vec{b}-2\vec{a}$

注意 求め方は1通りではないが，結果は1通りに決まる。

(2) $\overrightarrow{CE}=\overrightarrow{CB}+\overrightarrow{BA}+\overrightarrow{AE}$
$=-\overrightarrow{BC}-\overrightarrow{AB}+\overrightarrow{AE}$
$=-\vec{b}-\vec{a}+\vec{c}$
$=\vec{c}-\vec{a}-\vec{b}$

● 空間ベクトルの平行条件 …… 解き方のポイント

$\vec{a}\neq\vec{0}$，$\vec{b}\neq\vec{0}$ のとき

$\vec{a}\parallel\vec{b} \iff \vec{b}=k\vec{a}$ となる実数 k がある

教 p.51

問7 右の図の平行六面体 ABCD－EFGH において，辺 AB の中点を L，辺 AD を 1：2 に内分する点を M，辺 AE を 2：1 に内分する点を N とする。$\overrightarrow{\mathrm{AL}}=\vec{a}$，$\overrightarrow{\mathrm{AM}}=\vec{b}$，$\overrightarrow{\mathrm{AN}}=\vec{c}$ とするとき，次のベクトルを $\vec{a}$，$\vec{b}$，$\vec{c}$ で表せ。

(1) $\overrightarrow{\mathrm{AF}}$　　(2) $\overrightarrow{\mathrm{AG}}$

(3) $\overrightarrow{\mathrm{HF}}$　　(4) $\overrightarrow{\mathrm{BH}}$

考え方 $\overrightarrow{\mathrm{AB}}$，$\overrightarrow{\mathrm{AD}}$，$\overrightarrow{\mathrm{AE}}$ を $\vec{a}$，$\vec{b}$，$\vec{c}$ で表してから，各ベクトルを $\overrightarrow{\mathrm{AB}}$，$\overrightarrow{\mathrm{AD}}$，$\overrightarrow{\mathrm{AE}}$ に等しいベクトルに分解して，その和，差で表す。

解答 $\overrightarrow{\mathrm{AL}}=\dfrac{1}{2}\overrightarrow{\mathrm{AB}}$，$\overrightarrow{\mathrm{AM}}=\dfrac{1}{3}\overrightarrow{\mathrm{AD}}$，$\overrightarrow{\mathrm{AN}}=\dfrac{2}{3}\overrightarrow{\mathrm{AE}}$ より

$$\overrightarrow{\mathrm{AB}}=2\overrightarrow{\mathrm{AL}}=2\vec{a}$$

$$\overrightarrow{\mathrm{AD}}=3\overrightarrow{\mathrm{AM}}=3\vec{b}$$

$$\overrightarrow{\mathrm{AE}}=\frac{3}{2}\overrightarrow{\mathrm{AN}}=\frac{3}{2}\vec{c}$$

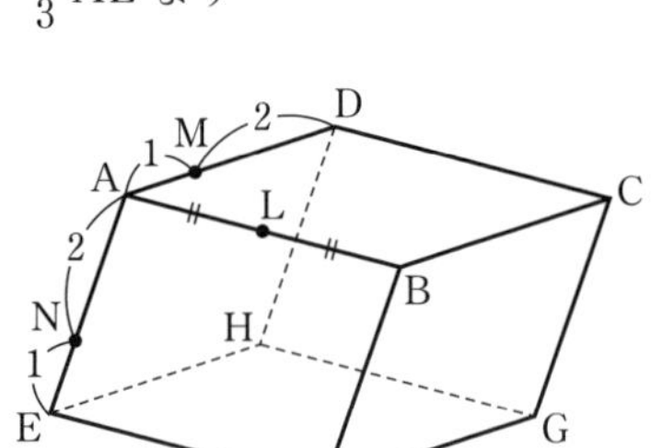

(1)
$$\begin{aligned}\overrightarrow{\mathrm{AF}}&=\overrightarrow{\mathrm{AB}}+\overrightarrow{\mathrm{BF}}\\&=\overrightarrow{\mathrm{AB}}+\overrightarrow{\mathrm{AE}}\\&=2\vec{a}+\frac{3}{2}\vec{c}\end{aligned}$$

(2)
$$\begin{aligned}\overrightarrow{\mathrm{AG}}&=\overrightarrow{\mathrm{AC}}+\overrightarrow{\mathrm{CG}}\\&=(\overrightarrow{\mathrm{AB}}+\overrightarrow{\mathrm{BC}})+\overrightarrow{\mathrm{CG}}\\&=(\overrightarrow{\mathrm{AB}}+\overrightarrow{\mathrm{AD}})+\overrightarrow{\mathrm{AE}}\\&=2\vec{a}+3\vec{b}+\frac{3}{2}\vec{c}\end{aligned}$$

(3)
$$\begin{aligned}\overrightarrow{\mathrm{HF}}&=\overrightarrow{\mathrm{DB}}\\&=\overrightarrow{\mathrm{AB}}-\overrightarrow{\mathrm{AD}}\\&=2\vec{a}-3\vec{b}\end{aligned}$$

(4)
$$\begin{aligned}\overrightarrow{\mathrm{BH}}&=\overrightarrow{\mathrm{AH}}-\overrightarrow{\mathrm{AB}}\\&=(\overrightarrow{\mathrm{AD}}+\overrightarrow{\mathrm{AE}})-\overrightarrow{\mathrm{AB}}\\&=3\vec{b}+\frac{3}{2}\vec{c}-2\vec{a}\end{aligned}$$

ベクトルの表示　解き方のポイント

$\vec{a}=a_1\vec{e_1}+a_2\vec{e_2}+a_3\vec{e_3}$　**基本ベクトル表示**

$\vec{a}=(a_1,\ a_2,\ a_3)$　**成分表示**

特に，$\vec{0}$ および $\vec{e_1}$，$\vec{e_2}$，$\vec{e_3}$ の成分表示は次のようになる。

$\vec{0}=(0,\ 0,\ 0)$，$\vec{e_1}=(1,\ 0,\ 0)$，

$\vec{e_2}=(0,\ 1,\ 0)$，$\vec{e_3}=(0,\ 0,\ 1)$

教 p.52

問8　$\vec{a}=(1,\ -2,\ 3)$ を基本ベクトル $\vec{e_1}$，$\vec{e_2}$，$\vec{e_3}$ を用いて表示せよ。

考え方　$\vec{a}=(a_1,\ a_2,\ a_3)$ の基本ベクトル表示は，$\vec{a}=a_1\vec{e_1}+a_2\vec{e_2}+a_3\vec{e_3}$ であることを用いる。

解答　$\vec{a}=\vec{e_1}-2\vec{e_2}+3\vec{e_3}$

ベクトルの相等，大きさ　解き方のポイント

2つのベクトル $\vec{a}=(a_1,\ a_2,\ a_3)$，$\vec{b}=(b_1,\ b_2,\ b_3)$ に対して

$\vec{a}=\vec{b} \iff a_1=b_1,\ a_2=b_2,\ a_3=b_3$

ベクトルの大きさは，次のようになる。

$\vec{a}=(a_1,\ a_2,\ a_3)$ のとき　$|\vec{a}|=\sqrt{a_1^2+a_2^2+a_3^2}$

教 p.53

問9　次のベクトルの大きさを求めよ。

(1) $\vec{a}=(3,\ -2,\ 6)$　　(2) $\vec{b}=(4-\sqrt{3},\ \sqrt{10},\ 4+\sqrt{3})$

考え方　$\vec{a}=(a_1,\ a_2,\ a_3)$ の大きさは，$|\vec{a}|=\sqrt{a_1^2+a_2^2+a_3^2}$ である。この式に，それぞれの数値を代入する。

解答　(1) $|\vec{a}|=\sqrt{3^2+(-2)^2+6^2}$

$=\sqrt{49}$

$=7$

(2) $|\vec{b}|=\sqrt{(4-\sqrt{3})^2+(\sqrt{10})^2+(4+\sqrt{3})^2}$

$=\sqrt{48}$

$=4\sqrt{3}$

成分による演算 解き方のポイント

成分による演算について次のことが成り立つ。

1 $(a_1,\ a_2,\ a_3)+(b_1,\ b_2,\ b_3)=(a_1+b_1,\ a_2+b_2,\ a_3+b_3)$

2 $(a_1,\ a_2,\ a_3)-(b_1,\ b_2,\ b_3)=(a_1-b_1,\ a_2-b_2,\ a_3-b_3)$

3 $k(a_1,\ a_2,\ a_3)=(ka_1,\ ka_2,\ ka_3)$　　k は実数

教 p.53

問 10　$\vec{a}=(2,\ -3,\ 0)$, $\vec{b}=(-1,\ 1,\ 1)$, $\vec{c}=(2,\ 0,\ -1)$ のとき，次のベクトルを成分表示せよ。

(1)　$3\vec{a}+4\vec{b}$　　(2)　$2(\vec{a}+\vec{b})-2(\vec{b}-\vec{c})$

考え方　成分による演算は，平面の場合と同様にできる。x, y, z のそれぞれの成分について，加法，減法，実数倍を計算すればよい。

解 答　(1)　$3\vec{a}+4\vec{b}=3(2,\ -3,\ 0)+4(-1,\ 1,\ 1)$

$=(6,\ -9,\ 0)+(-4,\ 4,\ 4)$

$=(2,\ -5,\ 4)$

(2)　$2(\vec{a}+\vec{b})-2(\vec{b}-\vec{c})=2\vec{a}+2\vec{b}-2\vec{b}+2\vec{c}$

$=2\vec{a}+2\vec{c}$

$=2(2,\ -3,\ 0)+2(2,\ 0,\ -1)$

$=(4,\ -6,\ 0)+(4,\ 0,\ -2)$

$=(8,\ -6,\ -2)$

教 p.54

問 11　$\vec{a}=(2,\ 0,\ 1)$, $\vec{b}=(1,\ -2,\ 0)$, $\vec{c}=(0,\ -1,\ 2)$ のとき，$\vec{p}=(5,\ 4,\ 8)$ を $l\vec{a}+m\vec{b}+n\vec{c}$ の形に表せ。

考え方　$\vec{p}=l\vec{a}+m\vec{b}+n\vec{c}$ において，左辺と右辺の各成分はそれぞれ等しいことから，l, m, n の値を求める。

解 答　$\vec{p}=l\vec{a}+m\vec{b}+n\vec{c}$ より

$(5,\ 4,\ 8)=l(2,\ 0,\ 1)+m(1,\ -2,\ 0)+n(0,\ -1,\ 2)$

よって　$\begin{cases} 2l+m=5 \\ -2m-n=4 \\ l+2n=8 \end{cases}$

これを解いて　　$l=4$, $m=-3$, $n=2$

ゆえに　　$\vec{p}=4\vec{a}-3\vec{b}+2\vec{c}$

● 座標と成分表示　解き方のポイント

A$(a_1,\ a_2,\ a_3)$, B$(b_1,\ b_2,\ b_3)$のとき

[1] $\overrightarrow{\mathrm{AB}}=(b_1-a_1,\ b_2-a_2,\ b_3-a_3)$

[2] $|\overrightarrow{\mathrm{AB}}|=\sqrt{(b_1-a_1)^2+(b_2-a_2)^2+(b_3-a_3)^2}$

参考　[2] は空間における 2 点 A$(a_1,\ a_2,\ a_3)$, B$(b_1,\ b_2,\ b_3)$間の距離である。

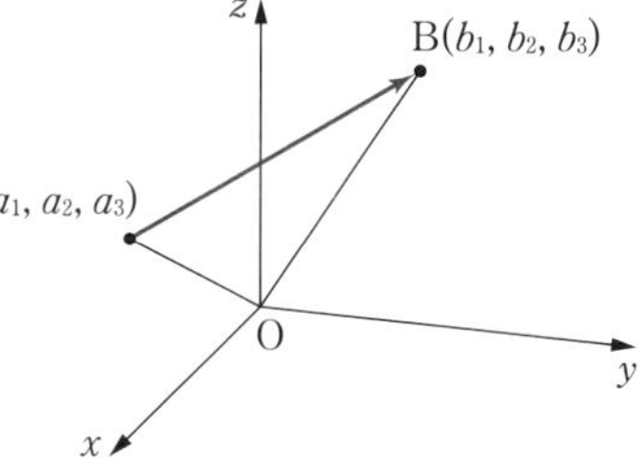

教 p.54

問 12　2 点 A(4, 3, −5), B(−2, 8, 3) のとき，ベクトル $\overrightarrow{\mathrm{AB}}$ の成分表示を求めよ。また，$|\overrightarrow{\mathrm{AB}}|$ を求めよ。

解答

$\overrightarrow{\mathrm{AB}}=(-2-4,\ 8-3,\ 3-(-5))$

$=(-6,\ 5,\ 8)$

$|\overrightarrow{\mathrm{AB}}|=\sqrt{(-6)^2+5^2+8^2}$

$=\sqrt{125}$

$=5\sqrt{5}$

教 p.55

問 13　基本ベクトル $\vec{e_1}$，$\vec{e_2}$，$\vec{e_3}$ について，次のことを示せ。

(1)　$\vec{e_1}\cdot\vec{e_1}=\vec{e_2}\cdot\vec{e_2}=\vec{e_3}\cdot\vec{e_3}=1$

(2)　$\vec{e_1}\cdot\vec{e_2}=\vec{e_2}\cdot\vec{e_3}=\vec{e_3}\cdot\vec{e_1}=0$

考え方　同じベクトルのなす角は 0° で，$|\vec{e_1}|=|\vec{e_2}|=|\vec{e_3}|=1$ である。また，$\vec{e_1}$，$\vec{e_2}$，$\vec{e_3}$ は互いに直交している。これを内積の定義を用いて示せばよい。

証明

(1)　$\vec{e_1}\cdot\vec{e_1}=1\times1\times\cos 0°=1$

同様にして　$\vec{e_2}\cdot\vec{e_2}=1$，$\vec{e_3}\cdot\vec{e_3}=1$

すなわち　$\vec{e_1}\cdot\vec{e_1}=\vec{e_2}\cdot\vec{e_2}=\vec{e_3}\cdot\vec{e_3}=1$

(2)　$\vec{e_1}\cdot\vec{e_2}=1\times1\times\cos 90°=0$

同様にして　$\vec{e_2}\cdot\vec{e_3}=0$，$\vec{e_3}\cdot\vec{e_1}=0$

すなわち　$\vec{e_1}\cdot\vec{e_2}=\vec{e_2}\cdot\vec{e_3}=\vec{e_3}\cdot\vec{e_1}=0$

教 p.55

問 14 右の図の立方体 ABCD − EFGH の1辺の長さは2である。次の内積を求めよ。

(1) $\overrightarrow{AB}\cdot\overrightarrow{AF}$　　(2) $\overrightarrow{DE}\cdot\overrightarrow{FC}$

(3) $\overrightarrow{BG}\cdot\overrightarrow{DE}$　　(4) $\overrightarrow{AF}\cdot\overrightarrow{FC}$

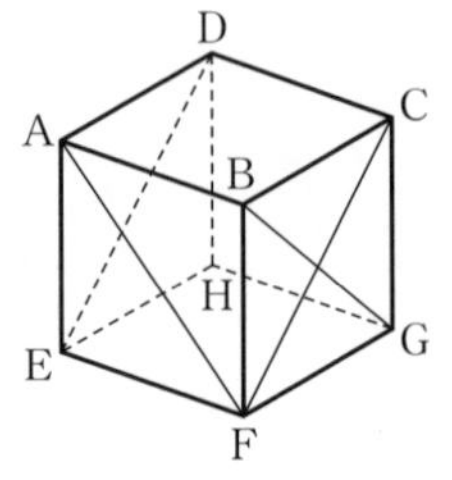

考え方 各ベクトルの大きさとそれらのなす角をそれぞれ求め，内積の定義の式に代入して求める。

(2) $\overrightarrow{DE}\,/\!/\,\overrightarrow{FC}$ で方向が反対であるから，なす角は180°と考える。

(3) $\overrightarrow{BG}$ と $\overrightarrow{DE}$ のなす角は $\overrightarrow{DE}$ を平行移動して，$\overrightarrow{BG}$ と $\overrightarrow{CF}$ のなす角を考える。

(4) $\overrightarrow{AF}$ を平行移動して始点をFにそろえ，なす角は，△ACF が正三角形になることから考える。

1辺の長さが2の立方体の各面の対角線の長さは $2\sqrt{2}$ である。

解 答 (1) $\overrightarrow{AB}\cdot\overrightarrow{AF}=2\times2\sqrt{2}\times\cos45^\circ$

$$=2\times2\sqrt{2}\times\frac{1}{\sqrt{2}}=4$$

(2) $\overrightarrow{DE}\cdot\overrightarrow{FC}=2\sqrt{2}\times2\sqrt{2}\times\cos180^\circ$

$$=2\sqrt{2}\times2\sqrt{2}\times(-1)=-8$$

(3) $\overrightarrow{BG}\cdot\overrightarrow{DE}=2\sqrt{2}\times2\sqrt{2}\times\cos90^\circ$

$$=2\sqrt{2}\times2\sqrt{2}\times0=0$$

(4) △AFC は正三角形であるから

$\overrightarrow{AF}\cdot\overrightarrow{FC}=2\sqrt{2}\times2\sqrt{2}\times\cos120^\circ$

$$=2\sqrt{2}\times2\sqrt{2}\times\left(-\frac{1}{2}\right)=-4$$

● 内積と成分 ……………… **解き方のポイント**

$\vec{a}=(a_1,\ a_2,\ a_3)$，$\vec{b}=(b_1,\ b_2,\ b_3)$ のとき

$$\vec{a}\cdot\vec{b}=a_1b_1+a_2b_2+a_3b_3$$

教 p.55

問 15 次のベクトル $\vec{a}$, $\vec{b}$ の内積を求めよ。

(1) $\vec{a}=(-2,\ 2,\ 3)$, $\vec{b}=(4,\ 5,\ 6)$

(2) $\vec{a}=(4,\ 3,\ -1)$, $\vec{b}=(-2,\ 1,\ 3)$

解答 (1) $\vec{a}\cdot\vec{b}=(-2)\times4+2\times5+3\times6=-8+10+18=20$

(2) $\vec{a}\cdot\vec{b}=4\times(-2)+3\times1+(-1)\times3=-8+3-3=-8$

● $\vec{a}$, $\vec{b}$ のなす角 …… 解き方のポイント

$\vec{0}$ でない2つのベクトル $\vec{a}$, $\vec{b}$ のなす角を θ とすると，次の式が成り立つ。

$$\cos\theta=\frac{\vec{a}\cdot\vec{b}}{|\vec{a}||\vec{b}|}=\frac{a_1b_1+a_2b_2+a_3b_3}{\sqrt{a_1^2+a_2^2+a_3^2}\sqrt{b_1^2+b_2^2+b_3^2}}$$

ただし，$0^\circ\leqq\theta\leqq180^\circ$

教 p.56

問 16 次のベクトル $\vec{a}$, $\vec{b}$ のなす角 θ を求めよ。

(1) $\vec{a}=(-1,\ 0,\ 1)$, $\vec{b}=(-1,\ 2,\ 2)$

(2) $\vec{a}=(-3,\ 2,\ 1)$, $\vec{b}=(2,\ 1,\ 4)$

解答 (1) $\vec{a}\cdot\vec{b}=(-1)\times(-1)+0\times2+1\times2=3$

$|\vec{a}|=\sqrt{(-1)^2+0^2+1^2}=\sqrt{2}$

$|\vec{b}|=\sqrt{(-1)^2+2^2+2^2}=3$

よって　$\cos\theta=\dfrac{\vec{a}\cdot\vec{b}}{|\vec{a}||\vec{b}|}=\dfrac{3}{\sqrt{2}\times3}=\dfrac{1}{\sqrt{2}}$

$0^\circ\leqq\theta\leqq180^\circ$ であるから　$\theta=45^\circ$

(2) $\vec{a}\cdot\vec{b}=(-3)\times2+2\times1+1\times4=0$

よって　$\cos\theta=0$

$0^\circ\leqq\theta\leqq180^\circ$ であるから　$\theta=90^\circ$

● 空間ベクトルの垂直，平行 …… 解き方のポイント

$\vec{a}\neq\vec{0}$, $\vec{b}\neq\vec{0}$ のとき

$\vec{a}\perp\vec{b}\iff\vec{a}\cdot\vec{b}=0\iff a_1b_1+a_2b_2+a_3b_3=0$

$\vec{a}\parallel\vec{b}$　ならば　$\vec{a}\cdot\vec{b}=|\vec{a}||\vec{b}|$　または　$\vec{a}\cdot\vec{b}=-|\vec{a}||\vec{b}|$

教 p.56

問 17　2 つのベクトル $\vec{a}=(1,\ k,\ -2)$, $\vec{b}=(-3,\ k,\ k)$ が垂直になるような k の値を求めよ。

考え方　$\vec{a}\neq\vec{0}$, $\vec{b}\neq\vec{0}$ のとき $\vec{a}\perp\vec{b} \iff \vec{a}\cdot\vec{b}=0 \iff a_1b_1+a_2b_2+a_3b_3=0$ であることを用いる。

解　答　$\vec{a}\perp\vec{b}$ となるのは, $\vec{a}\cdot\vec{b}=0$ のときであるから

$$1\times(-3)+k\times k+(-2)\times k=0$$

よって　$k^2-2k-3=0$

$$(k+1)(k-3)=0$$

すなわち　$\boldsymbol{k=-1,\ 3}$

教 p.57

問 18　2 つのベクトル $\vec{a}=(1,\ -2,\ 2)$, $\vec{b}=(5,\ -4,\ 6)$ の両方に垂直で, 大きさが $\sqrt{17}$ であるベクトルを求めよ。

考え方　求めるベクトルを $\vec{p}=(x,\ y,\ z)$ とおき, $\vec{a}\cdot\vec{p}=0$, $\vec{b}\cdot\vec{p}=0$, $|\vec{p}|=\sqrt{17}$ であることから, x, y, z の値を求める。

解　答　求めるベクトルを $\vec{p}=(x,\ y,\ z)$ とする。

$\vec{a}\perp\vec{p}$ より, $\vec{a}\cdot\vec{p}=0$ であるから　$x-2y+2z=0$　…… ①

$\vec{b}\perp\vec{p}$ より, $\vec{b}\cdot\vec{p}=0$ であるから　$5x-4y+6z=0$　…… ②

$|\vec{p}|=\sqrt{17}$ より, $|\vec{p}|^2=17$ であるから　$x^2+y^2+z^2=17$　…… ③

①, ② より, y, z を x で表すと

①×3－② より　$y=-x$　…… ④

①×2－② より　$z=-\dfrac{3}{2}x$　…… ⑤

④, ⑤ を ③ に代入すると　$\dfrac{17}{4}x^2=17$

すなわち　$x=2,\ -2$

これらを ④, ⑤ に代入して

$$(x,\ y,\ z)=(2,\ -2,\ -3),\ (-2,\ 2,\ 3)$$

よって, 求めるベクトルは

$(2,\ -2,\ -3)$, $(-2,\ 2,\ 3)$

3 | 位置ベクトルと空間図形

用語のまとめ

位置ベクトル

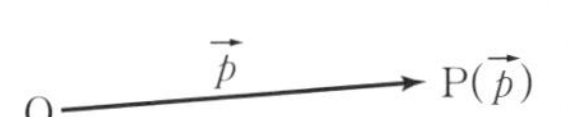

- 空間においても1点Oを固定すると，平面の場合と同様に，空間における任意の点Pの位置は，ベクトル $\overrightarrow{OP}=\vec{p}$ によって定まる。この $\vec{p}$ を点Oを基準とする点Pの**位置ベクトル**という。点Pの位置ベクトルが $\vec{p}$ であることを P($\vec{p}$) と表す。
- 2点 A($\vec{a}$)，B($\vec{b}$) に対して $\overrightarrow{AB}=\vec{b}-\vec{a}$ と表される。

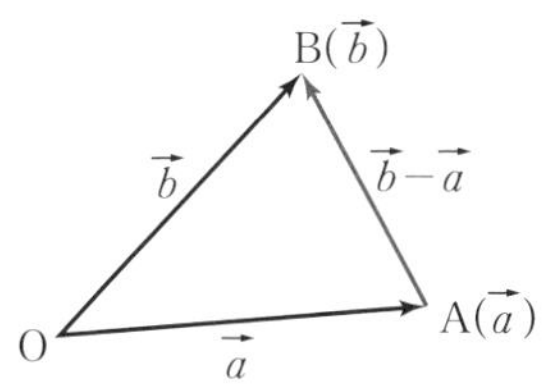

球

- 空間において，定点Cから一定の距離 r にある点Pの集合を，Cを中心とする半径 r の**球面**，または単に**球**という。

内分点・外分点の位置ベクトル　解き方のポイント

2点 A($\vec{a}$)，B($\vec{b}$) を結ぶ線分 AB を $m:n$ に内分する点P，$m:n$ に外分する点Qの位置ベクトル $\vec{p}$，$\vec{q}$ はそれぞれ

$$\vec{p}=\frac{n\vec{a}+m\vec{b}}{m+n},\quad \vec{q}=\frac{-n\vec{a}+m\vec{b}}{m-n}$$

特に，線分 AB の中点の位置ベクトルは $\dfrac{\vec{a}+\vec{b}}{2}$

教 p.58

問 19 $\vec{a}=(a_1,\ a_2,\ a_3)$，$\vec{b}=(b_1,\ b_2,\ b_3)$ として，2点 A($\vec{a}$)，B($\vec{b}$) を結ぶ線分 AB を $m:n$ に内分する点，外分する点の位置ベクトルを成分表示せよ。

考え方 線分の内分点・外分点の位置ベクトルの公式で，成分による演算を行う。

解答 線分 AB を $m:n$ に内分する点をP，$m:n$ に外分する点をQとし，その位置ベクトルをそれぞれ $\vec{p}$，$\vec{q}$ とすると

$$\vec{p}=\frac{n\vec{a}+m\vec{b}}{m+n}=\frac{n(a_1,\ a_2,\ a_3)+m(b_1,\ b_2,\ b_3)}{m+n}$$

$$=\left(\frac{na_1+mb_1}{m+n},\ \frac{na_2+mb_2}{m+n},\ \frac{na_3+mb_3}{m+n}\right)$$

$$\vec{q}=\frac{-n\vec{a}+m\vec{b}}{m-n}=\frac{-n(a_1,\ a_2,\ a_3)+m(b_1,\ b_2,\ b_3)}{m-n}$$

$$=\left(\frac{-na_1+mb_1}{m-n},\ \frac{-na_2+mb_2}{m-n},\ \frac{-na_3+mb_3}{m-n}\right)$$

教 p.58

問 20　空間において，3 点 A$(\vec{a})$，B$(\vec{b})$，C$(\vec{c})$ を頂点とする △ABC の重心 G の位置ベクトル $\vec{g}$ は，$\vec{g}=\dfrac{\vec{a}+\vec{b}+\vec{c}}{3}$ であることを示せ。

考え方　辺 BC の中点を M とすると，重心 G は線分 AM を 2：1 に内分する。

証明　辺 BC の中点を M$(\vec{m})$ とすると　$\vec{m}=\dfrac{\vec{b}+\vec{c}}{2}$

重心 G は線分 AM を 2：1 に内分する点であるから

$$\vec{g}=\frac{\vec{a}+2\vec{m}}{2+1}=\frac{\vec{a}+2\left(\frac{\vec{b}+\vec{c}}{2}\right)}{3}=\frac{\vec{a}+\vec{b}+\vec{c}}{3}$$

教 p.59

問 21　四面体 OABC において，辺 OA，辺 BC の中点をそれぞれ P，R とし，辺 AB，辺 OC をそれぞれ 1：2 に内分する点を E，F とする。このとき，線分 PR を 1：2 に内分する点と線分 EF の中点は一致することを証明せよ。

考え方　点 O を基準とする頂点 A，B，C の位置ベクトルを $\vec{a}$，$\vec{b}$，$\vec{c}$ とし，線分 PR を 1：2 に内分する点と，線分 EF の中点を $\vec{a}$，$\vec{b}$，$\vec{c}$ で表してみる。

証明　点 O を基準とする 3 つの頂点 A，B，C の位置ベクトルをそれぞれ $\vec{a}$，$\vec{b}$，$\vec{c}$ とすると

$$\overrightarrow{OP}=\frac{1}{2}\overrightarrow{OA}=\frac{1}{2}\vec{a}$$

$$\overrightarrow{OR}=\frac{1}{2}(\overrightarrow{OB}+\overrightarrow{OC})=\frac{1}{2}(\vec{b}+\vec{c})$$

$$\overrightarrow{OE}=\frac{2\overrightarrow{OA}+\overrightarrow{OB}}{1+2}=\frac{2\vec{a}+\vec{b}}{3}$$

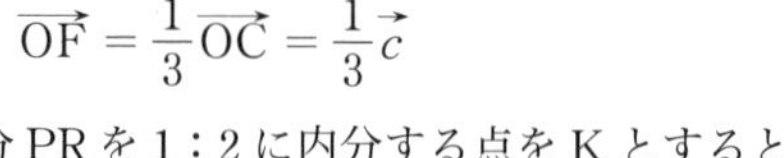

$$\overrightarrow{OF}=\frac{1}{3}\overrightarrow{OC}=\frac{1}{3}\vec{c}$$

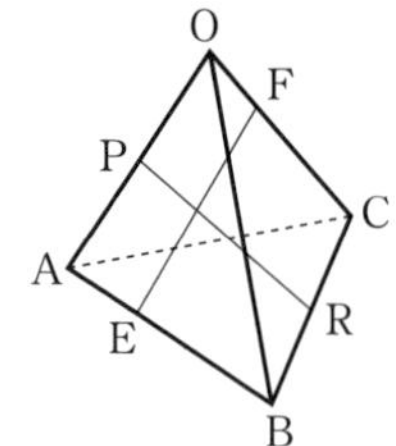

線分 PR を 1：2 に内分する点を K とすると

$$\overrightarrow{\mathrm{OK}}=\frac{2\overrightarrow{\mathrm{OP}}+\overrightarrow{\mathrm{OR}}}{1+2}=\frac{1}{3}\left\{2\times\frac{1}{2}\vec{a}+\frac{1}{2}(\vec{b}+\vec{c})\right\}=\frac{2\vec{a}+\vec{b}+\vec{c}}{6}$$

線分 EF の中点を L とすると

$$\overrightarrow{\mathrm{OL}}=\frac{1}{2}(\overrightarrow{\mathrm{OE}}+\overrightarrow{\mathrm{OF}})=\frac{1}{2}\left(\frac{2\vec{a}+\vec{b}}{3}+\frac{1}{3}\vec{c}\right)=\frac{2\vec{a}+\vec{b}+\vec{c}}{6}$$

ゆえに，線分 PR を 1：2 に内分する点と線分 EF の中点は一致する。

● 3点が一直線上にあるための条件　解き方のポイント

2点 A，B が異なるとき

3点 A，B，C が一直線上にある

$\iff$ $\overrightarrow{\mathrm{AC}}=k\overrightarrow{\mathrm{AB}}$ となる実数 k がある

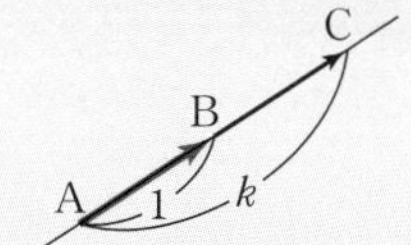

教 p.60

問22　四面体 OABC において，△OAB，△OBC，△OCA の重心をそれぞれ D，E，F とし，△DEF の重心を G とする。さらに，$\overrightarrow{\mathrm{OA}}=\vec{a}$，$\overrightarrow{\mathrm{OB}}=\vec{b}$，$\overrightarrow{\mathrm{OC}}=\vec{c}$ とおくとき，次の問に答えよ。

(1)　$\overrightarrow{\mathrm{OG}}$ を $\vec{a}$，$\vec{b}$，$\vec{c}$ で表せ。

(2)　直線 OG は △ABC の重心 G′ を通ることを示せ。

考え方　(2)　$\overrightarrow{\mathrm{OG'}}=k\overrightarrow{\mathrm{OG}}$ となる実数 k があることを示す。点 O の位置ベクトルは $\overrightarrow{\mathrm{OO}}$ と表す。

解 答　(1)　点 D は △OAB の重心であるから

$$\overrightarrow{\mathrm{OD}}=\frac{\overrightarrow{\mathrm{OO}}+\overrightarrow{\mathrm{OA}}+\overrightarrow{\mathrm{OB}}}{3}=\frac{\vec{0}+\vec{a}+\vec{b}}{3}=\frac{\vec{a}+\vec{b}}{3}$$

同様にして

$$\overrightarrow{\mathrm{OE}}=\frac{\vec{b}+\vec{c}}{3},\qquad \overrightarrow{\mathrm{OF}}=\frac{\vec{c}+\vec{a}}{3}$$

また，点 G は △DEF の重心であるから

$$\overrightarrow{\mathrm{OG}}=\frac{\overrightarrow{\mathrm{OD}}+\overrightarrow{\mathrm{OE}}+\overrightarrow{\mathrm{OF}}}{3}=\frac{2(\vec{a}+\vec{b}+\vec{c})}{9}$$

(2)　点 G′ は △ABC の重心であるから

$$\overrightarrow{\mathrm{OG'}}=\frac{\vec{a}+\vec{b}+\vec{c}}{3}$$

(1) より　　$\overrightarrow{\mathrm{OG'}}=\frac{3}{2}\overrightarrow{\mathrm{OG}}$

したがって，3点 O，G，G′ が一直線上にある。

ゆえに，直線 OG は △ABC の重心 G′ を通る。

4 点が同一平面上にあるための条件 …… 解き方のポイント

一直線上にない 3 点 A，B，C が定める平面を α とする。このとき

点 P が平面 α 上にある

$\iff$ $\overrightarrow{AP} = k\overrightarrow{AB} + l\overrightarrow{AC}$

となる実数 k，l がある

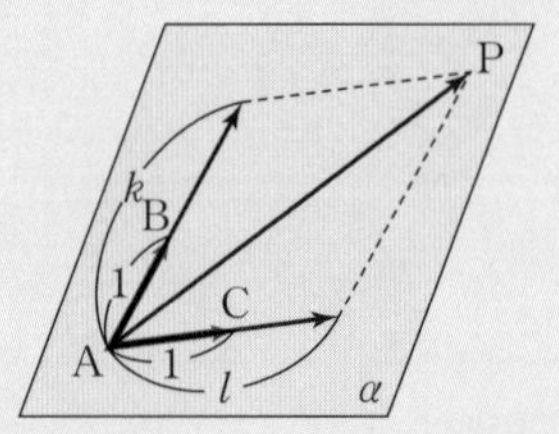

教 p.61

問 23 次の 4 点が同一平面上にあるように，t の値を定めよ。

$$A(4,\ -2,\ 5),\ B(-3,\ 4,\ -4),\ C(1,\ 2,\ 4),\ D(t+1,\ -4,\ t)$$

考え方 はじめに，3 点 A，B，C が一直線上にないこと，すなわち，3 点 A，B，C が定める平面があることを示し，点 D がこの平面上にあることから t の値を定める。このとき，$\overrightarrow{AD} = k\overrightarrow{AB} + l\overrightarrow{AC}$ となる実数 k，l がある。

解 答 $\overrightarrow{AB} = (-7,\ 6,\ -9)$，$\overrightarrow{AC} = (-3,\ 4,\ -1)$ より，3 点 A，B，C は一直線上にない。

よって，4 点 A，B，C，D が同一平面上にあるとき，

$\overrightarrow{AD} = (t-3,\ -2,\ t-5)$ に対して，$\overrightarrow{AD} = k\overrightarrow{AB} + l\overrightarrow{AC}$ となる実数 k，l があるから

$$(t-3,\ -2,\ t-5) = k(-7,\ 6,\ -9) + l(-3,\ 4,\ -1)$$

ゆえに
$$\begin{cases} t-3 = -7k-3l & \cdots\cdots ① \\ -2 = 6k+4l & \cdots\cdots ② \\ t-5 = -9k-l & \cdots\cdots ③ \end{cases}$$

① − ③ より　$2 = 2k-2l$

$1 = k-l$　…… ④

②，④ より　$k = \dfrac{1}{5}$，$l = -\dfrac{4}{5}$

これらを ① に代入して　$t = 4$

教 p.62

問 24 平行六面体 OAFB－CEGD において，辺 OC を 1：2 に内分する点を N とし，対角線 OG と平面 ABN との交点を Q とする。$\overrightarrow{\mathrm{OA}}=\vec{a}$，$\overrightarrow{\mathrm{OB}}=\vec{b}$，$\overrightarrow{\mathrm{OC}}=\vec{c}$，$\overrightarrow{\mathrm{OQ}}=\vec{q}$ とするとき，$\vec{q}$ を $\vec{a}$，$\vec{b}$，$\vec{c}$ で表せ。

考え方 点 Q は対角線 OG 上にある $\iff$ $\overrightarrow{\mathrm{OQ}}=k\overrightarrow{\mathrm{OG}}$ となる実数 k がある

点 Q は平面 ABN 上にある $\iff$ $\overrightarrow{\mathrm{AQ}}=s\overrightarrow{\mathrm{AB}}+t\overrightarrow{\mathrm{AN}}$ となる実数 s，t がある

解答 点 Q は対角線 OG 上にあるから　$\overrightarrow{\mathrm{OQ}}=k\overrightarrow{\mathrm{OG}}$

となる実数 k がある。ここで，$\overrightarrow{\mathrm{OG}}=\vec{a}+\vec{b}+\vec{c}$

であるから

$$\vec{q}=k\vec{a}+k\vec{b}+k\vec{c} \quad \cdots\cdots ①$$

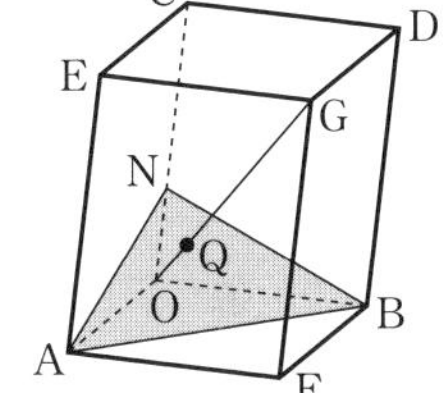

また，点 Q は平面 ABN 上にあるから

$$\overrightarrow{\mathrm{AQ}}=s\overrightarrow{\mathrm{AB}}+t\overrightarrow{\mathrm{AN}}$$

となる実数 s，t がある。

よって

$$\overrightarrow{\mathrm{OQ}}-\overrightarrow{\mathrm{OA}}=s(\overrightarrow{\mathrm{OB}}-\overrightarrow{\mathrm{OA}})+t(\overrightarrow{\mathrm{ON}}-\overrightarrow{\mathrm{OA}})$$

$$\vec{q}-\vec{a}=s(\vec{b}-\vec{a})+t\left(\frac{1}{3}\vec{c}-\vec{a}\right)$$

$$\vec{q}=(1-s-t)\vec{a}+s\vec{b}+\frac{1}{3}t\vec{c} \quad \cdots\cdots ②$$

ここで，4 点 O，A，B，C は同一平面上にないから，①，② より

$$\begin{cases} k=1-s-t \\ k=s \\ k=\dfrac{1}{3}t \end{cases}$$

これを解いて　$k=\dfrac{1}{5}$，$s=\dfrac{1}{5}$，$t=\dfrac{3}{5}$

したがって　$\vec{q}=\dfrac{1}{5}\vec{a}+\dfrac{1}{5}\vec{b}+\dfrac{1}{5}\vec{c}$

教 p.63

問 25 空間において，3 点 A(3, 0, 1), B(0, 9, 7), C(9, 12, 0) を頂点とする △ABC がある。頂点 C から対辺 AB に垂線を下ろし，AB との交点を H とする。このとき，点 H の座標を求めよ。

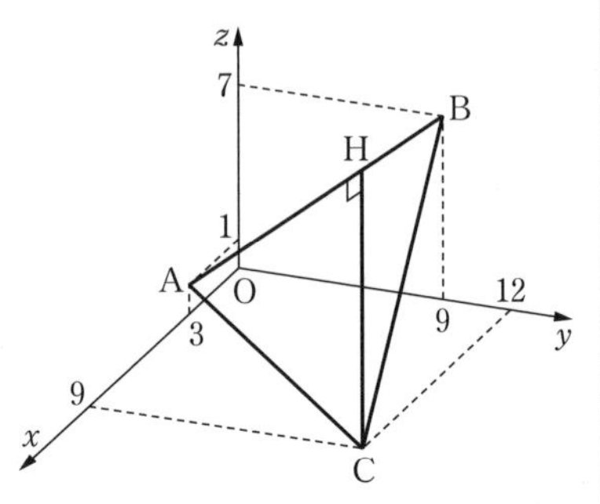

考え方 点 H が直線 AB 上にあること，すなわち $\overrightarrow{OH}=\overrightarrow{OA}+t\overrightarrow{AB}$ と表せることと，CH⊥AB すなわち $\overrightarrow{CH}\cdot\overrightarrow{AB}=0$ であることから，$\overrightarrow{OH}$ を求める。

解 答 点 H は直線 AB 上にあるから　$\overrightarrow{AH}=t\overrightarrow{AB}$

すなわち

$$\overrightarrow{OH}=\overrightarrow{OA}+t\overrightarrow{AB} \quad \longleftarrow \overrightarrow{OH}=\overrightarrow{OA}+\overrightarrow{AH}$$

となる実数 t がある。

$$\overrightarrow{OA}=(3,\ 0,\ 1),\ \overrightarrow{AB}=(-3,\ 9,\ 6)$$

であるから

$$\overrightarrow{OH}=(3,\ 0,\ 1)+t(-3,\ 9,\ 6)$$
$$=(3-3t,\ 9t,\ 1+6t)$$
$$\overrightarrow{CH}=\overrightarrow{OH}-\overrightarrow{OC}$$
$$=(3-3t,\ 9t,\ 1+6t)-(9,\ 12,\ 0)$$
$$=(-6-3t,\ 9t-12,\ 1+6t)$$

ここで，CH⊥AB より　$\overrightarrow{CH}\cdot\overrightarrow{AB}=0$

よって

$$(-6-3t)\times(-3)+(9t-12)\times9+(1+6t)\times6=0$$

これを解くと，$t=\dfrac{2}{3}$ となるから

$$\overrightarrow{OH}=(1,\ 6,\ 5)$$

したがって，H の座標は

(1, 6, 5)

● 球の方程式 ………… **解き方のポイント**

中心が $C(\vec{c})$，半径が r の球上の点を $P(\vec{p})$ とすると $|\overrightarrow{CP}|=r$ であるから，次の等式が成り立つ。

$$|\vec{p}-\vec{c}|=r \quad \cdots\cdots ①$$

① の両辺を 2 乗して，内積を用いて表すと

$$(\vec{p}-\vec{c})\cdot(\vec{p}-\vec{c})=r^2$$

$\vec{p}=(x,\ y,\ z)$，$\vec{c}=(x_1,\ y_1,\ z_1)$ とすると

$$(x-x_1)^2+(y-y_1)^2+(z-z_1)^2=r^2$$

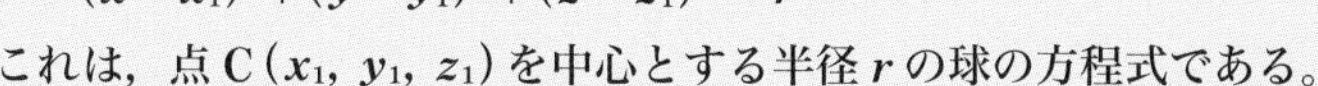

これは，点 $C(x_1,\ y_1,\ z_1)$ を中心とする半径 r の球の方程式である。

特に，原点を中心とする半径 r の球の方程式は

$$x^2+y^2+z^2=r^2$$

教 p.64

問 26　次の条件を満たす球の方程式を求めよ。

(1)　点 A(3，−2，−1) を中心とし，点 B(4，1，−3) を通る。

(2)　2 点 A(3，−2，−1)，B(−5，2，7) を直径の両端とする。

考え方　球の方程式を求めるには，中心と半径が分かればよい。

(1)　半径は中心と球面上の点との距離に等しい。

(2)　中心は直径，すなわち線分 AB の中点である。また，半径は線分 AB の長さの半分である。

解　答　(1)　求める球の半径 r は，2 点 A，B 間の距離に等しいから

$$r=\sqrt{(4-3)^2+\{1-(-2)\}^2+\{-3-(-1)\}^2}=\sqrt{14}$$

したがって，求める球の方程式は

$$(x-3)^2+(y+2)^2+(z+1)^2=14$$

(2)　求める球の中心は，線分 AB の中点であるから

$$\left(\frac{3+(-5)}{2},\ \frac{-2+2}{2},\ \frac{-1+7}{2}\right)=(-1,\ 0,\ 3)$$

また，半径 r は線分 AB の長さの半分であるから

$$r=\frac{1}{2}\sqrt{(-5-3)^2+\{2-(-2)\}^2+\{7-(-1)\}^2}=\frac{1}{2}\times 12=6$$

したがって，求める球の方程式は

$$(x+1)^2+y^2+(z-3)^2=36$$

問　題

教 p.65

14 点 P(5, −2, 6) に関して，次の問に答えよ。

(1) 点 P と yz 平面に関して対称な点 A の座標を求めよ。

(2) 点 P と点 Q(3, 2, −4) に関して対称な点 B の座標を求めよ。

(3) 点 P を通り，yz 平面に平行な平面の方程式を求めよ。

考え方 (1) yz 平面に関して対称な点では，x 座標だけ符号が変わる。

(2) 点 Q は点 P と点 B を結ぶ線分 PB の中点である。

(3) 平面上の任意の点の x 座標は常に 5 となる。

解　答 (1) **A(−5, −2, 6)**

(2) 点 B の座標を $(x,\ y,\ z)$ とすると，線分 PB の中点が点 Q であるから

$$\left(\frac{5+x}{2},\ \frac{-2+y}{2},\ \frac{6+z}{2}\right)=(3,\ 2,\ -4)$$

したがって　$\frac{5+x}{2}=3,\quad \frac{-2+y}{2}=2,\quad \frac{6+z}{2}=-4$

これを解いて　$x=1,\quad y=6,\quad z=-14$

よって　**B(1, 6, −14)**

(3) $\boldsymbol{x=5}$

15 $\vec{a}=(1,\ 3,\ -2)$, $\vec{b}=(0,\ -1,\ 2)$, $\vec{c}=(2,\ 1,\ 1)$ のとき，
$\vec{p}=(7,\ 8,\ -3)$ を $l\vec{a}+m\vec{b}+n\vec{c}$ の形に表せ。

考え方 $\vec{p}=l\vec{a}+m\vec{b}+n\vec{c}$ において，両辺の各成分はそれぞれ等しい。

解　答 $\vec{p}=l\vec{a}+m\vec{b}+n\vec{c}$ より

$$\begin{aligned}(7,\ 8,\ -3)&=l(1,\ 3,\ -2)+m(0,\ -1,\ 2)+n(2,\ 1,\ 1)\\&=(l+2n,\ 3l-m+n,\ -2l+2m+n)\end{aligned}$$

よって　$\begin{cases}l+2n=7 & \cdots\cdots ① \\ 3l-m+n=8 & \cdots\cdots ② \\ -2l+2m+n=-3 & \cdots\cdots ③\end{cases}$

②×2＋③ より　$4l+3n=13$　……④

①×4−④ より　$5n=15$

$n=3$　……⑤

⑤ を ① に代入して　$l=1$　……⑥

⑤, ⑥ を ② に代入して　$m=-2$

ゆえに　$\boldsymbol{\vec{p}=\vec{a}-2\vec{b}+3\vec{c}}$

16 3点 A$(-4,\ 7,\ -4)$, B$(-3,\ 5,\ -2)$, C$(-5,\ 3,\ -3)$ を頂点とする△ABCの内角の大きさをすべて求めよ。

考え方 $\cos\angle A = \dfrac{\overrightarrow{AB}\cdot\overrightarrow{AC}}{|\overrightarrow{AB}||\overrightarrow{AC}|}$ より，∠A を求めることができる。

解答

$$\overrightarrow{AB} = (-3-(-4),\ 5-7,\ -2-(-4)) = (1,\ -2,\ 2)$$

$$\overrightarrow{AC} = (-5-(-4),\ 3-7,\ -3-(-4)) = (-1,\ -4,\ 1)$$

より

$$|\overrightarrow{AB}| = \sqrt{1^2+(-2)^2+2^2} = \sqrt{9} = 3$$

$$|\overrightarrow{AC}| = \sqrt{(-1)^2+(-4)^2+1^2} = \sqrt{18} = 3\sqrt{2}$$

$$\overrightarrow{AB}\cdot\overrightarrow{AC} = 1\times(-1)+(-2)\times(-4)+2\times1 = 9$$

よって

$$\cos\angle A = \frac{\overrightarrow{AB}\cdot\overrightarrow{AC}}{|\overrightarrow{AB}||\overrightarrow{AC}|} = \frac{9}{3\times3\sqrt{2}} = \frac{1}{\sqrt{2}}$$

$0^\circ < \angle A < 180^\circ$ であるから　　$\angle A = 45^\circ$

同様に

$$\overrightarrow{BA} = -\overrightarrow{AB} = (-1,\ 2,\ -2)$$

$$\overrightarrow{BC} = (-5-(-3),\ 3-5,\ -3-(-2)) = (-2,\ -2,\ -1)$$

より

$$\overrightarrow{BA}\cdot\overrightarrow{BC} = (-1)\times(-2)+2\times(-2)+(-2)\times(-1) = 0$$

$0^\circ < \angle B < 180^\circ$ であるから　　$\angle B = 90^\circ$

三角形の内角の和は 180° であるから

$$\angle C = 180^\circ - (45^\circ + 90^\circ) = 45^\circ$$

したがって

$$\angle \mathbf{A} = \mathbf{45^\circ},\ \angle \mathbf{B} = \mathbf{90^\circ},\ \angle \mathbf{C} = \mathbf{45^\circ}$$

17 $\vec{a} = (2,\ -1,\ -5)$, $\vec{b} = (3x,\ 6,\ 4y-2)$, $\vec{c} = (z-1,\ 2,\ z+1)$ とする。

(1) $\vec{a} /\!/ \vec{b}$ であるように，x, y の値を定めよ。

(2) $\vec{a} \perp \vec{c}$ であるように，z の値を定めよ。

考え方 $\vec{a} \neq \vec{0}$, $\vec{b} \neq \vec{0}$, $\vec{c} \neq \vec{0}$ であるから

(1) $\vec{a} /\!/ \vec{b} \iff \vec{b} = k\vec{a}$ となる実数 k がある

(2) $\vec{a} \perp \vec{c} \iff \vec{a}\cdot\vec{c} = 0$

解答 (1) $\vec{a} /\!/ \vec{b}$ であるから，$\vec{b}=k\vec{a}$ となる実数 k がある。よって

$$(3x,\ 6,\ 4y-2)=k(2,\ -1,\ -5)=(2k,\ -k,\ -5k)$$

したがって $\begin{cases} 3x=2k & \cdots\cdots ① \\ 6=-k & \cdots\cdots ② \\ 4y-2=-5k & \cdots\cdots ③ \end{cases}$

② より　$k=-6$

これを ①，③ に代入して

$$x=-4,\ y=8$$

(2) $\vec{a}\perp\vec{c}$ となるのは，$\vec{a}\cdot\vec{c}=0$ のときであるから

$$2(z-1)+(-1)\times 2+(-5)\times(z+1)=0$$

よって　$-3z-9=0$

これを解いて　$z=-3$

18 一直線上にない 3 点 A，B，C が定める平面を α とする。このとき，ベクトル $\vec{n}$ が $\overrightarrow{AB}\perp\vec{n}$，$\overrightarrow{AC}\perp\vec{n}$ を満たすならば，平面 α 上の点 A 以外の任意の点 P について $\overrightarrow{AP}\perp\vec{n}$ となることを，空間のベクトルの内積を利用して示せ。

考え方 $\overrightarrow{AP}=k\overrightarrow{AB}+l\overrightarrow{AC}$ となる実数 k，l がある。

これを用いて，$\overrightarrow{AP}\cdot\vec{n}=0$ であることを示せばよい。

証明 $\overrightarrow{AB}\perp\vec{n}$，$\overrightarrow{AC}\perp\vec{n}$ より

$$\overrightarrow{AB}\cdot\vec{n}=0,\ \overrightarrow{AC}\cdot\vec{n}=0$$

平面 α 上の任意の点 P について

$$\overrightarrow{AP}=k\overrightarrow{AB}+l\overrightarrow{AC}$$

となる実数 k，l がある。

よって

$$\overrightarrow{AP}\cdot\vec{n}=(k\overrightarrow{AB}+l\overrightarrow{AC})\cdot\vec{n}=k\overrightarrow{AB}\cdot\vec{n}+l\overrightarrow{AC}\cdot\vec{n}=0$$

点 P は平面 α 上の点 A 以外の任意の点，すなわち，点 P は A に一致しない点であるから

$$\overrightarrow{AP}\neq\vec{0}$$

したがって，$\overrightarrow{AP}\neq\vec{0}$，$\vec{n}\neq\vec{0}$ のとき $\overrightarrow{AP}\cdot\vec{n}=0$ であるから

$$\overrightarrow{AP}\perp\vec{n}$$

19 四面体 OABC において，辺 AB の中点を M，△OMC の重心を G とし，直線 AG と平面 OBC との交点を P とする。
$\overrightarrow{\mathrm{OA}}=\vec{a}$，$\overrightarrow{\mathrm{OB}}=\vec{b}$，$\overrightarrow{\mathrm{OC}}=\vec{c}$，$\overrightarrow{\mathrm{OP}}=\vec{p}$ とするとき，$\vec{p}$ を $\vec{a}$，$\vec{b}$，$\vec{c}$ で表せ。

考え方 点 P が直線 AG 上にあることと，平面 OBC 上にあることから，$\overrightarrow{\mathrm{AP}}$ を 2 通りに表す。

解答 点 G は △OMC の重心であるから

$$\overrightarrow{\mathrm{OG}}=\frac{1}{3}(\overrightarrow{\mathrm{OO}}+\overrightarrow{\mathrm{OM}}+\overrightarrow{\mathrm{OC}})$$
$$=\frac{1}{3}\left(\frac{\vec{a}+\vec{b}}{2}+\vec{c}\right)$$
$$=\frac{1}{6}\vec{a}+\frac{1}{6}\vec{b}+\frac{1}{3}\vec{c}$$

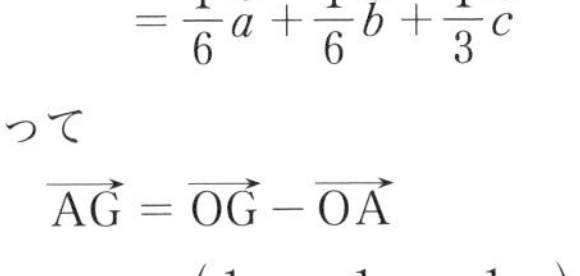

よって

$$\overrightarrow{\mathrm{AG}}=\overrightarrow{\mathrm{OG}}-\overrightarrow{\mathrm{OA}}$$
$$=\left(\frac{1}{6}\vec{a}+\frac{1}{6}\vec{b}+\frac{1}{3}\vec{c}\right)-\vec{a}$$
$$=-\frac{5}{6}\vec{a}+\frac{1}{6}\vec{b}+\frac{1}{3}\vec{c}$$

点 P は直線 AG 上にあるから $\overrightarrow{\mathrm{AP}}=k\overrightarrow{\mathrm{AG}}$ となる実数 k がある。
したがって

$$\overrightarrow{\mathrm{AP}}=k\overrightarrow{\mathrm{AG}}=-\frac{5}{6}k\vec{a}+\frac{1}{6}k\vec{b}+\frac{1}{3}k\vec{c} \quad \cdots\cdots ①$$

また，点 P は平面 OBC 上にあるから

$$\overrightarrow{\mathrm{OP}}=s\overrightarrow{\mathrm{OB}}+t\overrightarrow{\mathrm{OC}}$$

となる実数 s，t がある。

よって　$\overrightarrow{\mathrm{AP}}=\overrightarrow{\mathrm{OP}}-\overrightarrow{\mathrm{OA}}=-\vec{a}+s\vec{b}+t\vec{c} \quad \cdots\cdots ②$

ここで，4 点 O，A，B，C は同一平面上にないから，①，② より

$$-\frac{5}{6}k=-1,\ \frac{1}{6}k=s,\ \frac{1}{3}k=t$$

したがって　$k=\frac{6}{5}$，$s=\frac{1}{5}$，$t=\frac{2}{5}$

ゆえに　$\vec{p}=\frac{1}{5}\vec{b}+\frac{2}{5}\vec{c}$

20 2点 A(2, 7, 0), B(5, 1, 3) について，次の問に答えよ。

(1) 直線 AB 上の点で，原点から最も近い点 P の座標を求めよ。

(2) (1) で求めた点 P に対して，AB⊥OP であることを示せ。

考え方 (1) 点 P は直線 AB 上にあるから $\overrightarrow{OP}=\overrightarrow{OA}+t\overrightarrow{AB}$ となる実数 t がある。$|\overrightarrow{OP}|$ が最小になるような t を求める。

解 答 (1) 点 P は直線 AB 上にあるから

$$\overrightarrow{OP}=\overrightarrow{OA}+t\overrightarrow{AB}$$

となる実数 t がある。

$$\overrightarrow{OA}=(2,\ 7,\ 0),\ \overrightarrow{AB}=(3,\ -6,\ 3)$$

であるから

$$\begin{aligned}\overrightarrow{OP}&=(2,\ 7,\ 0)+t(3,\ -6,\ 3)\\&=(2+3t,\ 7-6t,\ 3t)\end{aligned}$$

$$\begin{aligned}|\overrightarrow{OP}|^2&=(2+3t)^2+(7-6t)^2+(3t)^2\\&=54t^2-72t+53\\&=54\left(t-\frac{2}{3}\right)^2+29\end{aligned}$$

よって，$t=\dfrac{2}{3}$ のとき，$|\overrightarrow{OP}|$ は最小となる。

したがって，P の座標は

(4, 3, 2)

(2) $\overrightarrow{AB}=(3,\ -6,\ 3)$, $\overrightarrow{OP}=(4,\ 3,\ 2)$ であるから

$$\overrightarrow{AB}\cdot\overrightarrow{OP}=3\times4+(-6)\times3+3\times2=0$$

したがって，$\overrightarrow{AB}\neq\vec{0}$, $\overrightarrow{OP}\neq\vec{0}$ のとき　　$\overrightarrow{AB}\perp\overrightarrow{OP}$

すなわち，AB⊥OP である。

21 中心を (2, −3, 4) とし，xy 平面に接する球の方程式を求めよ。

考え方 球が平面に接するとき，中心から平面までの距離は半径に等しい。

解 答 xy 平面の方程式は，$z=0$ と表される。

したがって，球の中心 (2, −3, 4) から xy 平面までの距離は

$$|4-0|=4$$

よって，球の半径は 4 であるから，求める球の方程式は

$$(x-2)^2+\{y-(-3)\}^2+(z-4)^2=4^2$$

したがって

$$\boldsymbol{(x-2)^2+(y+3)^2+(z-4)^2=16}$$

探究　三角形の重心と四面体の重心　教 p.66

教 p.66

考察 1　$\dfrac{\vec{a}+\vec{b}+\vec{c}+\vec{d}}{4}=\dfrac{1}{2}\left(\dfrac{\vec{a}+\vec{b}}{2}+\dfrac{\vec{c}+\vec{d}}{2}\right)$

と考えると，点 G はどのような点と考えられるだろうか。また，2 つずつのベクトルに着目した同様の式変形をほかにも考えると，どのようなことが分かるだろうか。

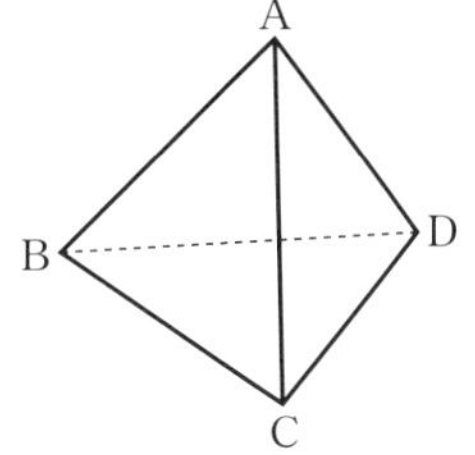

考え方　$\dfrac{\vec{a}+\vec{b}}{2}$，$\dfrac{\vec{c}+\vec{d}}{2}$ がそれぞれどのようなベクトルであるか考える。

解答

$\dfrac{\vec{a}+\vec{b}}{2}$ は線分 AB の中点の位置ベクトル

$\dfrac{\vec{c}+\vec{d}}{2}$ は線分 CD の中点の位置ベクトル

であるから，**点 G は，線分 AB の中点を E，線分 CD の中点を F としたとき，線分 EF の中点であると考えられる。**

また，この式は

$$\frac{\vec{a}+\vec{b}+\vec{c}+\vec{d}}{4}=\frac{1}{2}\left(\frac{\vec{a}+\vec{c}}{2}+\frac{\vec{b}+\vec{d}}{2}\right)$$

$$=\frac{1}{2}\left(\frac{\vec{a}+\vec{d}}{2}+\frac{\vec{b}+\vec{c}}{2}\right)$$

と考えることができる。

したがって，**点 G は，四面体のねじれの位置にある辺の組について，それらの辺の中点を結んだ線分の中点であると考えられる。**

参考　空間内で，平行でなく交わらない 2 つの直線は，ねじれの位置にあるという。

考察 2 $\dfrac{\vec{a}+\vec{b}+\vec{c}+\vec{d}}{4}=\dfrac{3}{4}\left(\dfrac{\vec{a}+\vec{b}+\vec{c}}{3}\right)+\dfrac{1}{4}\vec{d}$

と考えると，点 G はどのような点と考えられるだろうか。また，同様の式変形をほかにも考えると，どのようなことが分かるだろうか。

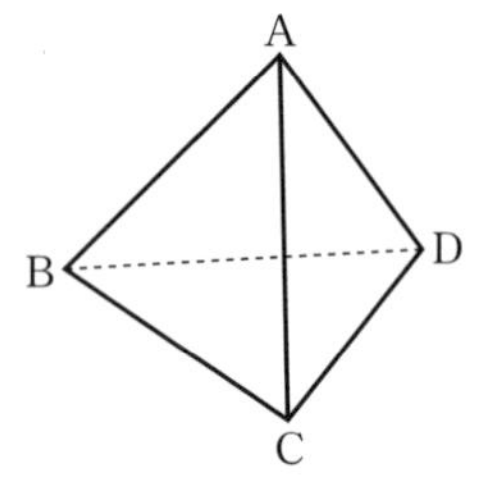

考え方 $\dfrac{\vec{a}+\vec{b}+\vec{c}}{3}$ はどのようなベクトルであるか考える。

解　答 $\dfrac{\vec{a}+\vec{b}+\vec{c}}{3}$ は △ABC の重心の位置ベクトルである。

$\vec{d}$ は点 D の位置ベクトルであるから，点 G は，**△ABC の重心と点 D を結んだ線分を 1：3 に内分する点**であると考えられる。

同様に，この式は

$$\begin{aligned}\frac{\vec{a}+\vec{b}+\vec{c}+\vec{d}}{4}&=\frac{3}{4}\left(\frac{\vec{a}+\vec{b}+\vec{d}}{3}\right)+\frac{1}{4}\vec{c}\\&=\frac{3}{4}\left(\frac{\vec{a}+\vec{c}+\vec{d}}{3}\right)+\frac{1}{4}\vec{b}\\&=\frac{3}{4}\left(\frac{\vec{b}+\vec{c}+\vec{d}}{3}\right)+\frac{1}{4}\vec{a}\end{aligned}$$

と考えることができる。

したがって，点 G は，**四面体の各頂点について，頂点とその頂点に対する面の重心を結んだ線分を 3：1 に内分する点**であると考えられる。

プラス＋ 四面体 ABCD において，面 ABC を頂点 D の対面という。このとき，各頂点と各対面の重心を結んだ線分を 3：1 に内分する点はすべて一致し，この点を四面体の重心という。

発展 3点が定める平面上の点の表し方 教 p.67

● 点が平面上にある条件 解き方のポイント

空間において，一直線上にない3点A，B，Cが定める平面をαとする。
点Pが平面α上にあるための条件は，4点A，B，C，Pの位置ベクトルをそれぞれ$\vec{a}$，$\vec{b}$，$\vec{c}$，$\vec{p}$として，次のように表すことができる。

$$\vec{p}=s\vec{a}+t\vec{b}+u\vec{c},\quad s+t+u=1$$

教 p.67

問1 例1において，OM：MA＝1：2のとき，OP：PGを求めよ。

考え方 点Pは線分OG上にあるから，$\overrightarrow{\mathrm{OP}}=k\overrightarrow{\mathrm{OG}}$となる実数$k$がある。また，点Pは平面MBC上の点であることから$\overrightarrow{\mathrm{OP}}=s\overrightarrow{\mathrm{OM}}+t\overrightarrow{\mathrm{OB}}+u\overrightarrow{\mathrm{OC}}$，$s+t+u=1$となる実数$s$，$t$，$u$がある。

解答 点Pは線分OG上にあるから

$$\overrightarrow{\mathrm{OP}}=k\overrightarrow{\mathrm{OG}}=\frac{1}{3}k\overrightarrow{\mathrm{OA}}+\frac{1}{3}k\overrightarrow{\mathrm{OB}}+\frac{1}{3}k\overrightarrow{\mathrm{OC}}\qquad\cdots\cdots③$$

となる実数kがある。
OM：MA＝1：2より$\overrightarrow{\mathrm{OA}}=3\overrightarrow{\mathrm{OM}}$であるから，③に代入すると

$$\overrightarrow{\mathrm{OP}}=k\overrightarrow{\mathrm{OM}}+\frac{1}{3}k\overrightarrow{\mathrm{OB}}+\frac{1}{3}k\overrightarrow{\mathrm{OC}}\qquad\cdots\cdots④$$

点Pは平面MBC上の点であることから，④の係数について

$$k+\frac{1}{3}k+\frac{1}{3}k=1\text{ より}\qquad k=\frac{3}{5}$$

すなわち　$\overrightarrow{\mathrm{OP}}=\frac{3}{5}\overrightarrow{\mathrm{OG}}$

ゆえに　OP：PG＝3：2

練 習 問 題 A

教 p.68

1 $\vec{a}$, $\vec{b}$, $\vec{a}+\vec{b}$ の大きさについて，次の不等式が成り立つことを示せ。

$$|\vec{a}+\vec{b}| \leqq |\vec{a}|+|\vec{b}|$$

考え方 $(|\vec{a}|+|\vec{b}|)^2-|\vec{a}+\vec{b}|^2 \geqq 0$ を示す。内積の式 $\vec{a}\cdot\vec{b}=|\vec{a}||\vec{b}|\cos\theta$ に着目する。

証明 (右辺)^2−(左辺)^2 を計算すると

$$(|\vec{a}|+|\vec{b}|)^2-|\vec{a}+\vec{b}|^2=(|\vec{a}|+|\vec{b}|)^2-(\vec{a}+\vec{b})\cdot(\vec{a}+\vec{b})$$

$$=|\vec{a}|^2+2|\vec{a}||\vec{b}|+|\vec{b}|^2-(|\vec{a}|^2+2\vec{a}\cdot\vec{b}+|\vec{b}|^2)$$

$$=2(|\vec{a}||\vec{b}|-\vec{a}\cdot\vec{b})$$

$\vec{a}$ と $\vec{b}$ のなす角を θ とすると，$\vec{a}\cdot\vec{b}=|\vec{a}||\vec{b}|\cos\theta$ であるから

$$|\vec{a}||\vec{b}|-\vec{a}\cdot\vec{b}=|\vec{a}||\vec{b}|(1-\cos\theta) \geqq 0$$

ゆえに　$|\vec{a}+\vec{b}|^2 \leqq (|\vec{a}|+|\vec{b}|)^2$

ここで，$|\vec{a}|+|\vec{b}| \geqq 0$, $|\vec{a}+\vec{b}| \geqq 0$ であるから　$|\vec{a}+\vec{b}| \leqq |\vec{a}|+|\vec{b}|$

プラス＋ 等号が成り立つのは，$\vec{a}=\vec{0}$ のとき，または $\vec{b}=\vec{0}$ のとき，または，$\vec{a}\cdot\vec{b}=|\vec{a}||\vec{b}|$ すなわち $\vec{a}$ と $\vec{b}$ が同じ向きのときである。

2 $|\vec{a}|=5$, $|\vec{b}|=2$, $|\vec{a}-\vec{b}|=3\sqrt{5}$ のとき，次の問に答えよ。

(1) $\vec{a}\cdot\vec{b}$ および $|\vec{a}+\vec{b}|$ の値を求めよ。

(2) $|\vec{a}+t\vec{b}|$ の最小値を求めよ。また，そのときの t の値 t_1 を求めよ。

(3) (2)の t_1 に対して，$\vec{a}+t_1\vec{b}$ と $\vec{b}$ とは垂直であることを確かめよ。

考え方 (1) $|\vec{a}-\vec{b}|^2=(3\sqrt{5})^2$ から $\vec{a}\cdot\vec{b}$ の値を求める。

(2) $|\vec{a}+t\vec{b}|^2$ を t の2次式とみて最小値を求める。

解答 (1)　$|\vec{a}-\vec{b}|^2=(\vec{a}-\vec{b})\cdot(\vec{a}-\vec{b})=|\vec{a}|^2-2\vec{a}\cdot\vec{b}+|\vec{b}|^2$

であるから

$$(3\sqrt{5})^2=5^2-2\vec{a}\cdot\vec{b}+2^2$$

$$\vec{a}\cdot\vec{b}=\frac{25+4-45}{2}$$

よって　$\vec{a}\cdot\vec{b}=-8$

また

$$|\vec{a}+\vec{b}|^2=(\vec{a}+\vec{b})\cdot(\vec{a}+\vec{b})=|\vec{a}|^2+2\vec{a}\cdot\vec{b}+|\vec{b}|^2$$

であるから

$$|\vec{a}+\vec{b}|^2=5^2+2\times(-8)+2^2=13$$

$|\vec{a}+\vec{b}| \geqq 0$ であるから　$|\vec{a}+\vec{b}|=\sqrt{13}$

(2) $$|\vec{a}+t\vec{b}|^2=(\vec{a}+t\vec{b})\cdot(\vec{a}+t\vec{b})$$
$$=|\vec{a}|^2+2t\vec{a}\cdot\vec{b}+t^2|\vec{b}|^2$$
$$=5^2+2t\times(-8)+t^2\times 2^2$$
$$=4(t-2)^2+9$$

$t=2$ のとき，$|\vec{a}+t\vec{b}|^2$ は最小値 9 をとるから

$|\vec{a}+t\vec{b}|$ の最小値は 3，$t_1=2$

(3) $t_1=2$ のとき

$$(\vec{a}+t_1\vec{b})\cdot\vec{b}=(\vec{a}+2\vec{b})\cdot\vec{b}=\vec{a}\cdot\vec{b}+2|\vec{b}|^2=-8+2\times 2^2=0$$

$\vec{a}+2\vec{b}\neq\vec{0}$，$\vec{b}\neq\vec{0}$ であるから　　$\vec{a}+2\vec{b}\perp\vec{b}$

すなわち，$\vec{a}+t_1\vec{b}$ と $\vec{b}$ は垂直である。

---

3 △ABC について，次が成り立つことをベクトルを用いて証明せよ。

(1) 辺 BC の中点を M としたとき

$$AB^2+AC^2=2(AM^2+BM^2)$$

(2) 辺 BC を $m:n$ に内分する点を P としたとき

$$nAB^2+mAC^2=(m+n)AP^2+nBP^2+mCP^2$$

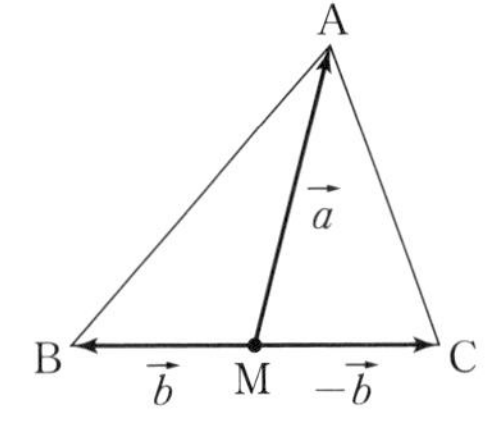

考え方 (1) M を基準として，A，B の位置ベクトルで，$\overrightarrow{MC}$，$\overrightarrow{AB}$，$\overrightarrow{AC}$ を表す。

(2) P を基準として，A，B の位置ベクトルで，$\overrightarrow{PC}$，$\overrightarrow{AB}$，$\overrightarrow{AC}$ を表す。

証明 (1) 右の図のように M を基準として，A，B の位置ベクトルをそれぞれ $\vec{a}$，$\vec{b}$ とする。

このとき，C の位置ベクトルは $-\vec{b}$ となるから

$$\overrightarrow{BA}=\vec{a}-\vec{b}$$
$$\overrightarrow{CA}=\vec{a}+\vec{b}$$

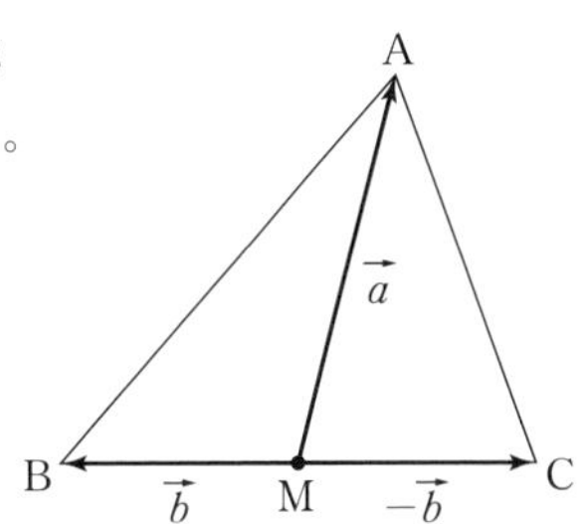

したがって

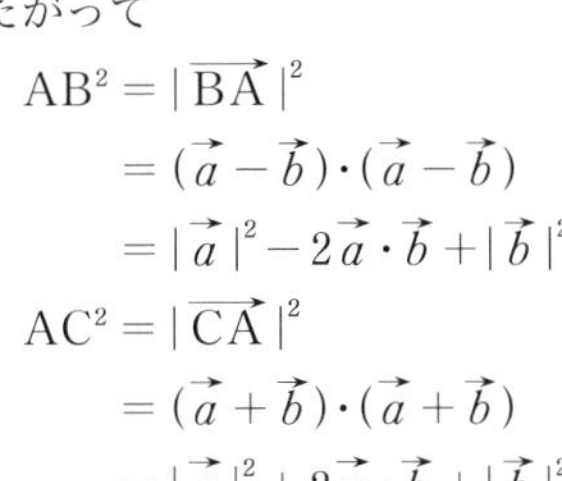

$$AB^2=|\overrightarrow{BA}|^2$$
$$=(\vec{a}-\vec{b})\cdot(\vec{a}-\vec{b})$$
$$=|\vec{a}|^2-2\vec{a}\cdot\vec{b}+|\vec{b}|^2$$
$$AC^2=|\overrightarrow{CA}|^2$$
$$=(\vec{a}+\vec{b})\cdot(\vec{a}+\vec{b})$$
$$=|\vec{a}|^2+2\vec{a}\cdot\vec{b}+|\vec{b}|^2$$

ゆえに

$$AB^2+AC^2=2(|\vec{a}|^2+|\vec{b}|^2)=2(AM^2+BM^2)$$

(2) 右の図のようにPを基準として，A，Bの位置ベクトルをそれぞれ $\vec{a}$，$m\vec{b}$ とする。このとき，Cの位置ベクトルは $-n\vec{b}$ となるから

$$\overrightarrow{\mathrm{BA}}=\vec{a}-m\vec{b}$$

$$\overrightarrow{\mathrm{CA}}=\vec{a}-(-n\vec{b})=\vec{a}+n\vec{b}$$

したがって

$$n\mathrm{AB}^2+m\mathrm{AC}^2=n|\overrightarrow{\mathrm{BA}}|^2+m|\overrightarrow{\mathrm{CA}}|^2$$
$$=n(\vec{a}-m\vec{b})\cdot(\vec{a}-m\vec{b})+m(\vec{a}+n\vec{b})\cdot(\vec{a}+n\vec{b})$$
$$=n(|\vec{a}|^2-2m\vec{a}\cdot\vec{b}+m^2|\vec{b}|^2)+m(|\vec{a}|^2+2n\vec{a}\cdot\vec{b}+n^2|\vec{b}|^2)$$
$$=n|\vec{a}|^2-2mn\vec{a}\cdot\vec{b}+nm^2|\vec{b}|^2+m|\vec{a}|^2+2mn\vec{a}\cdot\vec{b}+mn^2|\vec{b}|^2$$
$$=(m+n)|\vec{a}|^2+n|m\vec{b}|^2+m|-n\vec{b}|^2$$
$$=(m+n)\mathrm{AP}^2+n\mathrm{BP}^2+m\mathrm{CP}^2$$

したがって　$n\mathrm{AB}^2+m\mathrm{AC}^2=(m+n)\mathrm{AP}^2+n\mathrm{BP}^2+m\mathrm{CP}^2$

前ページの(1)で証明した定理を中線定理という。

4 △ABCで，辺ABを2：1に内分する点をP，辺BCを2：3に内分する点をQ，辺CAを3：4に外分する点をRとそれぞれ定める。このとき，3点P，Q，Rは一直線上にあることを証明せよ。

考え方 $\overrightarrow{\mathrm{PR}}=k\overrightarrow{\mathrm{PQ}}$ が成り立つことを示す。

証明 $\overrightarrow{\mathrm{AB}}=\vec{b}$，$\overrightarrow{\mathrm{AC}}=\vec{c}$ とすると

$\overrightarrow{\mathrm{AP}}=\dfrac{2}{3}\vec{b}$，$\overrightarrow{\mathrm{AQ}}=\dfrac{3\vec{b}+2\vec{c}}{5}$，$\overrightarrow{\mathrm{AR}}=4\vec{c}$

であるから

$$\overrightarrow{\mathrm{PR}}=\overrightarrow{\mathrm{AR}}-\overrightarrow{\mathrm{AP}}$$
$$=4\vec{c}-\frac{2}{3}\vec{b}=\frac{2}{3}(-\vec{b}+6\vec{c})$$
$$\overrightarrow{\mathrm{PQ}}=\overrightarrow{\mathrm{AQ}}-\overrightarrow{\mathrm{AP}}$$
$$=\frac{3\vec{b}+2\vec{c}}{5}-\frac{2}{3}\vec{b}=\frac{1}{15}(-\vec{b}+6\vec{c})$$

よって　$\overrightarrow{\mathrm{PR}}=10\times\dfrac{1}{15}(-\vec{b}+6\vec{c})=10\overrightarrow{\mathrm{PQ}}$

ゆえに，3点P，Q，Rは一直線上にある。

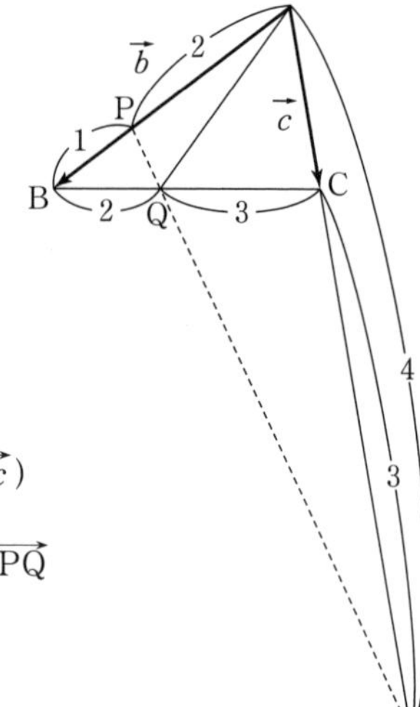

5 $\vec{a}=(3,\ 0,\ \sqrt{3})$ と x 軸，y 軸，z 軸の正の向きとのなす角をそれぞれ求めよ。

考え方 $\vec{a}$ と，空間における基本ベクトル $\vec{e_1}$，$\vec{e_2}$，$\vec{e_3}$ それぞれとのなす角を求める。

解答

$$|\vec{a}|=\sqrt{3^2+0^2+(\sqrt{3})^2}=2\sqrt{3}$$

$\vec{a}$ と x 軸の基本ベクトル $\vec{e_1}=(1,\ 0,\ 0)$ とのなす角を θ_1 とすると

$$\cos\theta_1=\frac{\vec{a}\cdot\vec{e_1}}{|\vec{a}||\vec{e_1}|}=\frac{3\times1+0\times0+\sqrt{3}\times0}{2\sqrt{3}\times1}=\frac{\sqrt{3}}{2}$$

$0^\circ\leqq\theta_1\leqq180^\circ$ であるから　　$\theta_1=30^\circ$

よって，x 軸の正の向きとのなす角は　30°

$\vec{a}$ と y 軸の基本ベクトル $\vec{e_2}=(0,\ 1,\ 0)$ とのなす角を θ_2 とすると

$$\cos\theta_2=\frac{\vec{a}\cdot\vec{e_2}}{|\vec{a}||\vec{e_2}|}=\frac{3\times0+0\times1+\sqrt{3}\times0}{2\sqrt{3}\times1}=0$$

$0^\circ\leqq\theta_2\leqq180^\circ$ であるから　　$\theta_2=90^\circ$

よって，y 軸の正の向きとのなす角は　90°

$\vec{a}$ と z 軸の基本ベクトル $\vec{e_3}=(0,\ 0,\ 1)$ とのなす角を θ_3 とすると

$$\cos\theta_3=\frac{\vec{a}\cdot\vec{e_3}}{|\vec{a}||\vec{e_3}|}=\frac{3\times0+0\times0+\sqrt{3}\times1}{2\sqrt{3}\times1}=\frac{1}{2}$$

$0^\circ\leqq\theta_3\leqq180^\circ$ であるから　　$\theta_3=60^\circ$

よって，z 軸の正の向きとのなす角は　60°

6 1辺の長さが3の正四面体OABCにおいて，辺OAを1：2に内分する点をP，辺OBを2：1に内分する点をQとし，△CPQの重心をGとする。線分OGの長さを求めよ。

考え方 $\overrightarrow{OG}$ を $\overrightarrow{OA}$，$\overrightarrow{OB}$，$\overrightarrow{OC}$ で表す。

解答 $\overrightarrow{OA}=\vec{a}$，$\overrightarrow{OB}=\vec{b}$，$\overrightarrow{OC}=\vec{c}$ とすると

$$\overrightarrow{OP}=\frac{1}{3}\vec{a},\quad \overrightarrow{OQ}=\frac{2}{3}\vec{b}$$

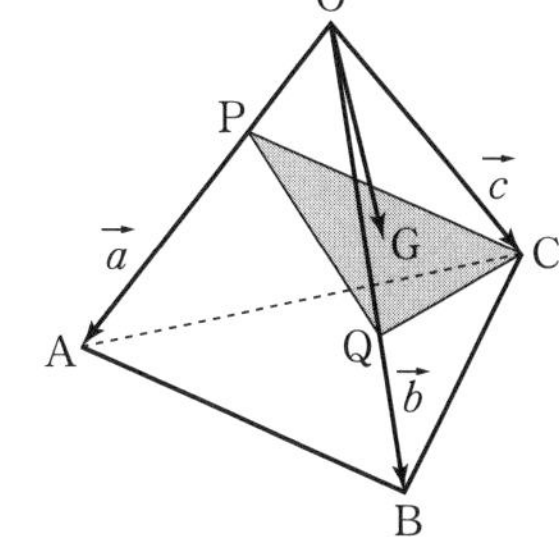

点Gは△CPQの重心であるから

$$\overrightarrow{OG}=\frac{1}{3}(\overrightarrow{OC}+\overrightarrow{OP}+\overrightarrow{OQ})$$
$$=\frac{1}{3}\left(\vec{c}+\frac{1}{3}\vec{a}+\frac{2}{3}\vec{b}\right)$$
$$=\frac{1}{9}(\vec{a}+2\vec{b}+3\vec{c})$$

よって

$$|\overrightarrow{OG}|^2 = \left|\frac{1}{9}(\vec{a}+2\vec{b}+3\vec{c})\right|^2$$

$$= \frac{1}{81}(|\vec{a}|^2+4|\vec{b}|^2+9|\vec{c}|^2+4\vec{a}\cdot\vec{b}+12\vec{b}\cdot\vec{c}+6\vec{c}\cdot\vec{a})$$

ここで

$$|\vec{a}| = |\vec{b}| = |\vec{c}| = 3$$

$$\vec{a}\cdot\vec{b} = \vec{b}\cdot\vec{c} = \vec{c}\cdot\vec{a} = 3\times3\times\cos60^\circ = \frac{9}{2}$$

であるから

$$|\overrightarrow{OG}|^2 = \frac{1}{81}\left(3^2+4\times3^2+9\times3^2+4\times\frac{9}{2}+12\times\frac{9}{2}+6\times\frac{9}{2}\right)$$

$$= \frac{1}{81}\times225$$

$$= \frac{25}{9}$$

したがって　　$OG = \dfrac{5}{3}$

7 立方体 ABCD－EFGH において，辺 EH の中点を M とする。このとき，線分 BM 上にある点 P において，線分 BM と線分 AP が直交するという。
$\overrightarrow{AB} = \vec{b}$，$\overrightarrow{AD} = \vec{d}$，$\overrightarrow{AE} = \vec{e}$ として，$\overrightarrow{AP}$ を $\vec{b}$，$\vec{d}$，$\vec{e}$ で表せ。

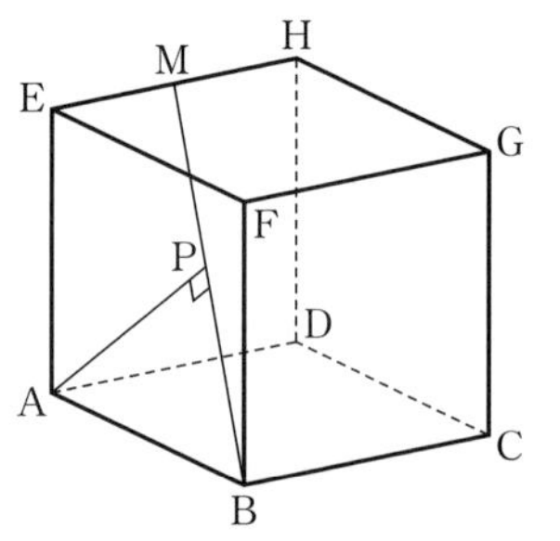

考え方 BP：PM $= s : (1-s)$ とおき，$\overrightarrow{BM}\cdot\overrightarrow{AP} = 0$ から s の値を求める。
立方体であるから，$\vec{b}$，$\vec{d}$，$\vec{e}$ は互いに直交し，大きさは等しい。

解 答 点 M は辺 EH の中点であるから

$$\overrightarrow{AM} = \overrightarrow{AE}+\overrightarrow{EM} = \frac{1}{2}\vec{d}+\vec{e}$$

$$\overrightarrow{BM} = \overrightarrow{AM}-\overrightarrow{AB} = -\vec{b}+\frac{1}{2}\vec{d}+\vec{e}$$

点 P は線分 BM 上にあるから，BP：PM $= s : (1-s)$ とすると
$\overrightarrow{AP} = (1-s)\overrightarrow{AB}+s\overrightarrow{AM}$ より

$$\overrightarrow{AP} = (1-s)\vec{b}+s\left(\frac{1}{2}\vec{d}+\vec{e}\right) = (1-s)\vec{b}+\frac{1}{2}s\vec{d}+s\vec{e}$$

線分 BM と線分 AP が直交するから

$$\overrightarrow{\mathrm{BM}}\cdot\overrightarrow{\mathrm{AP}}=0$$

よって　$\left(-\vec{b}+\dfrac{1}{2}\vec{d}+\vec{e}\right)\left\{(1-s)\vec{b}+\dfrac{1}{2}s\vec{d}+s\vec{e}\right\}=0$

$\vec{b}\cdot\vec{d}=\vec{d}\cdot\vec{e}=\vec{e}\cdot\vec{b}=0$ であるから，整理すると

$$-(1-s)|\vec{b}|^2+\frac{1}{4}s|\vec{d}|^2+s|\vec{e}|^2=0$$

$|\vec{b}|^2=|\vec{d}|^2=|\vec{e}|^2\neq 0$ であるから

$$-(1-s)+\frac{1}{4}s+s=0$$

よって　$s=\dfrac{4}{9}$

したがって　$\overrightarrow{\mathbf{AP}}=\dfrac{5}{9}\vec{b}+\dfrac{2}{9}\vec{d}+\dfrac{4}{9}\vec{e}$

練　習　問　題　B

教 p.69

8　△OAB において，OA = 2，OB = 1，∠AOB = 60° とする。OA の中点を C とし，線分 BC を引く。このとき，AB 上に点 M をとり，OM⊥BC とする。AM : MB を求めよ。

考え方　$\overrightarrow{\mathrm{OA}}=\vec{a}$，$\overrightarrow{\mathrm{OB}}=\vec{b}$ とおく。

AM : MB = s : $(1-s)$ とし，条件 OM⊥BC を用いて s の値を求める。

解　答　$\overrightarrow{\mathrm{OA}}=\vec{a}$，$\overrightarrow{\mathrm{OB}}=\vec{b}$ とおく。

AM : MB = s : $(1-s)$ とすると

$\overrightarrow{\mathrm{OM}}=(1-s)\overrightarrow{\mathrm{OA}}+s\overrightarrow{\mathrm{OB}}$ より

$$\overrightarrow{\mathrm{OM}}=(1-s)\vec{a}+s\vec{b}$$

また，$\overrightarrow{\mathrm{OC}}=\dfrac{1}{2}\vec{a}$ であるから

$$\overrightarrow{\mathrm{BC}}=\overrightarrow{\mathrm{OC}}-\overrightarrow{\mathrm{OB}}$$

$$=\frac{1}{2}\vec{a}-\vec{b}$$

OM⊥BC より，$\overrightarrow{\mathrm{OM}}\cdot\overrightarrow{\mathrm{BC}}=0$ であるから

$$\{(1-s)\vec{a}+s\vec{b}\}\cdot\left(\frac{1}{2}\vec{a}-\vec{b}\right)=0$$

$$\frac{1-s}{2}|\vec{a}|^2+\left(\frac{3}{2}s-1\right)\vec{a}\cdot\vec{b}-s|\vec{b}|^2=0$$

$|\vec{a}|=2$，$|\vec{b}|=1$，$\vec{a}\cdot\vec{b}=2\times1\times\cos60°=1$ を代入すると

$$\frac{1}{2}(1-s)\times2^2+\left(\frac{3}{2}s-1\right)\times1-s\times1^2=0$$

これを解いて　　$s=\dfrac{2}{3}$

したがって　　$\mathrm{AM}:\mathrm{MB}=\dfrac{2}{3}:\left(1-\dfrac{2}{3}\right)=2:1$

プラス＋ OM は ∠AOB の二等分線となるから，内角の二等分線と比の定理により

$$\mathrm{AM}:\mathrm{MB}=\mathrm{OA}:\mathrm{OB}=2:1$$

9 平面上の異なる 3 点 O，A，B が一直線に並んでいないとし，$\overrightarrow{\mathrm{OA}}=\vec{a}$，$\overrightarrow{\mathrm{OB}}=\vec{b}$ とおく。

$$\vec{p}=t\left(\frac{\vec{a}}{|\vec{a}|}+\frac{\vec{b}}{|\vec{b}|}\right)$$

で表される点 $\mathrm{P}(\vec{p})$ は，∠AOB の二等分線上にあることを証明せよ。

考え方 $\overrightarrow{\mathrm{OA'}}=\dfrac{\vec{a}}{|\vec{a}|}$，$\overrightarrow{\mathrm{OB'}}=\dfrac{\vec{b}}{|\vec{b}|}$ となる点 A′，B′ をとり，$\overrightarrow{\mathrm{OA'}}+\overrightarrow{\mathrm{OB'}}=\overrightarrow{\mathrm{OP'}}$ となる点 P′ をとると，OP′ が ∠A′OB′ の二等分線になることを利用する。

証明 $\overrightarrow{\mathrm{OA'}}=\dfrac{\vec{a}}{|\vec{a}|}$，$\overrightarrow{\mathrm{OB'}}=\dfrac{\vec{b}}{|\vec{b}|}$ となる点 A′，B′ をとると，$\overrightarrow{\mathrm{OA'}}$，$\overrightarrow{\mathrm{OB'}}$ はそれぞれ $\vec{a}$，$\vec{b}$ と同じ向きの単位ベクトルであり

$\mathrm{OA'}=\mathrm{OB'}$　　……①

さらに，$\overrightarrow{\mathrm{OA'}}+\overrightarrow{\mathrm{OB'}}=\overrightarrow{\mathrm{OP'}}$ となる点 P′ をとると，① より，四角形 OA′P′B′ はひし形であるから

$\angle\mathrm{A'OP'}=\angle\mathrm{B'OP'}$

よって，点 P′ は ∠A′OB′ すなわち ∠AOB の二等分線上にある。

ここで，$\vec{p}=t\left(\dfrac{\vec{a}}{|\vec{a}|}+\dfrac{\vec{b}}{|\vec{b}|}\right)=t(\overrightarrow{\mathrm{OA'}}+\overrightarrow{\mathrm{OB'}})=t\overrightarrow{\mathrm{OP'}}$

であるから，点 $\mathrm{P}(\vec{p})$ は，∠AOB の二等分線上にある。

別証 △OAB において，∠AOB の二等分線と辺 AB の交点を P′ とすると，内角の二等分線と比の定理により

$\mathrm{AP'}:\mathrm{P'B}=\mathrm{OA}:\mathrm{OB}=|\vec{a}|:|\vec{b}|$

よって，点 P′ は線分 AB を $|\vec{a}|:|\vec{b}|$ に内分するから

$$\overrightarrow{\mathrm{OP'}}=\frac{|\vec{b}|\vec{a}+|\vec{a}|\vec{b}}{|\vec{a}|+|\vec{b}|}=\frac{|\vec{a}||\vec{b}|}{|\vec{a}|+|\vec{b}|}\left(\frac{\vec{a}}{|\vec{a}|}+\frac{\vec{b}}{|\vec{b}|}\right)$$

ゆえに，$\overrightarrow{\mathrm{OP}}=t\left(\frac{\vec{a}}{|\vec{a}|}+\frac{\vec{b}}{|\vec{b}|}\right)$ は $\overrightarrow{\mathrm{OP'}}$ の実数倍で表されるから，点 P は $\angle$AOB の二等分線上にある。

10 空間内に 4 点 A(1, −1, 3), B(4, 3, 3), C(0, 1, 5), D(5, −4, 8) がある。

(1) AD⊥AB, AD⊥AC が成り立つことを示せ。

(2) $\angle\mathrm{BAC}=\theta$ とするとき，$\cos\theta$ の値を求めよ。

(3) △ABC の面積を求めよ。

(4) 点 A, B, C, D を頂点とする四面体の体積を求めよ。

考え方 (2) $\cos\theta=\dfrac{\overrightarrow{\mathrm{AB}}\cdot\overrightarrow{\mathrm{AC}}}{|\overrightarrow{\mathrm{AB}}||\overrightarrow{\mathrm{AC}}|}$ である。分母，分子はそれぞれ成分による計算を行う。

(3) (2) の結果を用いると

$$\triangle\mathrm{ABC}=\frac{1}{2}|\overrightarrow{\mathrm{AB}}||\overrightarrow{\mathrm{AC}}|\sqrt{1-\cos^2\theta}$$

(4) (1) より，△ABC を底面とすると高さは線分 AD の長さとなる。

解答 (1)

$$\overrightarrow{\mathrm{AD}}=(5,\ -4,\ 8)-(1,\ -1,\ 3)=(4,\ -3,\ 5)$$
$$\overrightarrow{\mathrm{AB}}=(4,\ 3,\ 3)-(1,\ -1,\ 3)=(3,\ 4,\ 0)$$
$$\overrightarrow{\mathrm{AC}}=(0,\ 1,\ 5)-(1,\ -1,\ 3)=(-1,\ 2,\ 2)$$

であるから

$$\overrightarrow{\mathrm{AD}}\cdot\overrightarrow{\mathrm{AB}}=4\times3+(-3)\times4+5\times0=0$$
$$\overrightarrow{\mathrm{AD}}\cdot\overrightarrow{\mathrm{AC}}=4\times(-1)+(-3)\times2+5\times2=0$$

$\overrightarrow{\mathrm{AD}}\neq\vec{0}$, $\overrightarrow{\mathrm{AB}}\neq\vec{0}$, $\overrightarrow{\mathrm{AC}}\neq\vec{0}$ であるから　AD⊥AB, AD⊥AC

(2)

$$\overrightarrow{\mathrm{AB}}\cdot\overrightarrow{\mathrm{AC}}=3\times(-1)+4\times2+0\times2=5$$
$$|\overrightarrow{\mathrm{AB}}|=\sqrt{3^2+4^2+0^2}=\sqrt{25}=5$$
$$|\overrightarrow{\mathrm{AC}}|=\sqrt{(-1)^2+2^2+2^2}=\sqrt{9}=3$$

であるから

$$\cos\theta=\frac{\overrightarrow{\mathrm{AB}}\cdot\overrightarrow{\mathrm{AC}}}{|\overrightarrow{\mathrm{AB}}||\overrightarrow{\mathrm{AC}}|}=\frac{5}{5\times3}=\frac{1}{3}$$

(3)　(2) より　　$\sin^2\theta = 1 - \cos^2\theta = 1 - \left(\frac{1}{3}\right)^2 = \frac{8}{9}$

$0° < \theta < 180°$ より $\sin\theta > 0$ であるから　　$\sin\theta = \frac{2\sqrt{2}}{3}$

よって　　$\triangle\mathrm{ABC} = \frac{1}{2}|\overrightarrow{\mathrm{AB}}||\overrightarrow{\mathrm{AC}}|\sin\theta$

$= \frac{1}{2} \times 5 \times 3 \times \frac{2\sqrt{2}}{3} = 5\sqrt{2}$

(4)　(1) より，△ABC 上の平行でない 2 つの直線 AB，AC が AD に垂直であるから，AD は △ABC に垂直である。

よって，線分 AD は △ABC を底面とするときの四面体の高さとなる。

$\mathrm{AD} = |\overrightarrow{\mathrm{AD}}| = \sqrt{4^2 + (-3)^2 + 5^2} = 5\sqrt{2}$

であるから，四面体 ABCD の体積は

$\frac{1}{3} \times \triangle\mathrm{ABC} \times \mathrm{AD} = \frac{1}{3} \times 5\sqrt{2} \times 5\sqrt{2} = \frac{50}{3}$

別解　(3)　三角形の面積の公式（教科書 p.34）を利用すると

$\triangle\mathrm{ABC} = \frac{1}{2}\sqrt{|\overrightarrow{\mathrm{AB}}|^2|\overrightarrow{\mathrm{AC}}|^2 - (\overrightarrow{\mathrm{AB}} \cdot \overrightarrow{\mathrm{AC}})^2}$

$= \frac{1}{2}\sqrt{5^2 \times 3^2 - 5^2} = 5\sqrt{2}$

11　四面体 ABCD において，次の問に答えよ。

(1)　$\overrightarrow{\mathrm{AB}} \cdot \overrightarrow{\mathrm{CD}} + \overrightarrow{\mathrm{BC}} \cdot \overrightarrow{\mathrm{AD}} + \overrightarrow{\mathrm{CA}} \cdot \overrightarrow{\mathrm{BD}}$ の値を求めよ。

(2)　$\overrightarrow{\mathrm{AB}} \perp \overrightarrow{\mathrm{CD}}$，$\overrightarrow{\mathrm{BC}} \perp \overrightarrow{\mathrm{AD}}$ のとき，$\overrightarrow{\mathrm{CA}} \perp \overrightarrow{\mathrm{BD}}$ であることを示せ。

考え方　(1)　$\overrightarrow{\mathrm{AB}} = \vec{b}$，$\overrightarrow{\mathrm{AC}} = \vec{c}$，$\overrightarrow{\mathrm{AD}} = \vec{d}$ として，$\overrightarrow{\mathrm{CD}}$，$\overrightarrow{\mathrm{BC}}$，$\overrightarrow{\mathrm{BD}}$ を $\vec{b}$，$\vec{c}$，$\vec{d}$ で表す。

(2)　(1) の結果を利用する。

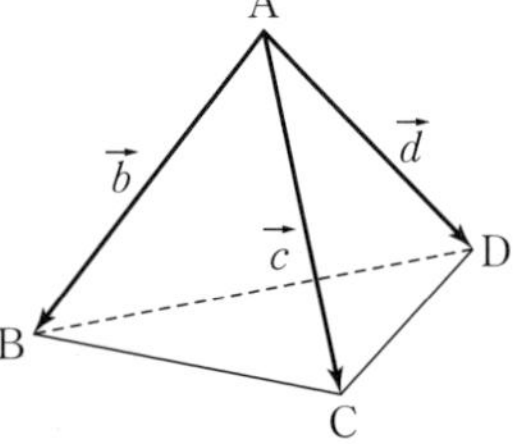

解　答　(1)　$\overrightarrow{\mathrm{AB}} = \vec{b}$，$\overrightarrow{\mathrm{AC}} = \vec{c}$，$\overrightarrow{\mathrm{AD}} = \vec{d}$ とすると

$\overrightarrow{\mathrm{CD}} = \vec{d} - \vec{c}$，$\overrightarrow{\mathrm{BC}} = \vec{c} - \vec{b}$，

$\overrightarrow{\mathrm{BD}} = \vec{d} - \vec{b}$

であるから

$\overrightarrow{\mathrm{AB}} \cdot \overrightarrow{\mathrm{CD}} + \overrightarrow{\mathrm{BC}} \cdot \overrightarrow{\mathrm{AD}} + \overrightarrow{\mathrm{CA}} \cdot \overrightarrow{\mathrm{BD}}$

$= \vec{b} \cdot (\vec{d} - \vec{c}) + (\vec{c} - \vec{b}) \cdot \vec{d} + (-\vec{c}) \cdot (\vec{d} - \vec{b})$

$= \vec{b} \cdot \vec{d} - \vec{b} \cdot \vec{c} + \vec{c} \cdot \vec{d} - \vec{b} \cdot \vec{d} - \vec{c} \cdot \vec{d} + \vec{b} \cdot \vec{c} = 0$

よって　　$\overrightarrow{\mathrm{AB}} \cdot \overrightarrow{\mathrm{CD}} + \overrightarrow{\mathrm{BC}} \cdot \overrightarrow{\mathrm{AD}} + \overrightarrow{\mathrm{CA}} \cdot \overrightarrow{\mathrm{BD}} = 0$　　……①

(2) $\overrightarrow{AB} \perp \overrightarrow{CD}$, $\overrightarrow{BC} \perp \overrightarrow{AD}$ より

$$\overrightarrow{AB} \cdot \overrightarrow{CD} = 0, \quad \overrightarrow{BC} \cdot \overrightarrow{AD} = 0$$

であるから，これらを ① に代入すると

$$\overrightarrow{CA} \cdot \overrightarrow{BD} = 0$$

$\overrightarrow{CA} \neq \vec{0}$, $\overrightarrow{BD} \neq \vec{0}$ であるから　　$\overrightarrow{CA} \perp \overrightarrow{BD}$

12 四面体 OABC において，辺 OA，辺 CB をそれぞれ $1:2$ に内分する点を P，R とし，辺 AB，辺 OC をそれぞれ $3:1$ に内分する点を Q，S とする。このとき，線分 PR を $3:1$ に内分する点と線分 SQ を $1:2$ に内分する点は一致することを証明せよ。

考え方 $\overrightarrow{OA} = \vec{a}$, $\overrightarrow{OB} = \vec{b}$, $\overrightarrow{OC} = \vec{c}$ とする。線分 PR を $3:1$ に内分する点，線分 SQ を $1:2$ に内分する点をそれぞれ M，N としたとき，$\overrightarrow{OM}$, $\overrightarrow{ON}$ を $\vec{a}$, $\vec{b}$, $\vec{c}$ で表す。このとき，$\overrightarrow{OM}$ と $\overrightarrow{ON}$ が一致することを示す。

証明 $\overrightarrow{OA} = \vec{a}$, $\overrightarrow{OB} = \vec{b}$, $\overrightarrow{OC} = \vec{c}$ とすると

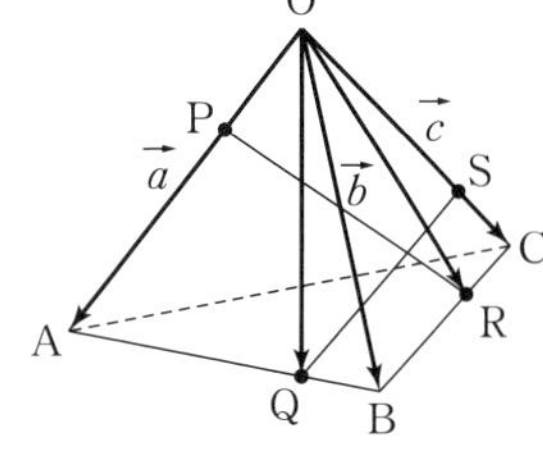

$$\overrightarrow{OP} = \frac{1}{3}\overrightarrow{OA} = \frac{1}{3}\vec{a}$$

$$\overrightarrow{OR} = \frac{2\overrightarrow{OC} + \overrightarrow{OB}}{1+2} = \frac{\vec{b} + 2\vec{c}}{3}$$

$$\overrightarrow{OQ} = \frac{\overrightarrow{OA} + 3\overrightarrow{OB}}{3+1} = \frac{\vec{a} + 3\vec{b}}{4}$$

$$\overrightarrow{OS} = \frac{3}{4}\overrightarrow{OC} = \frac{3}{4}\vec{c}$$

線分 PR を $3:1$ に内分する点を M とすると

$$\overrightarrow{OM} = \frac{\overrightarrow{OP} + 3\overrightarrow{OR}}{3+1} = \frac{\frac{1}{3}\vec{a} + 3 \times \frac{\vec{b} + 2\vec{c}}{3}}{4} = \frac{1}{12}(\vec{a} + 3\vec{b} + 6\vec{c})$$

線分 SQ を $1:2$ に内分する点を N とすると

$$\overrightarrow{ON} = \frac{2\overrightarrow{OS} + \overrightarrow{OQ}}{1+2} = \frac{2 \times \frac{3}{4}\vec{c} + \frac{\vec{a} + 3\vec{b}}{4}}{3} = \frac{1}{12}(\vec{a} + 3\vec{b} + 6\vec{c})$$

したがって，線分 PR を $3:1$ に内分する点と線分 SQ を $1:2$ に内分する点は一致する。

13 点 $(-2, 3, 1)$ を中心とする球が平面 $x = 3$ と接している。

(1) この球の方程式を求めよ。

(2) この球が平面 $y = -1$ と交わってできる円の中心と半径を求めよ。

(3) 点 $(6, 6, 3)$ を通り，$\vec{u} = (4, 3, -1)$ に平行な直線が，この球と 2 点で交わっている。その交点の座標を求めよ。

考え方 (1) 中心から接する平面までの距離が半径となる。

(2) 球の方程式において，$y=-1$ とすればよい。

(3) 題意の直線上の交点をPとし，点 $(6,\ 6,\ 3)$ をAとすると，実数 t を用いて $\overrightarrow{\mathrm{OP}}=\overrightarrow{\mathrm{OA}}+t\vec{u}$ と表される。

解　答 (1) 中心 $(-2,\ 3,\ 1)$ から球が接する平面 $x=3$ までの距離は

$$|3-(-2)|=5$$

であるから，球の半径は5である。

よって，求める球の方程式は

$$(x+2)^2+(y-3)^2+(z-1)^2=25$$

(2) 球が平面 $y=-1$ と交わるとき，この平面上では常に $y=-1$ であるから，(1)で求めた方程式に $y=-1$ を代入すると

$$(x+2)^2+(-1-3)^2+(z-1)^2=25$$

すなわち　$(x+2)^2+(z-1)^2=9$

よって

円の中心 $(-2,\ -1,\ 1)$，**半径** 3

(3) 点 $(6,\ 6,\ 3)$ を点Aとし，Aを通り，$\vec{u}=(4,\ 3,\ -1)$ に平行な直線を l とする。

球と直線 l の交点をPとすると，点Pは直線 l 上の点であるから

$$\overrightarrow{\mathrm{OP}}=\overrightarrow{\mathrm{OA}}+t\vec{u}$$

となる実数 t がある。

$$\overrightarrow{\mathrm{OP}}=(6,\ 6,\ 3)+t(4,\ 3,\ -1)$$
$$=(6+4t,\ 6+3t,\ 3-t)$$

点Pは球上の点でもあるから，(1)で求めた方程式より

$$(6+4t+2)^2+(6+3t-3)^2+(3-t-1)^2=25$$

整理すると　$26t^2+78t+52=0$

$$t^2+3t+2=0$$
$$(t+1)(t+2)=0$$

よって

$$t=-1,\ -2$$

$t=-1$ のとき　$\overrightarrow{\mathrm{OP}}=(2,\ 3,\ 4)$

$t=-2$ のとき　$\overrightarrow{\mathrm{OP}}=(-2,\ 0,\ 5)$

したがって，求める交点の座標は

$$(2,\ 3,\ 4),\ (-2,\ 0,\ 5)$$

発展 平面の方程式

教 p.70-71

用語のまとめ

平面の方程式

- 空間において，定点 A($\vec{a}$) を通り，$\vec{0}$ でないベクトル $\vec{n}$ に垂直な平面 α 上の任意の点を P($\vec{p}$) とすると，内積を用いて

$$\vec{n}\cdot(\vec{p}-\vec{a})=0$$

となる。上の式を平面 α の**ベクトル方程式**といい，ベクトル $\vec{n}$ を平面 α の**法線ベクトル**という。

平面の方程式 解き方のポイント

空間において，定点 A($\vec{a}$) を通り，$\vec{0}$ でないベクトル $\vec{n}$ に垂直な平面の方程式は，$\vec{a}=(x_1,\ y_1,\ z_1)$，$\vec{n}=(a,\ b,\ c)$ とすると

$$a(x-x_1)+b(y-y_1)+c(z-z_1)=0 \qquad \cdots\cdots ①$$

ここで，$d=-ax_1-by_1-cz_1$ とおくと，① は $ax+by+cz+d=0$ と表される。
また，$\vec{n}=(a,\ b,\ c)$ は，1 次方程式 $ax+by+cz+d=0$ で表される平面の法線ベクトルである。

教 p.70

問 1 点 (2, 4, 5) を通り，$\vec{n}=(3,\ -1,\ -2)$ を法線ベクトルとする平面の方程式を求めよ。

考え方 上の ① の式にあてはめる。

解 答

$$3(x-2)-(y-4)-2(z-5)=0$$

すなわち

$$3x-y-2z+8=0$$

別解 平面の方程式は，$3x-y-2z+d=0$ と表される。
点 (2, 4, 5) を通るから

$$3\times2-4-2\times5+d=0$$
$$d=8$$

よって，求める平面の方程式は

$$3x-y-2z+8=0$$

教 p.70

問 2 2 点 A(3, 2, 5)，B(4, −2, 1) がある。点 A を通り，$\overrightarrow{\mathrm{AB}}$ に垂直な平面の方程式を求めよ。

考え方 $\overrightarrow{\mathrm{AB}}$ はこの平面の法線ベクトルである。

解答
$$\overrightarrow{\mathrm{AB}}=(4-3,\ -2-2,\ 1-5)=(1,\ -4,\ -4)$$
は，この平面の法線ベクトルであるから，求める方程式は
$$(x-3)-4(y-2)-4(z-5)=0$$
すなわち
$$\boldsymbol{x-4y-4z+25=0}$$

● 点と平面の距離　解き方のポイント

点 $(x_1,\ y_1,\ z_1)$ と平面 $ax+by+cz+d=0$ の距離は
$$\frac{|ax_1+by_1+cz_1+d|}{\sqrt{a^2+b^2+c^2}}$$

教 p.71

問3 点 $(3,\ -1,\ 2)$ と平面 $x+2y-3z+4=0$ の距離を求めよ。

解答 点 $(3,\ -1,\ 2)$ と平面 $x+2y-3z+4=0$ の距離を h とすると
$$h=\frac{|3\times1+2\times(-1)+(-3)\times2+4|}{\sqrt{1^2+2^2+(-3)^2}}=\frac{|-1|}{\sqrt{14}}=\frac{1}{\sqrt{14}}=\frac{\sqrt{14}}{14}$$

発展　空間における直線の方程式　教 p.72-73

用語のまとめ

空間における直線の方程式

- 空間において，定点 $\mathrm{A}(\vec{a})$ を通り，$\vec{0}$ でないベクトル $\vec{u}$ に平行な直線 l 上の任意の点を $\mathrm{P}(\vec{p})$ とすると
$$\vec{p}=\vec{a}+t\vec{u}\quad\cdots\cdots ①$$
となる実数 t がある。① を直線 l のベクトル方程式という。
また，t を **媒介変数** といい，$\vec{u}$ を直線 l の **方向ベクトル** という。
- $\vec{p}=(x,\ y,\ z)$，$\vec{a}=(x_1,\ y_1,\ z_1)$，$\vec{u}=(a,\ b,\ c)$ とすると，① は
$$\begin{cases}x=x_1+at\\ y=y_1+bt\\ z=z_1+ct\end{cases}\quad\cdots\cdots ②$$
のようになる。② を直線 l の **媒介変数表示** という。

● 空間における直線の方程式　解き方のポイント

$a \neq 0$, $b \neq 0$, $c \neq 0$ のとき，前ページの ② から t を消去すると，点 $(x_1,\ y_1,\ z_1)$ を通り，$\vec{u}=(a,\ b,\ c)$ を方向ベクトルとする直線の方程式は

$$\frac{x-x_1}{a}=\frac{y-y_1}{b}=\frac{z-z_1}{c} \quad \cdots\cdots ③$$

教 p.72

問1　点 $(3,\ 4,\ -2)$ を通り，次のベクトル $\vec{u}$ を方向ベクトルとする直線の方程式を求めよ。

(1) $\vec{u}=(-2,\ 1,\ 3)$　　(2) $\vec{u}=(5,\ 1,\ 4)$

考え方　$\vec{u}$ の各成分 a, b, c について，$a \neq 0$, $b \neq 0$, $c \neq 0$ であるから，上の ③ を用いる。

解答　(1) $\dfrac{x-3}{-2}=y-4=\dfrac{z+2}{3}$

(2) $\dfrac{x-3}{5}=y-4=\dfrac{z+2}{4}$

教 p.73

問2　点 $(5,\ -2,\ 3)$ を通り，次のベクトル $\vec{u}$ を方向ベクトルとする直線の方程式を求めよ。

(1) $\vec{u}=(1,\ -1,\ 0)$　　(2) $\vec{u}=(0,\ 3,\ 4)$　　(3) $\vec{u}=(0,\ 2,\ 0)$

考え方　$\vec{u}$ の各成分 a, b, c のうちに 0 があるときには，前ページの ② を用いる。

解答　(1) 前ページの ② に代入すると

$$\frac{x-5}{1}=\frac{y-(-2)}{-1},\quad z=3$$

したがって

$$x-5=-(y+2),\quad z=3$$

(2) 前ページの ② に代入すると

$$x=5,\quad \frac{y-(-2)}{3}=\frac{z-3}{4}$$

したがって

$$x=5,\quad \frac{y+2}{3}=\frac{z-3}{4}$$

(3) 前ページの ② に代入すると

$$x=5,\quad z=3$$

(1) は xy 平面に平行な直線，(2) は yz 平面に平行な直線，(3) は y 軸に平行な直線を表している。

空間における直線の方程式　解き方のポイント

2点 $A(x_1, y_1, z_1)$，$B(x_2, y_2, z_2)$ を通る直線の方程式は，$x_2 \neq x_1$，$y_2 \neq y_1$，$z_2 \neq z_1$ のとき

$$\frac{x-x_1}{x_2-x_1}=\frac{y-y_1}{y_2-y_1}=\frac{z-z_1}{z_2-z_1}$$

教 p.73

問3　次の2点を通る直線の方程式を求めよ。

(1)　$(-1,\ 2,\ 3)$，$(4,\ -5,\ 6)$　　(2)　$(-3,\ 0,\ 2)$，$(4,\ 7,\ -5)$

(3)　$(3,\ -2,\ 4)$，$(5,\ -2,\ 3)$　　(4)　$(-2,\ 5,\ 3)$，$(-2,\ 0,\ 3)$

解答　(1)

$$\frac{x-(-1)}{4-(-1)}=\frac{y-2}{-5-2}=\frac{z-3}{6-3}$$

すなわち

$$\frac{x+1}{5}=\frac{y-2}{-7}=\frac{z-3}{3}$$

(2)

$$\frac{x-(-3)}{4-(-3)}=\frac{y-0}{7-0}=\frac{z-2}{-5-2}$$

すなわち　$\dfrac{x+3}{7}=\dfrac{y}{7}=\dfrac{z-2}{-7}$

よって

$$x+3=y=-(z-2)$$

(3)　$A(3,\ -2,\ 4)$，$B(5,\ -2,\ 3)$ とする。

このとき，方向ベクトルとして $\overrightarrow{AB}$ をとると

$$\overrightarrow{AB}=(5-3,\ -2-(-2),\ 3-4)=(2,\ 0,\ -1)$$

したがって，104ページの ② に代入すると

$$\frac{x-3}{2}=\frac{z-4}{-1},\ \ y=-2$$

すなわち

$$\frac{x-3}{2}=-(z-4),\ \ y=-2$$

(4)　$A(-2,\ 5,\ 3)$，$B(-2,\ 0,\ 3)$ とする。

このとき，方向ベクトルとして $\overrightarrow{AB}$ をとると

$$\overrightarrow{AB}=(-2-(-2),\ 0-5,\ 3-3)=(0,\ -5,\ 0)$$

したがって，104ページの ② に代入すると

$$x=-2,\ \ z=3$$

教 p.73

問 4 原点と点 $\mathrm{A}(x_1,\ y_1,\ z_1)$ を通る直線の方程式を求めよ。ただし，$x_1y_1z_1 \neq 0$ とする。

考え方 原点Oを通り，方向ベクトル $\overrightarrow{\mathrm{OA}}$ の直線である。

解答 方向ベクトルとして $\overrightarrow{\mathrm{OA}}=(x_1,\ y_1,\ z_1)$ をとると，

$x_1 \neq 0,\ \ y_1 \neq 0,\ \ z_1 \neq 0$ であるから

$$\frac{x-0}{x_1-0}=\frac{y-0}{y_1-0}=\frac{z-0}{z_1-0}$$

すなわち

$$\boldsymbol{\frac{x}{x_1}=\frac{y}{y_1}=\frac{z}{z_1}}$$

活用 ビリヤードにおける玉の衝突

教 p.74

考察 1 関係式 ①，② を用いて，衝突後の玉Aと玉Bの進行方向が 90°となることを示してみよう。

解答 玉Aと玉Bの質量を1，すなわち，$m=1$ として考える。

関係式 ① より　$\vec{v}=\overrightarrow{v_{\mathrm{A}}}+\overrightarrow{v_{\mathrm{B}}}$　…… ①′

関係式 ② より　$|\vec{v}|^2=|\overrightarrow{v_{\mathrm{A}}}|^2+|\overrightarrow{v_{\mathrm{B}}}|^2$　…… ②′

ここで，①′ より

$$|\vec{v}|^2=|\overrightarrow{v_{\mathrm{A}}}+\overrightarrow{v_{\mathrm{B}}}|^2$$
$$=|\overrightarrow{v_{\mathrm{A}}}|^2+2\overrightarrow{v_{\mathrm{A}}}\cdot\overrightarrow{v_{\mathrm{B}}}+|\overrightarrow{v_{\mathrm{B}}}|^2$$

となるから，②′ より

$$|\overrightarrow{v_{\mathrm{A}}}|^2+2\overrightarrow{v_{\mathrm{A}}}\cdot\overrightarrow{v_{\mathrm{B}}}+|\overrightarrow{v_{\mathrm{B}}}|^2=|\overrightarrow{v_{\mathrm{A}}}|^2+|\overrightarrow{v_{\mathrm{B}}}|^2$$

よって

$$\overrightarrow{v_{\mathrm{A}}}\cdot\overrightarrow{v_{\mathrm{B}}}=0$$

$\overrightarrow{v_{\mathrm{A}}} \neq \vec{0},\ \overrightarrow{v_{\mathrm{B}}} \neq \vec{0}$ であるから

$$\overrightarrow{v_{\mathrm{A}}}\perp\overrightarrow{v_{\mathrm{B}}}$$

すなわち，衝突後の玉Aと玉Bの進行方向は 90°となる。

考察 2　衝突時に音が発生するなどし，衝突後に力学的エネルギーが減少する，すなわち関係式 ② が

$$\frac{1}{2}m|\vec{v}|^2 > \frac{1}{2}m|\overrightarrow{v_A}|^2 + \frac{1}{2}m|\overrightarrow{v_B}|^2 \quad \cdots\cdots ③$$

となる場合を考える。このとき，衝突後の玉 A と玉 B の進行方向はどのようになるだろうか。

解答　考察 1 と同様，$m = 1$ として考える。

関係式 ③ より

$$|\vec{v}|^2 > |\overrightarrow{v_A}|^2 + |\overrightarrow{v_B}|^2 \quad \cdots\cdots ③'$$

ここで，考察 1 で求めたように

$$|\vec{v}|^2 = |\overrightarrow{v_A}|^2 + 2\overrightarrow{v_A}\cdot\overrightarrow{v_B} + |\overrightarrow{v_B}|^2$$

であるから，③′ より

$$|\overrightarrow{v_A}|^2 + 2\overrightarrow{v_A}\cdot\overrightarrow{v_B} + |\overrightarrow{v_B}|^2 > |\overrightarrow{v_A}|^2 + |\overrightarrow{v_B}|^2$$

よって

$$\overrightarrow{v_A}\cdot\overrightarrow{v_B} > 0$$

$\overrightarrow{v_A}$ と $\overrightarrow{v_B}$ のなす角を θ とすると

$$\cos\theta = \frac{\overrightarrow{v_A}\cdot\overrightarrow{v_B}}{|\overrightarrow{v_A}||\overrightarrow{v_B}|} > 0$$

したがって

$$0^\circ \leqq \theta < 90^\circ$$

であるから，衝突後の玉 A と玉 B の **進行方向は鋭角となる。**

2章 平面上の曲線

1節 2次曲線

2節 媒介変数表示と極座標

関連する既習内容

円

- 中心 $(a,\ b)$，半径 r の円の方程式は

$$(x-a)^2+(y-b)^2=r^2$$

円の接線

- 円 $x^2+y^2=r^2$ 上の点 $(x_1,\ y_1)$ における接線の方程式は

$$x_1x+y_1y=r^2$$

弧度法

- 半径 r，中心角 θ の扇形の弧の長さを l とすると

$$l=r\theta$$

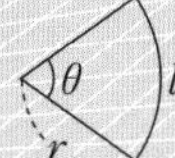

三角関数

- 右の図において

$$\sin\theta=\frac{y}{r}$$

$$\cos\theta=\frac{x}{r}$$

$$\tan\theta=\frac{y}{x}$$

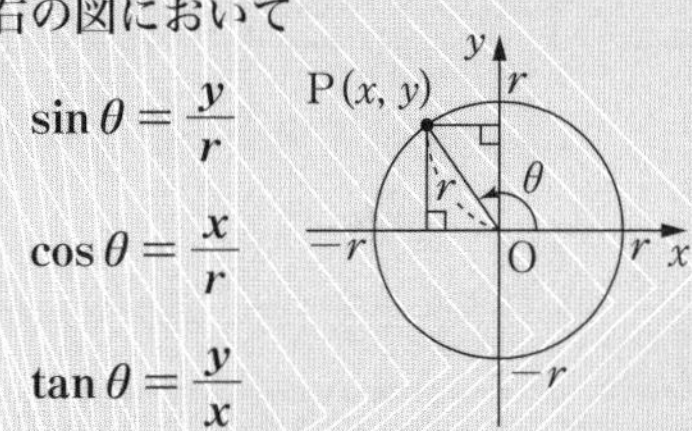

三角関数の相互関係

- $\sin^2\theta+\cos^2\theta=1$
- $\tan\theta=\dfrac{\sin\theta}{\cos\theta}$
- $1+\tan^2\theta=\dfrac{1}{\cos^2\theta}$

1節　2次曲線

1　放物線

用語のまとめ

放物線

- 平面上で，“定点 F からの距離と，F を通らない定直線 l からの距離が等しい点 P の軌跡” を **放物線** といい，点 F を **焦点**，直線 l を **準線** という。

放物線の方程式

- $p \neq 0$ とし，焦点 F を $(p,\ 0)$，準線 l を直線 $x=-p$ とする放物線の方程式は
  $y^2=4px$　……①
  ① を放物線の方程式の **標準形** という。

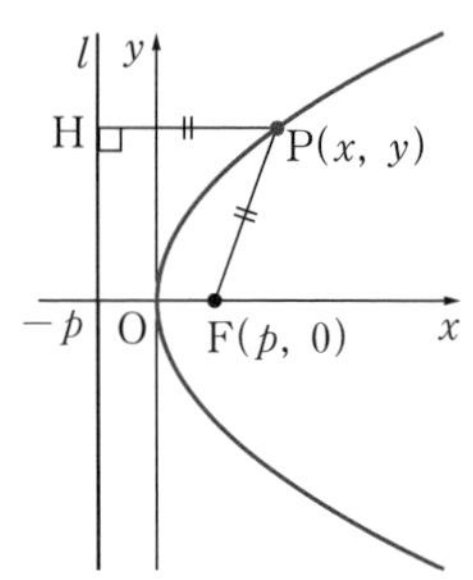

- 放物線において，焦点を通り準線に垂直な直線を放物線の **軸** といい，軸と放物線との交点を放物線の **頂点** という。
- 放物線は，軸に関して対称である。

y 軸上に焦点をもつ放物線

- 放物線の方程式 ① において，x と y を入れかえて得られる方程式
  $x^2=4py$
  が表す図形は，右の図のような放物線である。

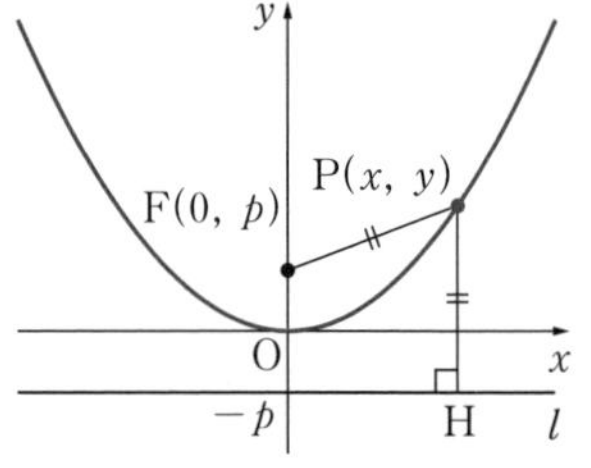

放物線 $y^2=4px$ の性質　解き方のポイント

放物線 $y^2=4px$ について

焦点は　$(p,\ 0)$

準線は　直線 $x=-p$

頂点は　原点 $(0,\ 0)$

軸は　x 軸 $(y=0)$

教 p.77

問 1　次の放物線の焦点と準線を求め，その放物線の概形をかけ。

(1)　$y^2 = 4x$　　(2)　$y^2 = -6x$　　(3)　$2y^2 = x$

考え方　式を $y^2 = 4 \cdot px$ の形で表す。

放物線 $y^2 = 4px$ の焦点は $(p,\ 0)$，準線は直線 $x = -p$ である。

グラフは原点を頂点とし，x 軸を軸とする放物線になる。

解 答　(1)　$y^2 = 4x$ は

$$y^2 = 4 \cdot 1x$$

と表すことができるから

焦点は $(1,\ 0)$，

準線は直線 $x = -1$

放物線の概形は右の図のようになる。

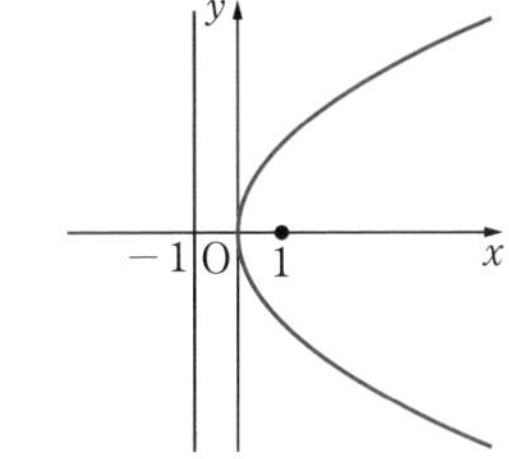

(2)　$y^2 = -6x$ は

$$y^2 = 4 \cdot \left(-\frac{3}{2}\right)x$$

と表すことができるから

焦点は $\left(-\frac{3}{2},\ 0\right)$，

準線は直線 $x = \frac{3}{2}$

放物線の概形は右の図のようになる。

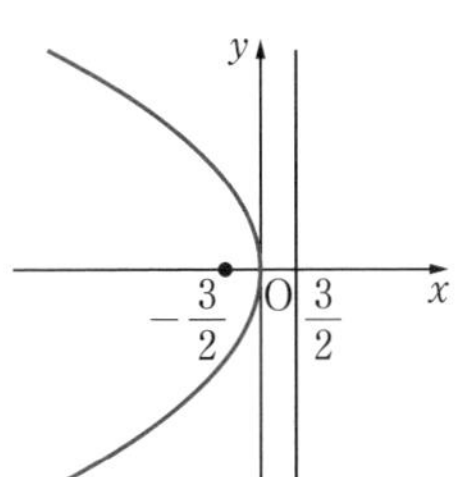

(3)　$2y^2 = x$ は

$$y^2 = \frac{1}{2}x = 4 \cdot \frac{1}{8}x$$

と表すことができるから

焦点は $\left(\frac{1}{8},\ 0\right)$，

準線は直線 $x = -\frac{1}{8}$

放物線の概形は右の図のようになる。

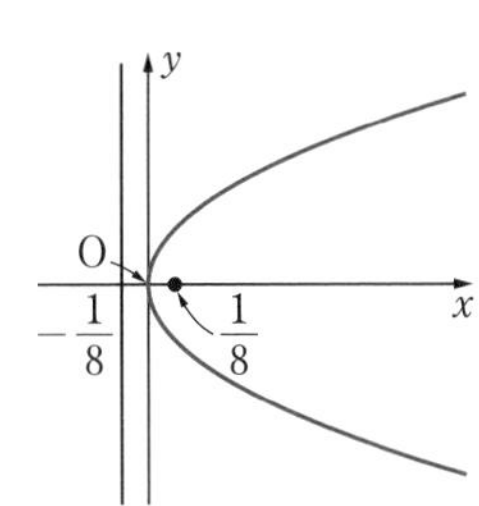

教 p.77

問2 焦点が$\left(\dfrac{5}{2},\ 0\right)$，準線が直線 $x=-\dfrac{5}{2}$ である放物線の方程式を求めよ。

考え方 焦点が$(p,\ 0)$，準線が直線 $x=-p$ である放物線の方程式は $y^2=4px$ である。

解答 焦点が$\left(\dfrac{5}{2},\ 0\right)$，準線が直線 $x=-\dfrac{5}{2}$ である放物線の方程式は

$$y^2=4\cdot\frac{5}{2}x$$

すなわち　$\boldsymbol{y^2=10x}$

● 放物線 $x^2=4py$ の性質　解き方のポイント

放物線 $x^2=4py$ について

焦点は　$(0,\ p)$

準線は　直線　$y=-p$

頂点は　原点$(0,\ 0)$

軸は　y 軸$(x=0)$

比較して理解しよう。

	放物線 $y^2=4px$	放物線 $x^2=4py$
焦点	$(p,\ 0)$	$(0,\ p)$
準線	$x=-p$	$y=-p$
頂点	原点$(0,\ 0)$	原点$(0,\ 0)$
軸	x 軸$(y=0)$	y 軸$(x=0)$

教 p.77

問3 次の放物線の焦点と準線を求めよ。

(1)　$x^2=8y$　　(2)　$x^2=-12y$　　(3)　$y=x^2$

考え方 式を $x^2=4\cdot py$ の形で表す。

放物線 $x^2=4py$ の焦点は$(0,\ p)$，準線は直線 $y=-p$ である。

解答 (1) $x^2 = 8y$ は

$$x^2 = 4 \cdot 2y$$

と表すことができるから

焦点は $(0,\ 2)$，準線は直線 $y = -2$

(2) $x^2 = -12y$ は

$$x^2 = 4 \cdot (-3)y$$

と表すことができるから

焦点は $(0,\ -3)$，準線は直線 $y = 3$

(3) $y = x^2$ は

$$x^2 = 4 \cdot \frac{1}{4}y$$

と表すことができるから

焦点は $\left(0,\ \frac{1}{4}\right)$，準線は直線 $y = -\frac{1}{4}$

教 p.77

問 4 次の放物線の方程式を求めよ。

(1) 焦点 $(0,\ 4)$，準線 $y = -4$

(2) 頂点 $(0,\ 0)$，準線 $y = \frac{3}{8}$

考え方 焦点が $(0,\ p)$，準線が直線 $y = -p$ である放物線の方程式は $x^2 = 4py$ である。

(2) 準線の方程式から，焦点の座標を求める。

解答 (1) 焦点が $(0,\ 4)$，準線が直線 $y = -4$ である放物線の方程式は

$$x^2 = 4 \cdot 4y$$

すなわち

$$\boldsymbol{x^2 = 16y}$$

(2) 点 $(0,\ 0)$ を頂点とする放物線で，準線が直線 $y = \frac{3}{8}$ であるから

焦点は $\left(0,\ -\frac{3}{8}\right)$

よって，求める放物線の方程式は

$$x^2 = 4 \cdot \left(-\frac{3}{8}\right)y$$

すなわち

$$\boldsymbol{x^2 = -\frac{3}{2}y}$$

2 楕円

用語のまとめ

楕円

- 平面上で，“2 定点 F，F′ からの距離の和が一定である点 P の軌跡” を楕円(だえん)といい，2 点 F，F′ をその**焦点**という。

楕円の方程式

- $a>c>0$ のとき，2 点F$(c,\ 0)$，F′$(-c,\ 0)$ を焦点とし，2 点からの距離の和が $2a$ である楕円の方程式は，$\sqrt{a^2-c^2}=b$ とおくと

$$\frac{x^2}{a^2}+\frac{y^2}{b^2}=1 \quad \cdots\cdots ①$$

① を楕円の方程式の**標準形**という。

- 楕円 ① と x 軸，y 軸の交点 A$(a,\ 0)$，A′$(-a,\ 0)$，B$(0,\ b)$，B′$(0,\ -b)$ を楕円の**頂点**といい，線分 AA′ を**長軸**，線分 BB′ を**短軸**という。また，楕円 ① は x 軸，y 軸，原点 O に関して対称である。この O を楕円の**中心**という。

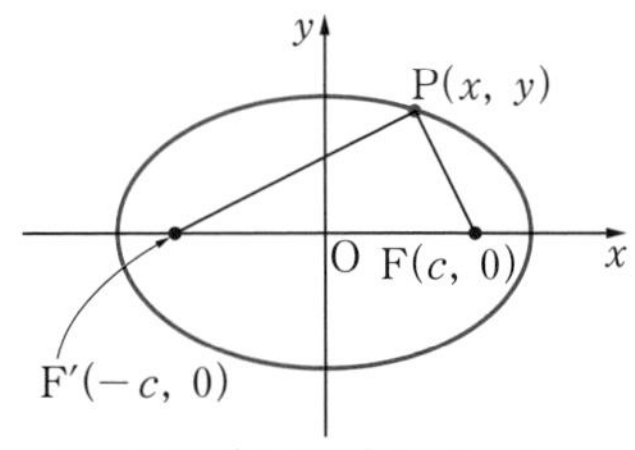

PF＋PF′ > FF′ ⟺ $a>c$

楕円の性質 …… **解き方のポイント**

楕円 $\dfrac{x^2}{a^2}+\dfrac{y^2}{b^2}=1$ ($\underline{a>b>0}$) について

長軸の長さは $2a$，短軸の長さは $2b$

焦点 F$(\sqrt{a^2-b^2},\ 0)$，F′$(-\sqrt{a^2-b^2},\ 0)$

楕円上の点 P について PF＋PF′ $=2a$

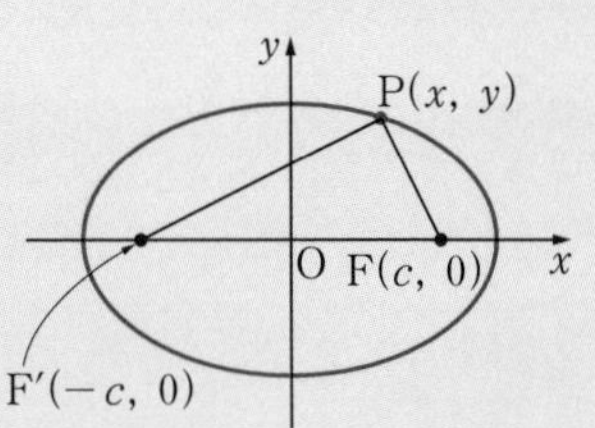

教 p.79

問 5 次の楕円の頂点と焦点を求め，その楕円の概形をかけ。

(1) $\dfrac{x^2}{8}+\dfrac{y^2}{4}=1$　　(2) $x^2+4y^2=4$

考え方 楕円 $\dfrac{x^2}{a^2}+\dfrac{y^2}{b^2}=1$ $(a>b>0)$ の頂点は $(\pm a,\ 0)$，$(0,\ \pm b)$，焦点は $(\pm\sqrt{a^2-b^2},\ 0)$ である。

(2) 両辺を 4 で割って，楕円の方程式の標準形になおす。

解答 (1) $\dfrac{x^2}{8}+\dfrac{y^2}{4}=1$ より　$\dfrac{x^2}{(2\sqrt{2})^2}+\dfrac{y^2}{2^2}=1$

したがって

頂点は $(2\sqrt{2},\ 0)$, $(-2\sqrt{2},\ 0)$,

$(0,\ 2)$, $(0,\ -2)$

また，$\sqrt{8-4}=2$ より

焦点は $(2,\ 0)$, $(-2,\ 0)$

楕円の概形は右の図のようになる。

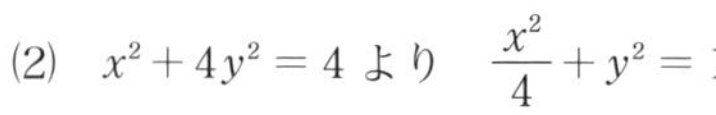

(2) $x^2+4y^2=4$ より　$\dfrac{x^2}{4}+y^2=1$

すなわち　$\dfrac{x^2}{2^2}+\dfrac{y^2}{1^2}=1$

したがって

頂点は $(2,\ 0)$, $(-2,\ 0)$,

$(0,\ 1)$, $(0,\ -1)$

また，$\sqrt{4-1}=\sqrt{3}$ より

焦点は $(\sqrt{3},\ 0)$, $(-\sqrt{3},\ 0)$

楕円の概形は右の図のようになる。

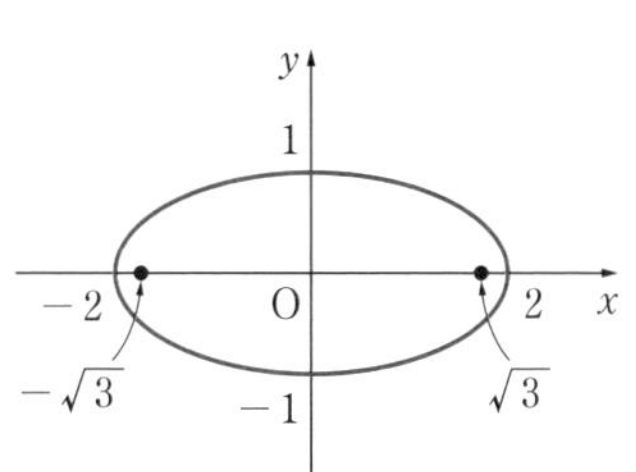

教 p.79

問 6　2 点 $(2,\ 0)$, $(-2,\ 0)$ を焦点とし，2 点からの距離の和が 6 である楕円の方程式を求めよ。

考え方　楕円の方程式を $\dfrac{x^2}{a^2}+\dfrac{y^2}{b^2}=1$ とおいて，焦点の座標が $(2,\ 0)$, $(-2,\ 0)$ であることと，2 点からの距離の和が 6 であることから，a^2, b^2 の値を求める。焦点が x 軸上にあるとき，焦点は $(\pm\sqrt{a^2-b^2},\ 0)$ である。

解答　求める方程式を $\dfrac{x^2}{a^2}+\dfrac{y^2}{b^2}=1$ とおく。

焦点が $(2,\ 0)$, $(-2,\ 0)$ であるから

$\sqrt{a^2-b^2}=2$　……①

2 点からの距離の和が 6 であるから

$2a=6$　より　$a=3$

これを ① に代入すると　$\sqrt{3^2-b^2}=2$

$9-b^2=4$　より　$b^2=5$

よって，$a=3$, $b=\sqrt{5}$ であるから，求める方程式は

$$\frac{x^2}{9}+\frac{y^2}{5}=1$$

● y 軸上に焦点をもつ楕円　　解き方のポイント

$b > a > 0$ のとき，方程式 $\dfrac{x^2}{a^2}+\dfrac{y^2}{b^2}=1$ は，

y 軸上の 2 点

　　$\mathrm{F}(0,\ \sqrt{b^2-a^2})$，$\mathrm{F}'(0,\ -\sqrt{b^2-a^2})$

を焦点とする楕円を表す。

このとき，2 つの焦点から楕円上の点までの距離の和は $2b$ で，右の図の線分 AA′ が短軸，線分 BB′ が長軸となる。

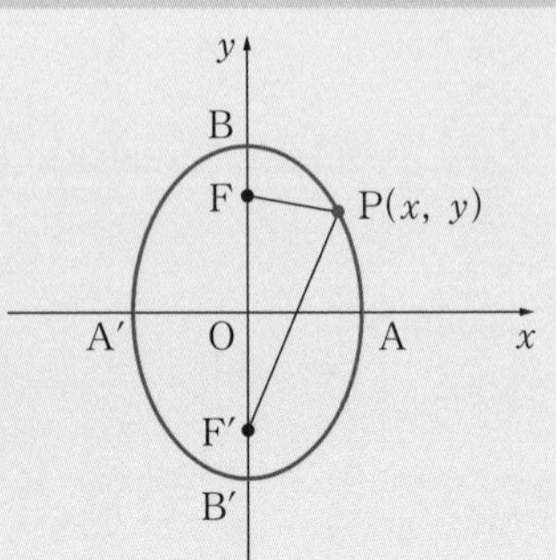

プラス＋　比較して理解しよう。

楕円 $\dfrac{x^2}{a^2}+\dfrac{y^2}{b^2}=1$	$a > b > 0$	$b > a > 0$
長軸の長さ	$2a$	$2b$
短軸の長さ	$2b$	$2a$
焦点 F，F′	$(\pm\sqrt{a^2-b^2},\ 0)$	$(0,\ \pm\sqrt{b^2-a^2})$

教 p.80

問 7　次の楕円の頂点，焦点を求め，その楕円の概形をかけ。

(1)　$\dfrac{x^2}{16}+\dfrac{y^2}{25}=1$　　(2)　$x^2+\dfrac{y^2}{9}=1$　　(3)　$9x^2+4y^2=1$

考え方　$\dfrac{x^2}{a^2}+\dfrac{y^2}{b^2}=1$ の形で表したとき，(1)，(2)，(3) は $b > a > 0$ となる。

楕円 $\dfrac{x^2}{a^2}+\dfrac{y^2}{b^2}=1\ (b > a > 0)$ の

　頂点は　$(\pm a,\ 0)$，$(0,\ \pm b)$

　焦点は　$(0,\ \pm\sqrt{b^2-a^2})$

解答　(1)　$\dfrac{x^2}{16}+\dfrac{y^2}{25}=1$ より　$\dfrac{x^2}{4^2}+\dfrac{y^2}{5^2}=1$

また，$\sqrt{25-16}=3$ であるから

頂点は $(4,\ 0)$，$(-4,\ 0)$，
　　　$(0,\ 5)$，$(0,\ -5)$

焦点は $(0,\ 3)$，$(0,\ -3)$

楕円の概形は右の図のようになる。

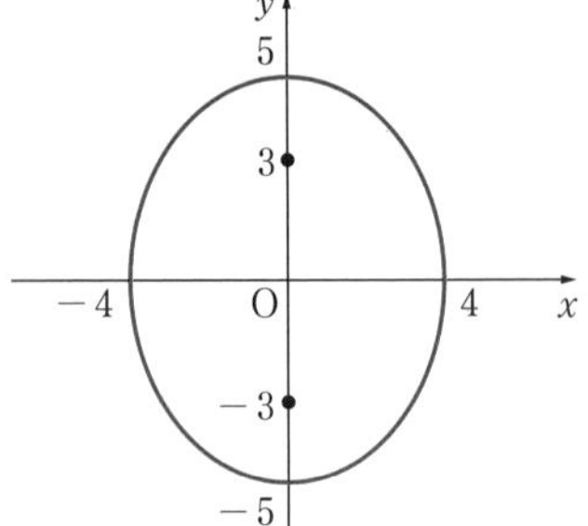

(2) $x^2+\dfrac{y^2}{9}=1$ より $\dfrac{x^2}{1^2}+\dfrac{y^2}{3^2}=1$

また，$\sqrt{9-1}=2\sqrt{2}$ であるから

頂点は $(1,\ 0)$，$(-1,\ 0)$，$(0,\ 3)$，$(0,\ -3)$

焦点は $(0,\ 2\sqrt{2})$，$(0,\ -2\sqrt{2})$

楕円の概形は右の図のようになる。

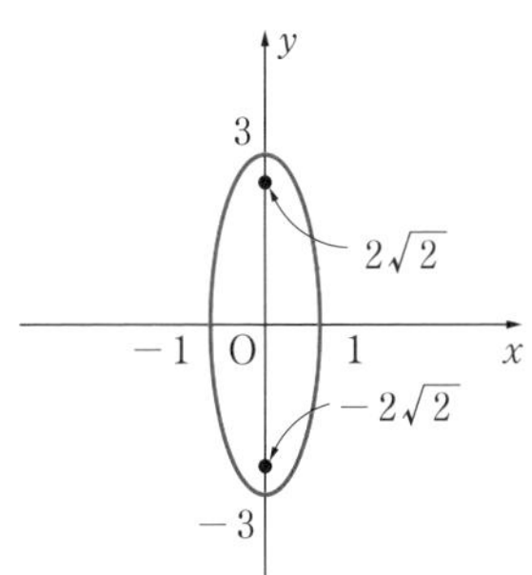

(3) $9x^2+4y^2=1$ より $\dfrac{x^2}{\frac{1}{9}}+\dfrac{y^2}{\frac{1}{4}}=1$

すなわち $\dfrac{x^2}{\left(\frac{1}{3}\right)^2}+\dfrac{y^2}{\left(\frac{1}{2}\right)^2}=1$

また，$\sqrt{\dfrac{1}{4}-\dfrac{1}{9}}=\dfrac{\sqrt{5}}{6}$ であるから

頂点は $\left(\dfrac{1}{3},\ 0\right)$，$\left(-\dfrac{1}{3},\ 0\right)$，$\left(0,\ \dfrac{1}{2}\right)$，$\left(0,\ -\dfrac{1}{2}\right)$

焦点は $\left(0,\ \dfrac{\sqrt{5}}{6}\right)$，$\left(0,\ -\dfrac{\sqrt{5}}{6}\right)$

楕円の概形は右の図のようになる。

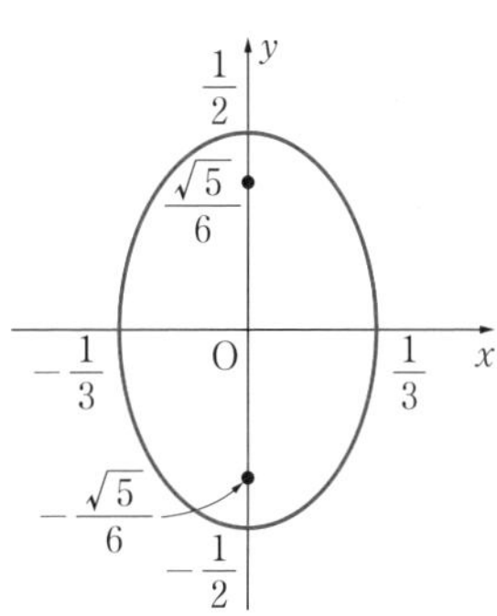

教 p.80

問 8 円 $x^2+y^2=36$ を x 軸を基準にして y 軸方向に $\dfrac{2}{3}$ 倍して得られる図形は，どのような曲線か。

考え方 円上の点の座標を $(u,\ v)$，点 $(u,\ v)$ を y 軸方向に $\dfrac{2}{3}$ 倍して得られる点の座標を $(x,\ y)$ として，x，y を u，v の式で表し，点 $(u,\ v)$ が円上の点であることから，x，y の関係式を導く。

解 答 円 $x^2+y^2=36$ 上の点 $\mathrm{P}(u,\ v)$ が点 $\mathrm{Q}(x,\ y)$ に移るとする。

$x=u,\ y=\dfrac{2}{3}v$

よって　　$u=x,\ v=\dfrac{3}{2}y$ ……①

点 $\mathrm{P}(u,\ v)$ は円 $x^2+y^2=36$ 上の点であるから

$u^2+v^2=36$

① を代入して　$x^2+\left(\frac{3}{2}y\right)^2=36$

すなわち　$\frac{x^2}{36}+\frac{y^2}{16}=1$

ゆえに，求める曲線は，**楕円** $\boldsymbol{\frac{x^2}{36}+\frac{y^2}{16}=1}$ である。

● 軌跡と楕円　　　　解き方のポイント

ある図形上の点 P にともなって動く点 Q の軌跡は次のようにして求める。

1　P(u, v), Q(x, y) とおき

点 P が満たす条件　……①

点 P と点 Q の関係　……②

をそれぞれ式で表す。

2　② を ① に代入して，x，y だけの式をつくって求める。

教 p.81

問 9　長さ 5 の線分 PQ がある。点 P が x 軸上，点 Q が y 軸上を動くとき，PQ を 3：2 に内分する点 R の軌跡を求めよ。

考え方　点 P, Q の座標をそれぞれ $(s,\ 0)$, $(0,\ t)$, 点 R の座標を $(x,\ y)$ とおいて，x, y を s，t の式で表し，PQ = 5 であることから，x，y の関係式を導く。

解 答　2 点 P，Q の座標をそれぞれ $(s,\ 0)$，$(0,\ t)$ とする。

PQ = 5 より

$s^2+t^2=5^2$　……①

点 R の座標を $(x,\ y)$ とすると，R は線分 PQ を 3：2 に内分するから

$x=\frac{2}{5}s$,　$y=\frac{3}{5}t$

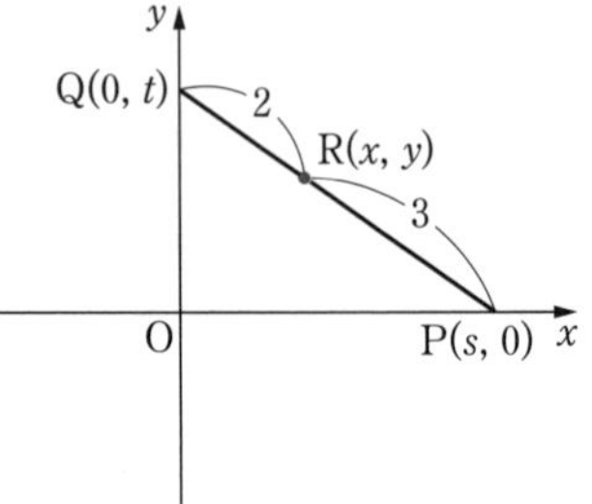

よって　　$s=\frac{5}{2}x$,　$t=\frac{5}{3}y$

これらを ① に代入して整理すると

$$\left(\frac{5}{2}x\right)^2+\left(\frac{5}{3}y\right)^2=5^2$$

$$\frac{x^2}{2^2}+\frac{y^2}{3^2}=1$$

$$\frac{x^2}{4}+\frac{y^2}{9}=1$$

したがって，点 R の軌跡は　**楕円** $\boldsymbol{\frac{x^2}{4}+\frac{y^2}{9}=1}$ である。

3 | 双曲線

用語のまとめ

双曲線

- 平面上で，“2定点F，F′からの距離の差が一定である点Pの軌跡”を **双曲線** といい，2点F，F′をその **焦点** という。

双曲線の方程式

- $c>a>0$ のとき，2点 F$(c,\ 0)$，F′$(-c,\ 0)$ を焦点とし，2点からの距離の差が $2a$ であるような双曲線の方程式は，$\sqrt{c^2-a^2}=b$ とおくと

$$\frac{x^2}{a^2}-\frac{y^2}{b^2}=1 \quad \cdots\cdots ①$$

① を双曲線の方程式の **標準形** という。

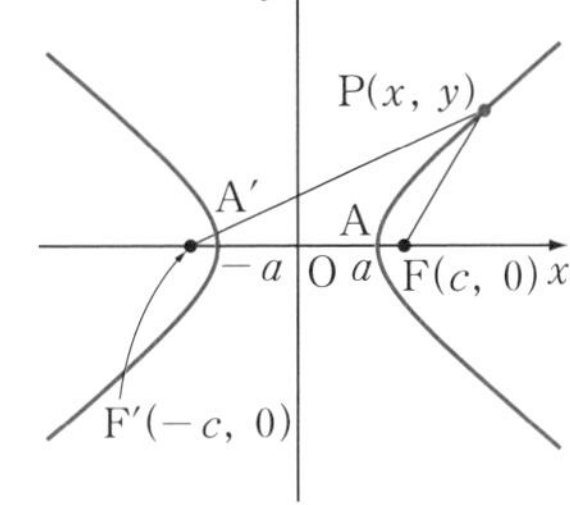

FF′ > |PF − PF′| ⟺ $c>a$

- 双曲線 ① と x 軸との2つの交点 A$(a,\ 0)$，A′$(-a,\ 0)$ を双曲線の **頂点** といい，直線 AA′ を **主軸** という。また，双曲線 ① は x 軸，y 軸，原点Oに関して対称である。このOを双曲線の **中心** という。

漸近線

- 双曲線 $\dfrac{x^2}{a^2}-\dfrac{y^2}{b^2}=1$ 上の点 $(x,\ y)$ は，$|x|$ が限りなく大きくなるとき，2直線

$$y=\frac{b}{a}x,\quad y=-\frac{b}{a}x$$

に限りなく近づく。これらの2直線を，双曲線の **漸近線**（ぜんきんせん）という。

- 2つの漸近線が直交する双曲線（$a=b$ のとき）を **直角双曲線** という。

2次曲線

- 放物線 $y^2=4px$，$x^2=4py$

  円 $x^2+y^2=r^2$

  楕円 $\dfrac{x^2}{a^2}+\dfrac{y^2}{b^2}=1$

  双曲線 $\dfrac{x^2}{a^2}-\dfrac{y^2}{b^2}=\pm 1$

は，いずれも x，y についての2次方程式で表されている。

これらの曲線をまとめて **2次曲線** という。

双曲線の性質 解き方のポイント

双曲線 $\dfrac{x^2}{a^2}-\dfrac{y^2}{b^2}=1$ $(a>0,\ b>0)$ について

焦点　$\mathrm{F}(\sqrt{a^2+b^2},\ 0)$, $\mathrm{F'}(-\sqrt{a^2+b^2},\ 0)$

双曲線上の点 P について　$|\mathrm{PF}-\mathrm{PF'}|=2a$

教 p.83

問 10　次の双曲線の頂点と焦点を求めよ。

(1)　$\dfrac{x^2}{4}-\dfrac{y^2}{9}=1$　　(2)　$\dfrac{x^2}{25}-\dfrac{y^2}{16}=1$

考え方　双曲線 $\dfrac{x^2}{a^2}-\dfrac{y^2}{b^2}=1$ の頂点は $(\pm a,\ 0)$，焦点は $(\pm\sqrt{a^2+b^2},\ 0)$ である。

解答　(1)　$\dfrac{x^2}{4}-\dfrac{y^2}{9}=1$ より　$\dfrac{x^2}{2^2}-\dfrac{y^2}{3^2}=1$

$\sqrt{4+9}=\sqrt{13}$ より

頂点は $(2,\ 0)$, $(-2,\ 0)$, **焦点は** $(\sqrt{13},\ 0)$, $(-\sqrt{13},\ 0)$

(2)　$\dfrac{x^2}{25}-\dfrac{y^2}{16}=1$ より　$\dfrac{x^2}{5^2}-\dfrac{y^2}{4^2}=1$

$\sqrt{25+16}=\sqrt{41}$ より

頂点は $(5,\ 0)$, $(-5,\ 0)$, **焦点は** $(\sqrt{41},\ 0)$, $(-\sqrt{41},\ 0)$

教 p.83

問 11　次の条件を満たす双曲線の方程式を求めよ。

(1)　2 点 $(3,\ 0)$, $(-3,\ 0)$ からの距離の差が 4 である。

(2)　焦点が $(5,\ 0)$, $(-5,\ 0)$, 頂点間の距離が 8 である。

考え方　双曲線の方程式を $\dfrac{x^2}{a^2}-\dfrac{y^2}{b^2}=1$ とおいて，a, b の値を求める。

(1)　2 点 $(3,\ 0)$, $(-3,\ 0)$ が焦点であることに注意する。

(2)　頂点間の距離は $2a$ と表される。

解答　(1)　求める方程式を $\dfrac{x^2}{a^2}-\dfrac{y^2}{b^2}=1$ とおく。

2 点 $(3,\ 0)$, $(-3,\ 0)$ からの距離の差が一定であることから，この 2 点は焦点である。

焦点が $(3,\ 0)$, $(-3,\ 0)$ であるから　$\sqrt{a^2+b^2}=3$　……①

焦点からの距離の差が 4 であるから　$2a=4$　……②

② より　$a=2$

これを ① に代入すると　$\sqrt{2^2+b^2}=3$

したがって　　$4+b^2=9$　　すなわち　　$b^2=5$

よって，$a=2$，$b=\sqrt{5}$ であるから，その方程式は　$\dfrac{x^2}{4}-\dfrac{y^2}{5}=1$

(2)　求める方程式を $\dfrac{x^2}{a^2}-\dfrac{y^2}{b^2}=1$ とおく。

焦点が $(5,\ 0)$，$(-5,\ 0)$ であるから　$\sqrt{a^2+b^2}=5$　…… ①

頂点間の距離が 8 であるから　　$2a=8$　…… ②

② より　$a=4$

これを ① に代入すると　$\sqrt{4^2+b^2}=5$

したがって　　$16+b^2=25$　　すなわち　　$b^2=9$

よって，$a=4$，$b=3$ であるから，その方程式は　$\dfrac{x^2}{16}-\dfrac{y^2}{9}=1$

● 双曲線の漸近線 …… 解き方のポイント

双曲線 $\dfrac{x^2}{a^2}-\dfrac{y^2}{b^2}=1\ (a>0,\ b>0)$

の漸近線は

直線　$y=\dfrac{b}{a}x$，$y=-\dfrac{b}{a}x$

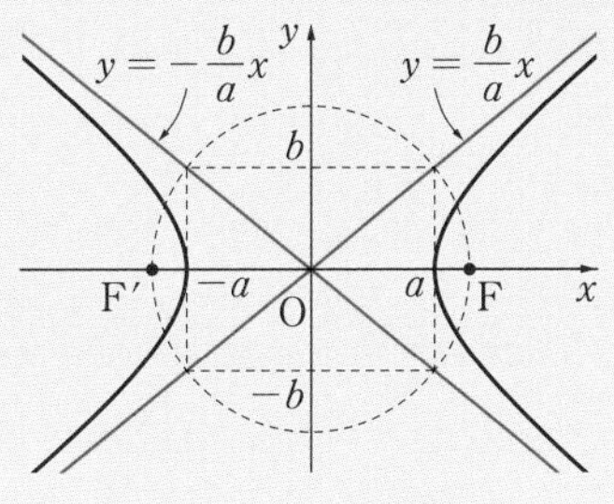

教 p.85

問 12　次の双曲線について，漸近線を求め，その双曲線の概形をかけ。

(1)　$\dfrac{x^2}{4}-\dfrac{y^2}{9}=1$　　　(2)　$\dfrac{x^2}{25}-\dfrac{y^2}{16}=1$

考え方　双曲線 $\dfrac{x^2}{a^2}-\dfrac{y^2}{b^2}=1$ の漸近線は，直線 $y=\dfrac{b}{a}x$，$y=-\dfrac{b}{a}x$ である。

解 答　(1)　$\dfrac{x^2}{4}-\dfrac{y^2}{9}=1$ より　$\dfrac{x^2}{2^2}-\dfrac{y^2}{3^2}=1$

したがって

漸近線は，直線 $y=\dfrac{3}{2}x$，$y=-\dfrac{3}{2}x$

双曲線の概形は右の図のようになる。

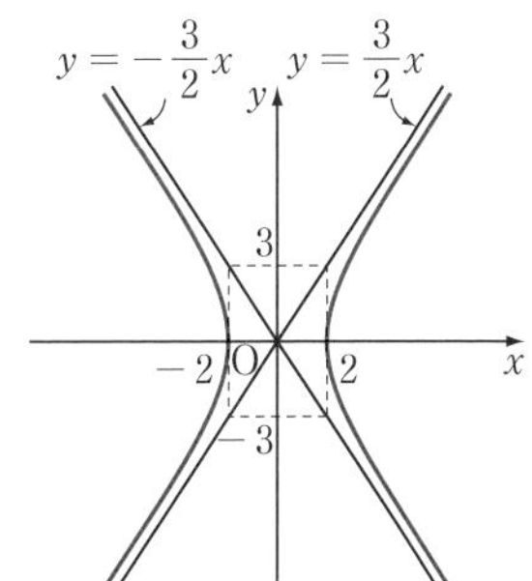

(2) $\dfrac{x^2}{25}-\dfrac{y^2}{16}=1$ より　$\dfrac{x^2}{5^2}-\dfrac{y^2}{4^2}=1$

したがって

漸近線は，直線 $y=\dfrac{4}{5}x$，$y=-\dfrac{4}{5}x$

双曲線の概形は右の図のようになる。

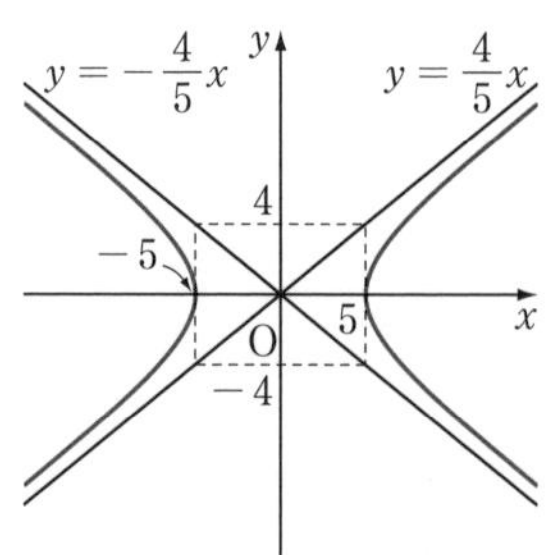

教 p.85

問 13　2 点 (4, 0)，(−4, 0) を焦点とする直角双曲線の方程式を求めよ。

考え方　直角双曲線の方程式は，$\dfrac{x^2}{a^2}-\dfrac{y^2}{a^2}=1$ と表される。

解　答　直角双曲線の方程式を $\dfrac{x^2}{a^2}-\dfrac{y^2}{a^2}=1$ とおく。

焦点が (4, 0)，(−4, 0) であるから　$\sqrt{a^2+a^2}=4$

よって，$2a^2=16$ より　$a=2\sqrt{2}$

ゆえに　$\dfrac{x^2}{8}-\dfrac{y^2}{8}=1$

● *y* 軸上に焦点をもつ双曲線 …… 解き方のポイント

方程式 $\dfrac{x^2}{a^2}-\dfrac{y^2}{b^2}=\underline{-1}$ が表す図形は，右の図のような，y 軸上の 2 点

$\mathrm{F}(0,\ \sqrt{a^2+b^2})$，$\mathrm{F}'(0,\ -\sqrt{a^2+b^2})$

を焦点とする双曲線である。この双曲線の頂点は

$\mathrm{B}(0,\ b)$，$\mathrm{B}'(0,\ -b)$

であり，2 つの焦点からの距離の差は $2b$ である。
この双曲線の漸近線も

直線 $y=\dfrac{b}{a}x$，$y=-\dfrac{b}{a}x$

である。

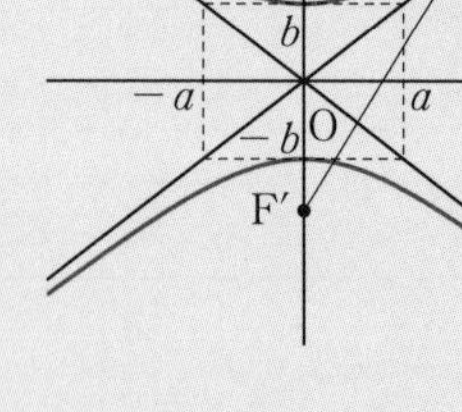

教 p.86

問 14 次の双曲線の頂点と焦点および漸近線を求め，その双曲線の概形をかけ。

(1) $\dfrac{x^2}{16}-\dfrac{y^2}{9}=-1$　　(2) $x^2-\dfrac{y^2}{5}=-1$

(3) $3x^2-9y^2=-1$　　(4) $6x^2-9y^2=-36$

考え方 双曲線 $\dfrac{x^2}{a^2}-\dfrac{y^2}{b^2}=\underline{-1}$ の頂点は $(0,\ \pm b)$，焦点は $(0,\ \pm\sqrt{a^2+b^2})$ である。

また，漸近線は，直線 $y=\dfrac{b}{a}x$，$y=-\dfrac{b}{a}x$ である。

解 答 (1) $\dfrac{x^2}{16}-\dfrac{y^2}{9}=-1$ より $\dfrac{x^2}{4^2}-\dfrac{y^2}{3^2}=-1$

また $\sqrt{16+9}=5$

ゆえに

頂点は $(0,\ 3)$，$(0,\ -3)$

焦点は $(0,\ 5)$，$(0,\ -5)$

漸近線は　直線 $y=\dfrac{3}{4}x$，$y=-\dfrac{3}{4}x$

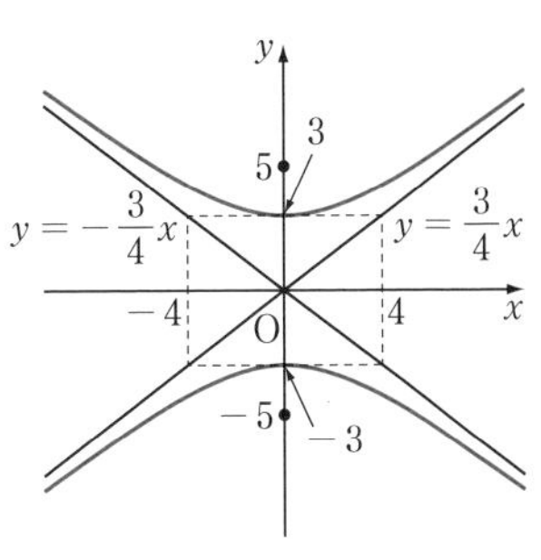

双曲線の概形は右の図のようになる。

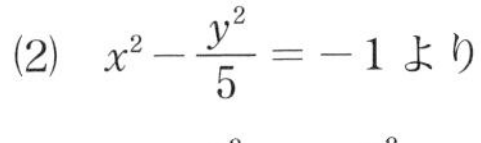

(2) $x^2-\dfrac{y^2}{5}=-1$ より

$$\frac{x^2}{1^2}-\frac{y^2}{(\sqrt{5}\,)^2}=-1$$

また $\sqrt{1+5}=\sqrt{6}$

ゆえに

頂点は $(0,\ \sqrt{5}\,)$，$(0,\ -\sqrt{5}\,)$

焦点は $(0,\ \sqrt{6}\,)$，$(0,\ -\sqrt{6}\,)$

漸近線は　直線 $y=\sqrt{5}\,x$，$y=-\sqrt{5}\,x$

双曲線の概形は右の図のようになる。

(3) $3x^2-9y^2=-1$ より $\dfrac{x^2}{\frac{1}{3}}-\dfrac{y^2}{\frac{1}{9}}=-1$

$$\frac{x^2}{\left(\dfrac{1}{\sqrt{3}}\right)^2}-\frac{y^2}{\left(\dfrac{1}{3}\right)^2}=-1$$

また $\sqrt{\dfrac{1}{3}+\dfrac{1}{9}}=\dfrac{2}{3}$

ゆえに

頂点は　$\left(0,\ \frac{1}{3}\right)$, $\left(0,\ -\frac{1}{3}\right)$

焦点は　$\left(0,\ \frac{2}{3}\right)$, $\left(0,\ -\frac{2}{3}\right)$

漸近線は　直線 $y=\frac{\sqrt{3}}{3}x$,

$$y=-\frac{\sqrt{3}}{3}x$$

双曲線の概形は右の図のようになる。

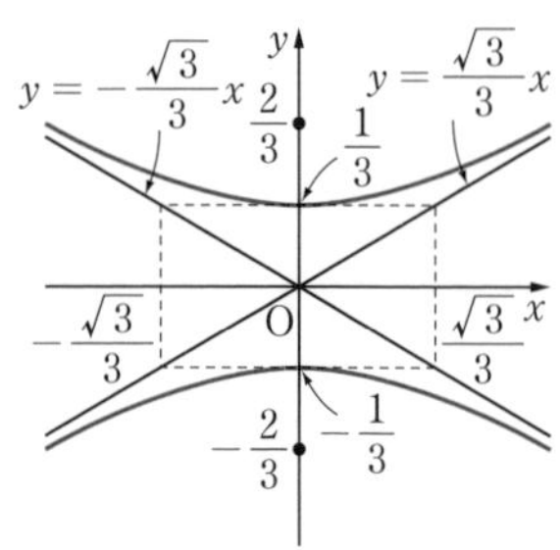

(4)　$6x^2-9y^2=-36$ より　$\frac{x^2}{6}-\frac{y^2}{4}=-1$

$$\frac{x^2}{(\sqrt{6})^2}-\frac{y^2}{2^2}=-1$$

また　$\sqrt{6+4}=\sqrt{10}$

ゆえに

頂点は　$(0,\ 2)$, $(0,\ -2)$

焦点は　$(0,\ \sqrt{10})$, $(0,\ -\sqrt{10})$

漸近線は　直線 $y=\frac{\sqrt{6}}{3}x$,

$$y=-\frac{\sqrt{6}}{3}x$$

双曲線の概形は右の図のようになる。

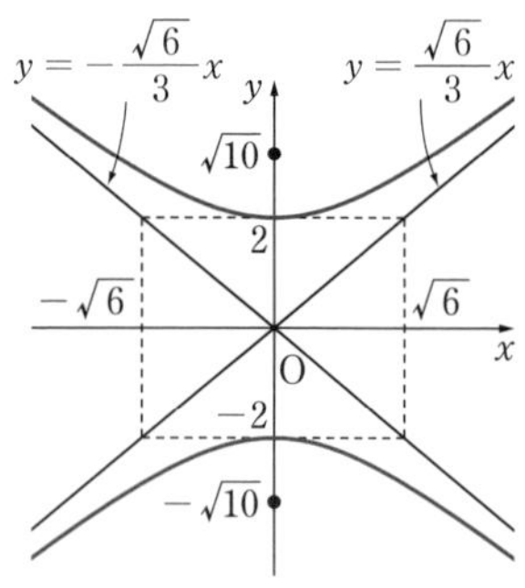

参考　円錐曲線　教 p.87

用語のまとめ

円錐面

- 1つの直線 l と1点Oで交わる直線 l' が l のまわりに空間内で回転するとき，l' のえがく面を円錐(すい)面という。
- l をその円錐面の **軸**，O を **頂点**，l' を **母線** という。

円錐曲線

- 2次曲線は円錐面の平面による切り口としても現れることが知られている。そのため，2次曲線は **円錐曲線** ともよばれる。

4 | 2 次曲線の平行移動

● 曲線の平行移動 …… **解き方のポイント**

曲線 $f(x, y)=0$ を，x 軸方向に p，y 軸方向に q だけ平行移動して得られる曲線の方程式は

$$f(x-p,\ y-q)=0$$

教 p.89

問 15 次の曲線を x 軸方向に 1，y 軸方向に -2 だけ平行移動した曲線の方程式を求めよ。また，その焦点を求めよ。

(1) $\dfrac{x^2}{9}+\dfrac{y^2}{5}=1$ (2) $\dfrac{x^2}{4}-\dfrac{y^2}{9}=1$

考え方 x を $x-1$，y を $y+2$ で置き換える。焦点は，与えられた曲線の焦点を x 軸方向に 1，y 軸方向に -2 だけ移動する。

解 答 (1) $\dfrac{x^2}{9}+\dfrac{y^2}{5}=1$ …… ①

曲線 ① を平行移動した曲線は楕円で，その **方程式は**

$$\frac{(x-1)^2}{9}+\frac{(y+2)^2}{5}=1 \quad \cdots\cdots ②$$

楕円 ① の焦点は，$\sqrt{9-5}=2$ より $(2,\ 0)$，$(-2,\ 0)$

であるから，平行移動した楕円 ② の **焦点は**，楕円 ① の焦点を x 軸方向に 1，y 軸方向に -2 だけ移動した

$(2+1,\ 0-2)$，$(-2+1,\ 0-2)$

すなわち $(3,\ -2)$，$(-1,\ -2)$

(2) $\dfrac{x^2}{4}-\dfrac{y^2}{9}=1$ …… ①

曲線 ① を平行移動した曲線は双曲線で，その **方程式は**

$$\frac{(x-1)^2}{4}-\frac{(y+2)^2}{9}=1 \quad \cdots\cdots ②$$

双曲線 ① の焦点は，$\sqrt{4+9}=\sqrt{13}$ より $(\sqrt{13},\ 0)$，$(-\sqrt{13},\ 0)$

であるから，平行移動した双曲線 ② の **焦点は**，双曲線 ① の焦点を x 軸方向に 1，y 軸方向に -2 だけ移動した

$(\sqrt{13}+1,\ 0-2)$，$(-\sqrt{13}+1,\ 0-2)$

すなわち $(1+\sqrt{13},\ -2)$，$(1-\sqrt{13},\ -2)$

教 p.89

問 16 次の放物線の焦点と準線を求めよ。

(1) $y^2+4x-2y=0$ (2) $y^2+y=x$

考え方 放物線の方程式を $(y-q)^2=a(x-p)$ の形に変形し，放物線 $y^2=ax$ をどれだけ平行移動したものか考える。

解 答 (1) $y^2+4x-2y=0$ を変形すると ※

$$(y-1)^2=-4\left(x-\frac{1}{4}\right)$$

よって，この方程式は放物線 $y^2=-4x$ を x 軸方向に $\frac{1}{4}$，y 軸方向に 1 だけ平行移動した放物線を表す。

※
$$\begin{aligned} y^2+4x-2y&=0\\ y^2-2y&=-4x\\ (y^2-2y+1)-1&=-4x\\ (y-1)^2-1&=-4x\\ (y-1)^2&=-4x+1\\ (y-1)^2&=-4\left(x-\frac{1}{4}\right)\end{aligned}$$

また，$y^2=-4x=4\cdot(-1)x$ より，放物線 $y^2=-4x$ の焦点は $(-1,\ 0)$，準線は直線 $x=1$ であるから，これらを x 軸方向に $\frac{1}{4}$，y 軸方向に 1 だけ平行移動して，放物線 $y^2+4x-2y=0$ の

焦点は $\left(-\frac{3}{4},\ 1\right)$，**準線は直線** $x=\frac{5}{4}$

(2) $y^2+y=x$ を変形すると ※※

$$\left(y+\frac{1}{2}\right)^2=x+\frac{1}{4}$$

よって，この方程式は放物線 $y^2=x$ を x 軸方向に $-\frac{1}{4}$，y 軸方向に $-\frac{1}{2}$ だけ平行移動した放物線を表す。

※※
$$\begin{aligned} y^2+y&=x\\ \left\{y^2+2\cdot\frac{1}{2}y+\left(\frac{1}{2}\right)^2\right\}-\left(\frac{1}{2}\right)^2&=x\\ \left(y+\frac{1}{2}\right)^2-\frac{1}{4}&=x\\ \left(y+\frac{1}{2}\right)^2&=x+\frac{1}{4}\end{aligned}$$

また，$y^2=x=4\cdot\frac{1}{4}x$ より，放物線 $y^2=x$ の焦点は $\left(\frac{1}{4},\ 0\right)$，準線は直線 $x=-\frac{1}{4}$ であるから，これらを x 軸方向に $-\frac{1}{4}$，y 軸方向に $-\frac{1}{2}$ だけ平行移動して，放物線 $y^2+y=x$ の

焦点は $\left(0,\ -\frac{1}{2}\right)$，**準線は直線** $x=-\frac{1}{2}$

教 p.90

問 17 次の方程式はどのような図形を表すか。また，その概形をかけ。

(1) $4x^2+9y^2=24x$　　　(2) $5x^2-4y^2+10x+16y=-9$

考え方 式の形からどのような 2 次曲線を表すのかを考え，その標準形で表す。

(1) 与えられた方程式を $\dfrac{(x-p)^2}{a^2}+\dfrac{(y-q)^2}{b^2}=1$ の形に変形する。

(2) 与えられた方程式を $\dfrac{(x-p)^2}{a^2}-\dfrac{(y-q)^2}{b^2}=-1$ の形に変形する。

解答 (1) 方程式を変形すると

$$4(x^2-6x)+9y^2=0$$
$$4(x-3)^2+9y^2=36$$
$$\frac{(x-3)^2}{9}+\frac{y^2}{4}=1$$

この方程式は **楕円 $\dfrac{x^2}{9}+\dfrac{y^2}{4}=1$**

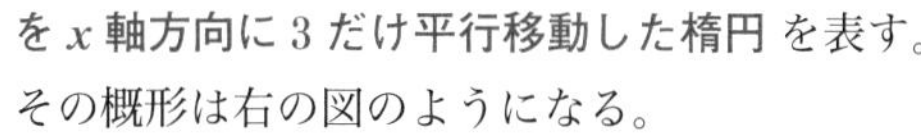

を x 軸方向に 3 だけ平行移動した楕円 を表す。

その概形は右の図のようになる。

(2) 方程式を変形すると

$$5(x^2+2x)-4(y^2-4y)=-9$$
$$5(x+1)^2-4(y-2)^2=-20$$
$$\frac{(x+1)^2}{4}-\frac{(y-2)^2}{5}=-1$$

この方程式は **双曲線**

$\dfrac{x^2}{4}-\dfrac{y^2}{5}=-1$ を x 軸方向に -1，

y 軸方向に 2 だけ平行移動した双曲線 を表す。

この双曲線の漸近線は

直線 $y=\pm\dfrac{\sqrt{5}}{2}(x+1)+2$

すなわち

直線 $y=\dfrac{\sqrt{5}}{2}x+\dfrac{\sqrt{5}}{2}+2$,

直線 $y=-\dfrac{\sqrt{5}}{2}x-\dfrac{\sqrt{5}}{2}+2$

で，その概形は右の図のようになる。

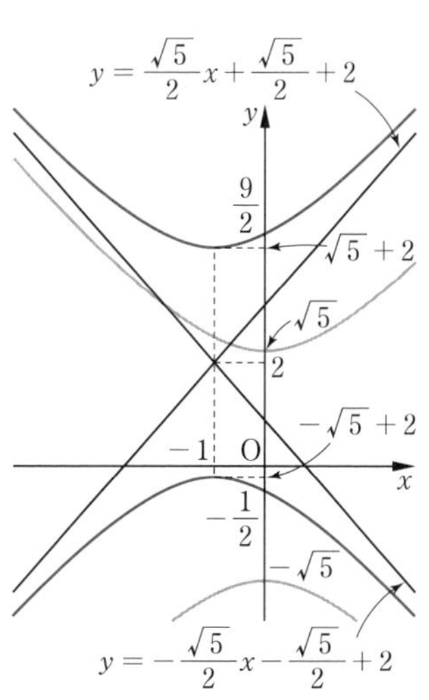

5 | 2次曲線と直線

2次曲線と直線の共有点 解き方のポイント

2次曲線 $f(x, y)=0$ ……① と直線 $y=mx+n$ ……② との共有点の個数は，①，② より，x または y の一方を消去して得られる2次方程式の判別式を D として

$D>0$ のとき　共有点は2個

$D=0$ のとき　共有点は1個

$D<0$ のとき　共有点なし

$D=0$ のとき，直線は2次曲線に **接する** といい，その直線を2次曲線の **接線**，接線と2次曲線の共有点を **接点** という。

教 p.91

問18　放物線 $y^2=-8x$ と直線 $y=-2x+k$ の共有点の個数は，定数 k の値によってどのように変わるか。

考え方　放物線の式と直線の式を連立させて得られる x の2次方程式の異なる実数解の個数を調べる。

解答　放物線と直線の共有点の座標は，連立方程式

$$\begin{cases} y^2=-8x & \cdots\cdots ① \\ y=-2x+k & \cdots\cdots ② \end{cases}$$

の実数解であるから，その個数を調べればよい。

② を ① に代入すると

$$(-2x+k)^2=-8x$$

$$4x^2-4kx+k^2=-8x$$

すなわち

$$4x^2-4(k-2)x+k^2=0 \quad \cdots\cdots ③$$

この2次方程式の判別式を D とすると

$$\frac{D}{4}=\{-2(k-2)\}^2-4k^2=4k^2-16k+16-4k^2=-16(k-1)$$

放物線 ① と直線 ② の共有点の個数は，2次方程式 ③ の異なる実数解の個数と一致するから

$D>0$　すなわち　$k<1$ のとき　**共有点は2個**

$D=0$　すなわち　$k=1$ のとき　**共有点は1個**

$D<0$　すなわち　$k>1$ のとき　**共有点なし**

教 p.92

問 19　楕円 $2x^2+y^2=2$ と直線 $y=mx+2$ が接するような定数 m の値を求めよ。

考え方　楕円の式と直線の式を連立させて得られる x の 2 次方程式が重解をもつような m の値を求める。

解　答

$$\begin{cases} 2x^2+y^2=2 & \cdots\cdots ① \\ y=mx+2 & \cdots\cdots ② \end{cases}$$

② を ① に代入すると

$$2x^2+(mx+2)^2=2$$

$$2x^2+m^2x^2+4mx+4=2$$

すなわち

$$(m^2+2)x^2+4mx+2=0$$

この 2 次方程式の判別式を D とすると

$$\frac{D}{4}=(2m)^2-2(m^2+2)=4m^2-2m^2-4=2m^2-4$$

楕円 ① と直線 ② が接するのは，$D=0$ のときであるから

$$2m^2-4=0$$

$m^2=2$ より

$$m=\pm\sqrt{2}$$

参考　2 次曲線の接線の方程式　教 p.93

● 2 次曲線の接線の方程式　解き方のポイント

曲線上の点 $(x_1,\ y_1)$ における

楕円 $\dfrac{x^2}{a^2}+\dfrac{y^2}{b^2}=1$ の接線の方程式は　$\dfrac{x_1x}{a^2}+\dfrac{y_1y}{b^2}=1$

双曲線 $\dfrac{x^2}{a^2}-\dfrac{y^2}{b^2}=1$ の接線の方程式は　$\dfrac{x_1x}{a^2}-\dfrac{y_1y}{b^2}=1$

放物線 $y^2=4px$ の接線の方程式は　$y_1y=2p(x+x_1)$

6 | 2次曲線と離心率

用語のまとめ

離心率

- 定点Fからの距離PFと定直線 l からの距離PHの比の値 $e\left(=\dfrac{\mathrm{PF}}{\mathrm{PH}}\right)$ が一定である点Pの軌跡は，Fを1つの焦点とする2次曲線であり

  $0<e<1$ のとき　楕円

  $e=1$ のとき　放物線

  $e>1$ のとき　双曲線

  であることが知られている。
- この e の値を，2次曲線の **離心率** といい，直線 l を **準線** という。

教 p.94

問20　教科書94ページの例10において，次の場合の点Pの軌跡を求めよ。

(1)　$e=\dfrac{1}{2}$　　　　(2)　$e=1$

考え方　(1)，(2)の場合について，それぞれ $\mathrm{PF}=e\mathrm{PH}$ を x，y の方程式で表す。

解　答　(1)　$e=\dfrac{1}{2}$ より　$\mathrm{PF}=\dfrac{1}{2}\mathrm{PH}$

$$\sqrt{(x-6)^2+y^2}=\frac{1}{2}|x|$$

すなわち

$$2\sqrt{(x-6)^2+y^2}=|x|$$

両辺を2乗して

$$4(x-6)^2+4y^2=x^2$$

整理して変形すると　※

$$\frac{(x-8)^2}{16}+\frac{y^2}{12}=1$$

これは，**楕円** $\dfrac{x^2}{16}+\dfrac{y^2}{12}=1$ **を x 軸方向に8だけ平行移動した楕円** を表している。

※

$$4(x-6)^2+4y^2=x^2$$
$$3x^2-48x+144+4y^2=0$$
$$3(x^2-16x)+4y^2=-144$$
$$3(x-8)^2+4y^2=48$$
$$\frac{(x-8)^2}{16}+\frac{y^2}{12}=1$$

(2) $e=1$ より　PF＝PH

$$\sqrt{(x-6)^2+y^2}=|x|$$

両辺を 2 乗して

$$(x-6)^2+y^2=x^2$$

整理して変形すると　※※

$$y^2=12(x-3)$$

これは，**放物線 $y^2=12x$ を x 軸方向に 3 だけ平行移動した放物線** を表している。

※※

$$(x-6)^2+y^2=x^2$$
$$-12x+36+y^2=0$$
$$y^2=12x-36$$
$$y^2=12(x-3)$$

教 p.95

問 21　点 (0, 1) からの距離と直線 $y=4$ からの距離の比の値が 2 である点 P の軌跡を求めよ。

考え方　点 P の座標を $(x,\ y)$ として，点 (0, 1) からの距離と直線 $y=4$ からの距離を x, y を用いて表す。

解 答　点 P の座標を $(x,\ y)$ とすると

条件より

$$\sqrt{x^2+(y-1)^2}=2|y-4|$$

両辺を 2 乗して

$$x^2+(y-1)^2=4(y-4)^2$$

これを整理すると　※※※

$$\frac{x^2}{12}-\frac{(y-5)^2}{4}=-1$$

ゆえに，点 P の軌跡は，**双曲線 $\frac{x^2}{12}-\frac{y^2}{4}=-1$ を y 軸方向に 5 だけ平行移動した双曲線** である。

※※※

$$x^2+(y-1)^2=4(y-4)^2$$
$$x^2+y^2-2y+1=4y^2-32y+64$$
$$x^2-3y^2+30y=63$$
$$x^2-3(y^2-10y)=63$$
$$x^2-3(y-5)^2=-12$$
$$\frac{x^2}{12}-\frac{(y-5)^2}{4}=-1$$

問　題

教 p.96

1 定円Oと，この円に交わらない定直線 m がある。円Oに外接し，直線 m に接する円の中心Pの軌跡は放物線であることを，放物線の定義にしたがって示せ。

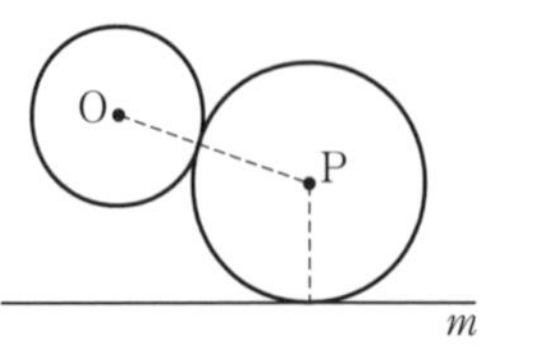

考え方 定点Oからの距離と，Oを通らない定直線 l からの距離が等しい点Pの軌跡は放物線であることに注目する。

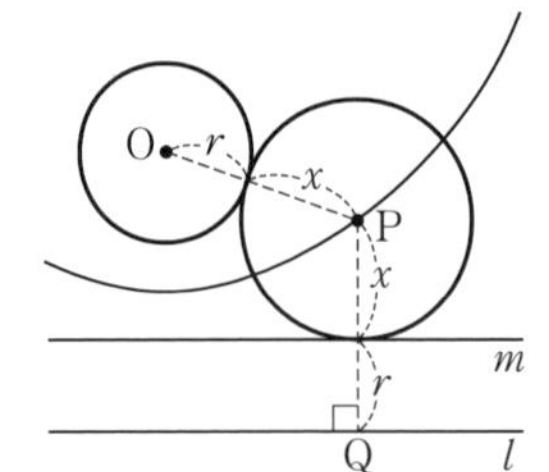

証明 円Oと円Pの半径をそれぞれ r，x とし，直線 m に関して円Oと反対側に m との距離が r となるように直線 l をとる。

点Pから直線 l に垂線PQを引くと

$$\mathrm{PO}=\mathrm{PQ}=x+r$$

ゆえに，点Pは，定点Oからの距離と，Oを通らない定直線 l からの距離がともに $x+r$ で常に等しくなるから，放物線の定義にしたがって，点Pの軌跡は，点Oを焦点，直線 l を準線とする放物線である。

2 次の条件を満たす楕円の方程式を求めよ。

(1)　2点 $(0,\ 3)$，$(0,\ -3)$ からの距離の和が10である。

(2)　焦点が $(0,\ 2)$，$(0,\ -2)$ で，点 $(3,\ 0)$ を通る。

(3)　焦点が $(\sqrt{2},\ 0)$，$(-\sqrt{2},\ 0)$ で，点 $(\sqrt{3},\ \sqrt{2})$ を通る。

考え方 楕円の方程式を $\dfrac{x^2}{a^2}+\dfrac{y^2}{b^2}=1$ とおいて，a^2，b^2 の値を求める。

焦点が x 軸上，y 軸上のどちらにあるかを考える。

焦点が x 軸上にあるとき，焦点の座標は $(\pm\sqrt{a^2-b^2},\ 0)$

焦点が y 軸上にあるとき，焦点の座標は $(0,\ \pm\sqrt{b^2-a^2})$

解答 楕円の方程式を $\dfrac{x^2}{a^2}+\dfrac{y^2}{b^2}=1$ とおく。

(1)　2点 $(0,\ 3)$，$(0,\ -3)$ からの距離の和が一定であることから，この2点は焦点である。

焦点が $(0,\ 3)$，$(0,\ -3)$ であることから　$\sqrt{b^2-a^2}=3$　……①

焦点からの距離の和が10であることから　$2b=10$　……②

②より　$b=5$

これを ① に代入すると　$\sqrt{5^2-a^2}=3$

したがって　　$25-a^2=9$　　すなわち　　$a^2=16$

よって，$a=4$，$b=5$ であるから，求める方程式は

$$\frac{x^2}{16}+\frac{y^2}{25}=1$$

(2)　焦点が $(0,\ 2)$，$(0,\ -2)$ であることから　⟵ 焦点が y 軸上にある

$$\sqrt{b^2-a^2}=2 \quad \cdots\cdots ①$$

点 $(3,\ 0)$ を通ることから　$\dfrac{3^2}{a^2}=1$　　$\cdots\cdots$ ②

② より　$a^2=9$

これを ① に代入すると　$\sqrt{b^2-9}=2$

したがって　　$b^2-9=4$　　すなわち　　$b^2=13$

よって，$a=3$，$b=\sqrt{13}$ であるから，求める方程式は

$$\frac{x^2}{9}+\frac{y^2}{13}=1$$

(3)　焦点が $(\sqrt{2},\ 0)$，$(-\sqrt{2},\ 0)$ であることから　⟵ 焦点が x 軸上にある

$$\sqrt{a^2-b^2}=\sqrt{2} \quad \cdots\cdots ①$$

点 $(\sqrt{3},\ \sqrt{2})$ を通ることから　$\dfrac{(\sqrt{3})^2}{a^2}+\dfrac{(\sqrt{2})^2}{b^2}=1$　$\cdots\cdots$ ②

① より，$a^2-b^2=2$ であるから　　$a^2=b^2+2$　　$\cdots\cdots$ ③

③ を ② に代入して　$\dfrac{3}{b^2+2}+\dfrac{2}{b^2}=1$

両辺に $(b^2+2)\cdot b^2$ を掛けて

$$3b^2+2(b^2+2)=b^2(b^2+2)$$

$$b^4-3b^2-4=0$$

$$(b^2+1)(b^2-4)=0$$

$b^2>0$ より　$b^2=4$

③ より　$a^2=4+2=6$

よって，$a=\sqrt{6}$，$b=2$ であるから，求める方程式は

$$\frac{x^2}{6}+\frac{y^2}{4}=1$$

3　長さ 2 の線分 PQ がある。点 P が x 軸上，点 Q が y 軸上を動くとき，PQ を $3:5$ に外分する点 R の軌跡を求めよ。

考え方　点 P, Q の座標をそれぞれ $(s,\ 0)$, $(0,\ t)$, 点 R の座標を $(x,\ y)$ とおいて，x, y を s, t の式で表し，$\mathrm{PQ}=2$ であることから，x, y の関係式を導く。

解答 2点P，Qの座標をそれぞれ $(s,\ 0)$，$(0,\ t)$ とする。

$\mathrm{PQ}=2$ より　$s^2+t^2=2^2$　…… ①

点Rの座標を $(x,\ y)$ とすると，Rは線分PQを3：5に外分するから

$$x=\frac{(-5)\cdot s+3\cdot 0}{3-5}=\frac{5}{2}s,\quad y=\frac{(-5)\cdot 0+3\cdot t}{3-5}=-\frac{3}{2}t$$

よって　$s=\dfrac{2}{5}x,\ t=-\dfrac{2}{3}y$

これらを①に代入すると　$\left(\dfrac{2}{5}x\right)^2+\left(-\dfrac{2}{3}y\right)^2=2^2$

$$\frac{x^2}{5^2}+\frac{y^2}{3^2}=1$$

したがって，点Rの軌跡は　**楕円 $\boldsymbol{\dfrac{x^2}{25}+\dfrac{y^2}{9}=1}$**

---

4 原点を中心とし，x 軸または y 軸を主軸とする双曲線のうち，次の条件を満たすものの方程式を求めよ。

(1) 2点 $(\sqrt{2},\ 2)$，$(-\sqrt{5},\ -4)$ を通る。

(2) 点 $(0,\ -2)$ を頂点とし，$y=x$ を漸近線とする。

考え方 (1) 双曲線の方程式を $\dfrac{x^2}{a^2}-\dfrac{y^2}{b^2}=1$ または $\dfrac{x^2}{a^2}-\dfrac{y^2}{b^2}=-1$ とおく。

(2) 頂点が y 軸上にあるから，双曲線の方程式を $\dfrac{x^2}{a^2}-\dfrac{y^2}{b^2}=-1$ とおく。

解答 (1) 双曲線の中心が原点であるから

x 軸を主軸とする双曲線の方程式を　$\dfrac{x^2}{a^2}-\dfrac{y^2}{b^2}=1$　…… ①

y 軸を主軸とする双曲線の方程式を　$\dfrac{x^2}{a^2}-\dfrac{y^2}{b^2}=-1$　…… ②

とおく。

双曲線①が

点 $(\sqrt{2},\ 2)$ を通るとき　$\dfrac{2}{a^2}-\dfrac{4}{b^2}=1$　…… ③

点 $(-\sqrt{5},\ -4)$ を通るとき　$\dfrac{5}{a^2}-\dfrac{16}{b^2}=1$　…… ④

③×4－④ より　$\dfrac{3}{a^2}=3$　すなわち　$a^2=1$

③に代入して　$2-\dfrac{4}{b^2}=1$　したがって　$b^2=4$

よって，$a=1$，$b=2$ であるから，双曲線①の方程式は

$$x^2-\frac{y^2}{4}=1$$

双曲線 ② が

点 $(\sqrt{2},\ 2)$ を通るとき　$\dfrac{2}{a^2}-\dfrac{4}{b^2}=-1$　…… ⑤

点 $(-\sqrt{5},\ -4)$ を通るとき　$\dfrac{5}{a^2}-\dfrac{16}{b^2}=-1$　…… ⑥

⑤×4−⑥ より　$\dfrac{3}{a^2}=-3$　すなわち　$a^2=-1$

これを満たす実数 a は存在しないから，不適。

したがって，求める双曲線の方程式は　$\boldsymbol{x^2-\dfrac{y^2}{4}=1}$

(2) 頂点が y 軸上にあることから，y 軸が主軸である。

したがって，双曲線の方程式を $\dfrac{x^2}{a^2}-\dfrac{y^2}{b^2}=-1$ とおくと

点 $(0,\ -2)$ を通ることから

$-\dfrac{4}{b^2}=-1$ より　$b^2=4$　…… ①

漸近線が $y=x$ であることから

$a=b$ より　$a^2=b^2$　…… ②

① を ② に代入して　$a^2=4$

よって，$a=2$，$b=2$ であるから，求める双曲線の方程式は

$$\boldsymbol{\frac{x^2}{4}-\frac{y^2}{4}=-1}$$

5 次の 2 次曲線を x 軸方向に -1，y 軸方向に 2 だけ平行移動した曲線の方程式を求めよ。また，焦点を求めよ。

(1) $\dfrac{x^2}{9}+\dfrac{y^2}{16}=1$　(2) $y^2=6x$　(3) $\dfrac{x^2}{3}-\dfrac{y^2}{5}=-1$

考え方 曲線 $f(x,\ y)=0$ を x 軸方向に p，y 軸方向に q だけ平行移動した曲線の方程式は，$f(x-p,\ y-q)=0$ である。

解答 (1) 楕円 $\dfrac{x^2}{9}+\dfrac{y^2}{16}=1$ …… ① を x 軸方向に -1，y 軸方向に 2 だけ平行移動した曲線の**方程式は**　$\boldsymbol{\dfrac{(x+1)^2}{9}+\dfrac{(y-2)^2}{16}=1}$　…… ②

楕円 ① の焦点は，$\sqrt{16-9}=\sqrt{7}$ より，$(0,\ \sqrt{7})$，$(0,\ -\sqrt{7})$ であるから，平行移動した楕円 ② の**焦点は**，楕円 ① の焦点を x 軸方向に -1，y 軸方向に 2 だけ移動した

$(0-1,\ \sqrt{7}+2),\ (0-1,\ -\sqrt{7}+2)$

すなわち　$(-1,\ 2+\sqrt{7}),\ (-1,\ 2-\sqrt{7})$

(2)　放物線 $y^2=6x$　……① を x 軸方向に -1, y 軸方向に 2 だけ平行移動した曲線の **方程式は**　$(y-2)^2=6(x+1)$　……②

放物線 ① の焦点は, $y^2=4\cdot\dfrac{3}{2}x$ より, $\left(\dfrac{3}{2},\ 0\right)$ であるから, 平行移動した放物線 ② の **焦点は**, 放物線 ① の焦点を x 軸方向に -1, y 軸方向に 2 だけ移動した

$\left(\dfrac{3}{2}-1,\ 0+2\right)$　すなわち　$\left(\dfrac{1}{2},\ 2\right)$

(3)　双曲線 $\dfrac{x^2}{3}-\dfrac{y^2}{5}=-1$　……① を x 軸方向に -1, y 軸方向に 2 だけ平行移動した曲線の **方程式は**　$\dfrac{(x+1)^2}{3}-\dfrac{(y-2)^2}{5}=-1$　……②

双曲線 ① の焦点は, $\sqrt{3+5}=2\sqrt{2}$ より, $(0,\ 2\sqrt{2}),\ (0,\ -2\sqrt{2})$ であるから, 平行移動した双曲線 ② の **焦点は**, 双曲線 ① の焦点を x 軸方向に -1, y 軸方向に 2 だけ移動した

$(0-1,\ 2\sqrt{2}+2),\ (0-1,\ -2\sqrt{2}+2)$

すなわち　$(-1,\ 2+2\sqrt{2}),\ (-1,\ 2-2\sqrt{2})$

6　次の方程式で表される 2 次曲線の概形をかき, 焦点を求めよ。

(1)　$2(x-1)^2+(y+1)^2=2$

(2)　$x^2-y^2+4y+5=0$

(3)　$y^2-2x-2y=3$

考え方　与えられた方程式を $\dfrac{(x-p)^2}{a^2}\pm\dfrac{(y-q)^2}{b^2}=\pm1$ や $(y-q)^2=a(x-p)$ の形に変形し, $\dfrac{x^2}{a^2}\pm\dfrac{y^2}{b^2}=\pm1$ や $y^2=ax$ をどれだけ平行移動したものか考える。

解答　(1)　方程式を変形すると

$$(x-1)^2+\frac{(y+1)^2}{2}=1$$

この方程式は楕円 $x^2+\dfrac{y^2}{2}=1$ を x 軸方向に 1, y 軸方向に -1 だけ平行移動した楕円を表す。その概形は右の図のようになる。

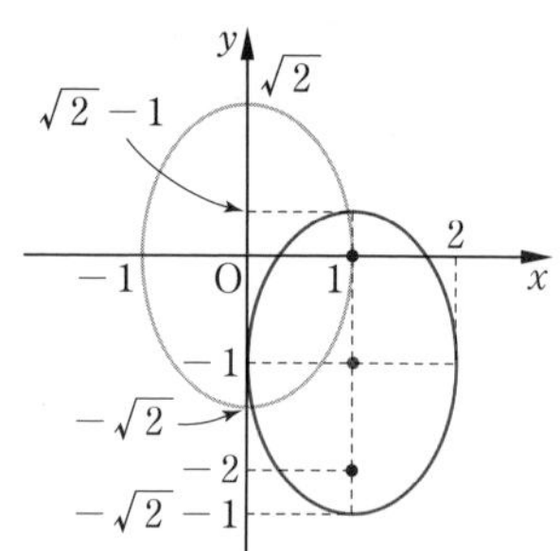

楕円 $x^2+\frac{y^2}{2}=1$ の焦点は $\sqrt{2-1}=1$ より，$(0,\ 1)$，$(0,\ -1)$ であるから，求める **焦点は**，これらの点を x 軸方向に 1，y 軸方向に -1 だけ移動した

$(0+1,\ 1-1)$，$(0+1,\ -1-1)$

すなわち　$(1,\ 0)$，$(1,\ -2)$

(2) 方程式を変形すると

$x^2-(y^2-4y)=-5$

$x^2-(y-2)^2=-9$

$\frac{x^2}{9}-\frac{(y-2)^2}{9}=-1$

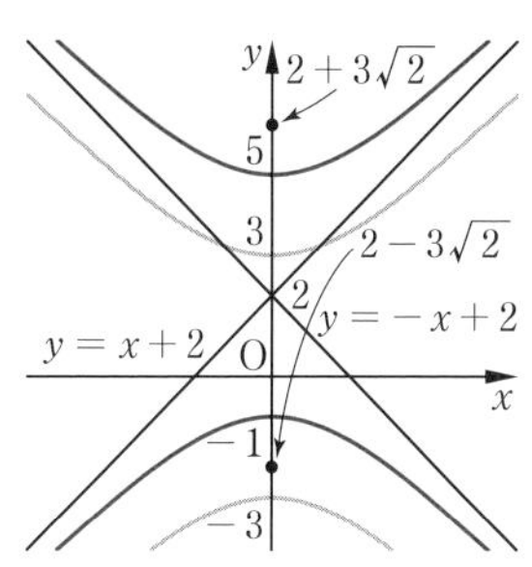

この方程式は双曲線 $\frac{x^2}{9}-\frac{y^2}{9}=-1$ を y 軸方向に 2 だけ平行移動した双曲線を表す。その概形は右の図のようになる。

双曲線 $\frac{x^2}{9}-\frac{y^2}{9}=-1$ の焦点は $\sqrt{9+9}=3\sqrt{2}$ より，$(0,\ 3\sqrt{2})$，$(0,\ -3\sqrt{2})$ であるから，求める **焦点は**，これらの点を y 軸方向に 2 だけ移動した

$(0,\ 3\sqrt{2}+2)$，$(0,\ -3\sqrt{2}+2)$

すなわち　$(0,\ 2+3\sqrt{2})$，$(0,\ 2-3\sqrt{2})$

(3) 方程式を変形すると

$y^2-2y=2x+3$

$(y-1)^2=2x+4$

$(y-1)^2=2(x+2)$

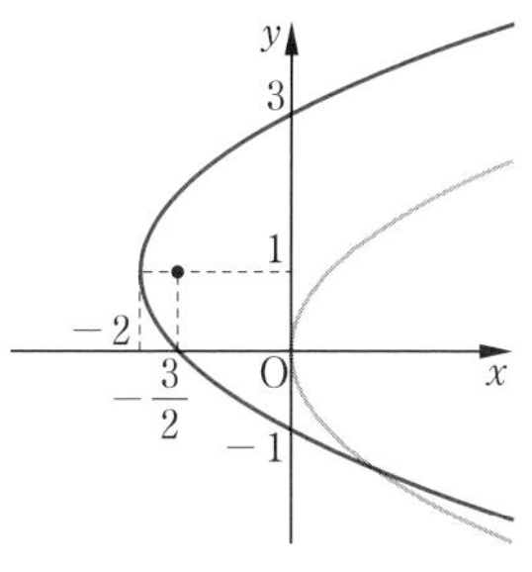

この方程式は放物線 $y^2=2x$ を x 軸方向に -2，y 軸方向に 1 だけ平行移動した放物線を表す。その概形は右の図のようになる。

放物線 $y^2=2x$ の焦点は $y^2=4\cdot\frac{1}{2}x$ より，$\left(\frac{1}{2},\ 0\right)$ であるから，求める **焦点は**，この点を x 軸方向に -2，y 軸方向に 1 だけ移動した

$\left(\frac{1}{2}-2,\ 0+1\right)$

すなわち　$\left(-\frac{3}{2},\ 1\right)$

7 双曲線 $x^2-3y^2=3$ と直線 $y=x+k$ の共有点の個数は，定数 k の値によってどのように変わるか。

考え方 双曲線の式と直線の式を連立させて得られる x の 2 次方程式の異なる実数解の個数を調べる。

解 答 双曲線と直線の共有点の座標は，連立方程式

$$\begin{cases} x^2-3y^2=3 & \cdots\cdots ① \\ y=x+k & \cdots\cdots ② \end{cases}$$

の実数解であるから，その個数を調べればよい。

② を ① に代入すると

$$x^2-3(x+k)^2=3$$

$$x^2-3x^2-6kx-3k^2=3$$

すなわち

$$2x^2+6kx+3k^2+3=0 \quad \cdots\cdots ③$$

この 2 次方程式の判別式を D とすると

$$\frac{D}{4}=(3k)^2-2(3k^2+3)=3k^2-6=3(k^2-2)=3(k+\sqrt{2})(k-\sqrt{2})$$

双曲線 ① と直線 ② の共有点の個数は，2 次方程式 ③ の異なる実数解の個数と一致するから

$D>0$ すなわち $k<-\sqrt{2}$，$\sqrt{2}<k$ のとき **共有点は 2 個**

$D=0$ すなわち $k=\pm\sqrt{2}$ のとき **共有点は 1 個**

$D<0$ すなわち $-\sqrt{2}<k<\sqrt{2}$ のとき **共有点なし**

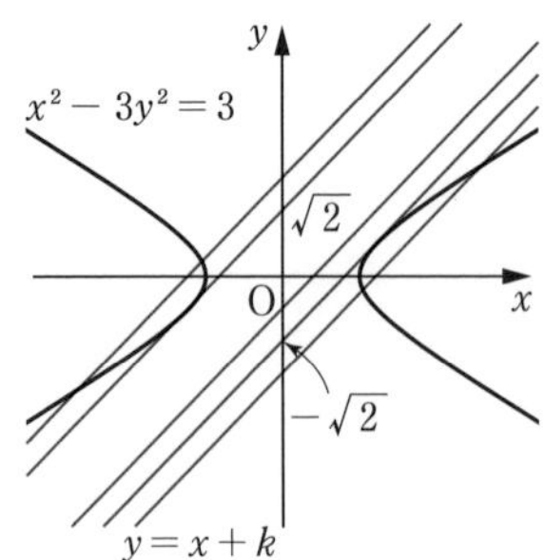

探究　直線 $y=x$ 上に焦点がある双曲線と楕円　教 p.97

考察 1　2 定点 $(1,\ 1)$, $(-1,\ -1)$ からの距離の差が 2 であるような双曲線の方程式を求めてみよう。

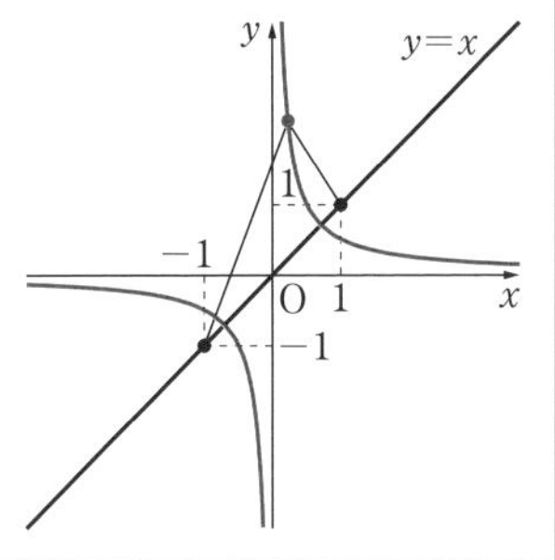

解答　$\mathrm{F}(1,\ 1)$, $\mathrm{F'}(-1,\ -1)$ とし，双曲線上の点を $\mathrm{P}(x,\ y)$ とする。

2 定点からの距離の差が 2 であることから

$$|\mathrm{PF}-\mathrm{PF'}|=2$$

すなわち　$\mathrm{PF}-\mathrm{PF'}=\pm 2$

したがって

$$\sqrt{(x-1)^2+(y-1)^2}-\sqrt{(x+1)^2+(y+1)^2}=\pm 2$$

よって

$$\sqrt{(x-1)^2+(y-1)^2}=\pm 2+\sqrt{(x+1)^2+(y+1)^2}$$

両辺を 2 乗して

$$(x-1)^2+(y-1)^2=4\pm 4\sqrt{(x+1)^2+(y+1)^2}+(x+1)^2+(y+1)^2$$

これを整理すると

$$-x-y-1=\pm\sqrt{(x+1)^2+(y+1)^2}$$

再び両辺を 2 乗して整理すると

$$(-x-y-1)^2=\left\{\pm\sqrt{(x+1)^2+(y+1)^2}\right\}^2$$

$$(x+y+1)^2=(x+1)^2+(y+1)^2$$

$$x^2+y^2+1+2xy+2x+2y=x^2+2x+1+y^2+2y+1$$

$$2xy=1$$

よって，求める双曲線の方程式は

$$2xy=1\quad\left(xy=\frac{1}{2}\right)$$

考察 2　2 定点 $(1,\ 1)$，$(-1,\ -1)$ からの距離の和が 4 であるような楕円の方程式を求めてみよう。

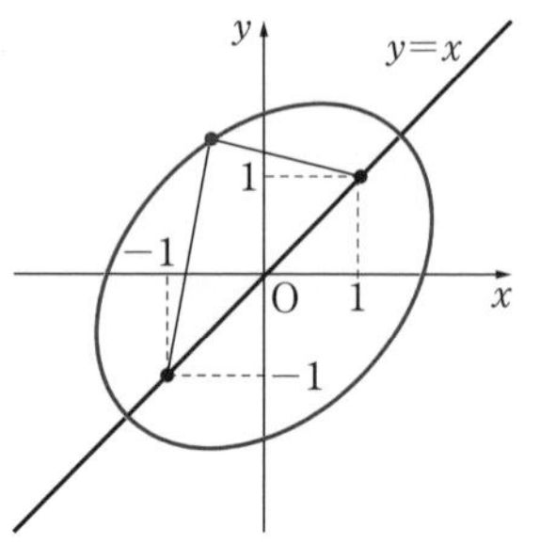

解　答　$\mathrm{F}(1,\ 1)$，$\mathrm{F}'(-1,\ -1)$ とし，楕円上の点を $\mathrm{P}(x,\ y)$ とする。

2 定点からの距離の和が 4 であるから

$$\mathrm{PF}+\mathrm{PF}'=4$$

したがって

$$\sqrt{(x-1)^2+(y-1)^2}+\sqrt{(x+1)^2+(y+1)^2}=4$$

よって

$$\sqrt{(x+1)^2+(y+1)^2}=4-\sqrt{(x-1)^2+(y-1)^2}$$

両辺を 2 乗して

$$(x+1)^2+(y+1)^2=16-8\sqrt{(x-1)^2+(y-1)^2}+(x-1)^2+(y-1)^2$$

これを整理すると

$$2\sqrt{(x-1)^2+(y-1)^2}=-x-y+4$$

再び両辺を 2 乗して整理すると

$$\{2\sqrt{(x-1)^2+(y-1)^2}\}^2=(-x-y+4)^2$$

$$4\{(x-1)^2+(y-1)^2\}=(x+y-4)^2$$

$$4(x^2-2x+1+y^2-2y+1)=x^2+2xy+y^2-8x-8y+16$$

$$3x^2+3y^2-2xy=8$$

よって，求める楕円の方程式は

$$\boldsymbol{3x^2-2xy+3y^2-8=0}$$

2節　媒介変数表示と極座標

1　曲線の媒介変数表示

用語のまとめ

曲線の媒介変数表示

- 平面上の曲線がある変数 t によって

$$\begin{cases} x = f(t) \\ y = g(t) \end{cases}$$

のような形で表されるとき，これをその曲線の **媒介変数表示** といい，t を **媒介変数** という。

サイクロイド

- 1つの円が定直線に接しながら，滑ることなく回転するとき，その円上の定点がえがく曲線を **サイクロイド** という。
- 円の半径を a，定直線を x 軸とし，円上の定点Pが原点Oの位置にあるとする。その位置から，円が角 θ だけ回転したときの点Pの座標を $(x,\ y)$ とすると，サイクロイドの媒介変数表示は

$$\begin{cases} x = a(\theta - \sin\theta) \\ y = a(1 - \cos\theta) \end{cases}$$

教 p.99

問1　次の式の媒介変数 t を消去して，x，y の関係式を求めよ。

(1) $\begin{cases} x = 2t - 3 \\ y = -t + 5 \end{cases}$　　(2) $\begin{cases} x = t^2 - 1 \\ y = -2t \end{cases}$

考え方　2つの式から t を消去して，x と y の関係式を導く。

解答　(1) $\begin{cases} x = 2t - 3 & \cdots\cdots ① \\ y = -t + 5 & \cdots\cdots ② \end{cases}$ とおく。

①より　$t = \dfrac{x+3}{2}$

これを②に代入して　　$y = -\dfrac{x+3}{2} + 5$

すなわち　　$y = -\dfrac{1}{2}x + \dfrac{7}{2}$

(2) $\begin{cases} x = t^2 - 1 & \cdots\cdots ① \\ y = -2t & \cdots\cdots ② \end{cases}$ とおく。

② より　$t = -\dfrac{y}{2}$

これを ① に代入して　　$x = \left(-\dfrac{y}{2}\right)^2 - 1$

すなわち　　$x = \dfrac{1}{4}y^2 - 1$

教 p.100

問 2　円 $x^2 + y^2 = 25$ の媒介変数表示を求めよ。

考え方　円 $x^2 + y^2 = a^2$ の媒介変数表示は $\begin{cases} x = a\cos\theta \\ y = a\sin\theta \end{cases}$ となる。

解　答　$x^2 + y^2 = 5^2$ であるから，この円の媒介変数表示は，θ を媒介変数とすると

$$\begin{cases} x = 5\cos\theta \\ y = 5\sin\theta \end{cases}$$

教 p.100

問 3　楕円 $\dfrac{x^2}{4} + \dfrac{y^2}{9} = 1$ の媒介変数表示を求めよ。

考え方　楕円 $\dfrac{x^2}{a^2} + \dfrac{y^2}{b^2} = 1$ の媒介変数表示は $\begin{cases} x = a\cos\theta \\ y = b\sin\theta \end{cases}$ となる。

解　答　$\dfrac{x^2}{2^2} + \dfrac{y^2}{3^2} = 1$ であるから，この楕円の媒介変数表示は，θ を媒介変数とすると

$$\begin{cases} x = 2\cos\theta \\ y = 3\sin\theta \end{cases}$$

教 p.100

問 4　媒介変数表示 $\begin{cases} \boldsymbol{x = \dfrac{a}{\cos\theta}} \\ \boldsymbol{y = b\tan\theta} \end{cases}$ は双曲線 $\dfrac{x^2}{a^2} - \dfrac{y^2}{b^2} = 1$ を表すことを示せ。

考え方　三角関数の相互関係 $1 + \tan^2\theta = \dfrac{1}{\cos^2\theta}$ を用いて，$x = \dfrac{a}{\cos\theta}$ と $y = b\tan\theta$ から θ を消去して，x と y の関係式を導く。

証明

$x = \dfrac{a}{\cos\theta}$ より　$\dfrac{1}{\cos\theta} = \dfrac{x}{a}$

$y = b\tan\theta$ より　$\tan\theta = \dfrac{y}{b}$

ここで，$1 + \tan^2\theta = \dfrac{1}{\cos^2\theta}$ であるから

$$1 + \left(\frac{y}{b}\right)^2 = \left(\frac{x}{a}\right)^2$$

すなわち　$\dfrac{x^2}{a^2} - \dfrac{y^2}{b^2} = 1$

よって，θ が実数全体$\left(ただし，\theta \neq \dfrac{\pi}{2} + n\pi，n は整数\right)$を動くとき，

点 $\mathrm{P}(x,\ y)$ は

双曲線 $\dfrac{x^2}{a^2} - \dfrac{y^2}{b^2} = 1$

上を動く。

（$\theta = \dfrac{\pi}{2} + n\pi$ のときは $\dfrac{1}{\cos\theta}$ と $\tan\theta$ は定義できない。）

したがって，媒介変数表示 $\begin{cases} x = \dfrac{a}{\cos\theta} \\ y = b\tan\theta \end{cases}$ は双曲線 $\dfrac{x^2}{a^2} - \dfrac{y^2}{b^2} = 1$ を表す。

曲線の媒介変数表示 ……… 解き方のポイント

- **媒介変数表示 $\begin{cases} x = t \\ y = t^2 \end{cases}$ は，放物線 $y = x^2$ を表す。**
- **媒介変数表示 $\begin{cases} x = a\cos\theta \\ y = a\sin\theta \end{cases}$ は，円 $x^2 + y^2 = a^2$ を表す。**
- **媒介変数表示 $\begin{cases} x = a\cos\theta \\ y = b\sin\theta \end{cases}$ は，楕円 $\dfrac{x^2}{a^2} + \dfrac{y^2}{b^2} = 1$ を表す。**
- **媒介変数表示 $\begin{cases} x = \dfrac{a}{\cos\theta} \\ y = b\tan\theta \end{cases}$ は，双曲線 $\dfrac{x^2}{a^2} - \dfrac{y^2}{b^2} = 1$ を表す。**

教 p.101

問 5　放物線 $y=-x^2+2tx+1$ の頂点Pは，t の値が変化するとき，どのような曲線上を動くか。

考え方　頂点Pの座標を $(X,\ Y)$ とおき，X，Y を t の式で表す。これらから t を消去し，X と Y の関係式を導く。

解　答　頂点Pの座標を $(X,\ Y)$ とすると

$$y=-x^2+2tx+1=-(x^2-2tx)+1=-(x-t)^2+t^2+1$$

より　　$X=t,\ Y=t^2+1$

これらから t を消去すると　$Y=X^2+1$

よって，頂点Pは，**放物線 $y=x^2+1$** 上を動く。

教 p.101

問 6　次の媒介変数表示は，どのような曲線を表すか。

(1) $\begin{cases} x=3\cos\theta+2 \\ y=3\sin\theta-3 \end{cases}$　　(2) $\begin{cases} x=3\cos\theta-2 \\ y=5\sin\theta+2 \end{cases}$

考え方　それぞれ $\sin^2\theta+\cos^2\theta=1$ を用いて，θ を消去し，x と y の関係式を導く。

解　答　(1)　$\cos\theta=\dfrac{x-2}{3}$，$\sin\theta=\dfrac{y+3}{3}$

である。これらを $\sin^2\theta+\cos^2\theta=1$ に代入すると

$$\left(\frac{y+3}{3}\right)^2+\left(\frac{x-2}{3}\right)^2=1$$

$$(x-2)^2+(y+3)^2=9$$

よって，**中心 $(2,\ -3)$，半径 3 の円** を表す。

（円 $x^2+y^2=9$ を，x 軸方向に 2，y 軸方向に -3 だけ平行移動した円を表すとしてもよい。）

(2)　$\cos\theta=\dfrac{x+2}{3}$，$\sin\theta=\dfrac{y-2}{5}$

である。これらを $\sin^2\theta+\cos^2\theta=1$ に代入すると

$$\left(\frac{y-2}{5}\right)^2+\left(\frac{x+2}{3}\right)^2=1$$

$$\frac{(x+2)^2}{9}+\frac{(y-2)^2}{25}=1$$

よって，**楕円 $\dfrac{x^2}{9}+\dfrac{y^2}{25}=1$ を x 軸方向に -2，y 軸方向に 2 だけ平行移動した楕円** を表す。

● 曲線の平行移動 解き方のポイント

曲線 $\begin{cases} x = f(t) \\ y = g(t) \end{cases}$ を x 軸方向に p，y 軸方向に q だけ平行移動した曲線の媒介変数表示は $\begin{cases} x = f(t) + p \\ y = g(t) + q \end{cases}$ である。

教 p.102

問7 中心 (4, 3)，半径 2 の円の媒介変数表示を求めよ。

考え方 原点を中心とする半径 2 の円の媒介変数表示を，x 軸方向に 4，y 軸方向に 3 だけ平行移動したときの媒介変数表示を求める。

解答 原点を中心とする半径 2 の円の媒介変数表示は

$$\begin{cases} x = 2\cos\theta \\ y = 2\sin\theta \end{cases}$$

である。求める媒介変数表示は，これを x 軸方向に 4，y 軸方向に 3 だけ平行移動したものであるから

$$\begin{cases} x = 2\cos\theta + 4 \\ y = 2\sin\theta + 3 \end{cases}$$

参考 定点を通る直線による円の媒介変数表示 教 p.103

● t を媒介変数とする円 $x^2+y^2=1$ の媒介変数表示 解き方のポイント

右の図で示した t を媒介変数とする円 $x^2+y^2=1$ の媒介変数表示は

$$\begin{cases} x = \dfrac{1-t^2}{1+t^2} \\ y = \dfrac{2t}{1+t^2} \end{cases}$$

ただし，$x \neq -1$ であるから，点 A$(-1, 0)$ を除く。

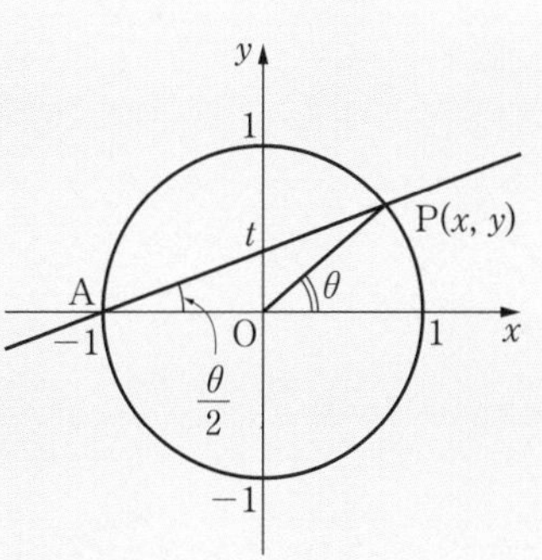

同様に θ を媒介変数とする円 $x^2+y^2=1$ の媒介変数表示は

$$\begin{cases} x = \cos\theta \\ y = \sin\theta \end{cases}$$

上の 2 つの媒介変数 t，θ の間には，次のような関係があることが分かる。

$$t = \tan\frac{\theta}{2}, \qquad \cos\theta = \frac{1-t^2}{1+t^2}, \qquad \sin\theta = \frac{2t}{1+t^2}$$

2 極座標と極方程式

用語のまとめ

極座標

- 平面上に点Oと半直線OXを定めると，平面上の点Pを，Oからの距離 r とOXを始線とする動径OPの表す角 θ で定めることができる。このとき，$(r,\ \theta)$ を点Pの **極座標** といい，点Oを **極**，θ を **偏角**，r をOPの **長さ** または **大きさ** という。

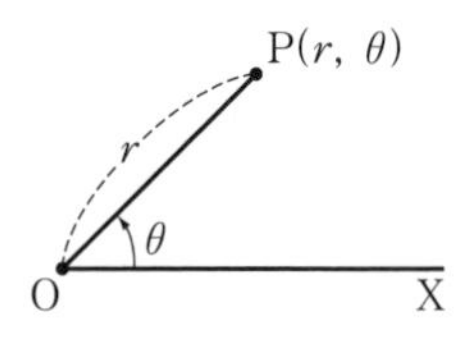

- 極座標に対して，これまで用いた $(x,\ y)$ で表された座標を **直交座標** という。

極方程式

- 平面上の曲線が，極座標 $(r,\ \theta)$ を用いた式

$$r=f(\theta) \quad \text{または} \quad F(r,\ \theta)=0$$

で表されるとき，この式をその曲線の **極方程式** という。

教 p.104

問8 教科書104ページの図で，次の極座標で表される点をそれぞれ図示せよ。

$\mathrm{A}\left(3,\ \dfrac{\pi}{6}\right)$,　$\mathrm{B}\left(2,\ \dfrac{3}{2}\pi\right)$,　$\mathrm{C}(1,\ \pi)$,　$\mathrm{D}\left(4,\ -\dfrac{\pi}{4}\right)$

考え方 極座標が $(r,\ \theta)$ で表される点Pは，OPの長さが r，OXからOPへ測った角が θ となる点である。

解 答

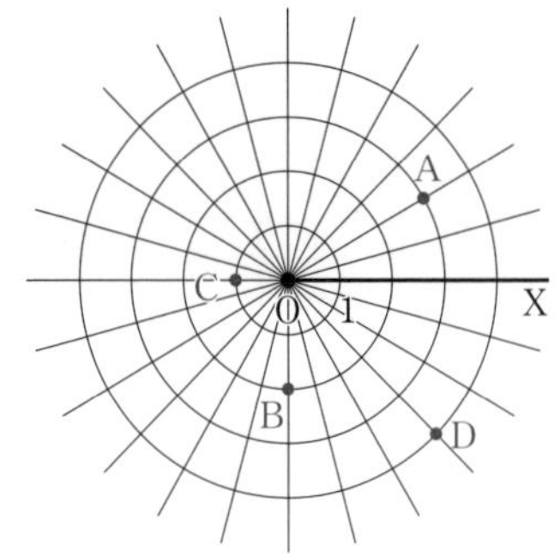

直交座標と極座標 (1)　解き方のポイント

直交座標の原点Oを極，x軸の正の部分を始線OXとする極座標をとると

$$x = r\cos\theta,\quad y = r\sin\theta$$

が成り立つ。$r=0$ のとき，極座標 $(0,\ \theta)$ は原点を表す。$r>0$ のとき，$0 \leqq \theta < 2\pi$ とすると，θ はただ1通りに定まる。

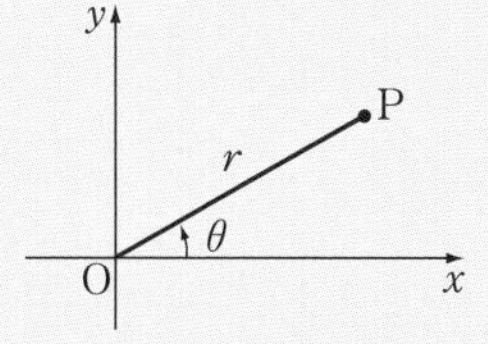

教 p.105

問9　次の極座標で表される点の直交座標 $(x,\ y)$ を求めよ。

$\mathrm{A}\left(3,\ \dfrac{\pi}{6}\right)$,　$\mathrm{B}\left(2,\ \dfrac{\pi}{2}\right)$,　$\mathrm{C}(1,\ \pi)$,　$\mathrm{D}\left(4,\ -\dfrac{\pi}{4}\right)$

考え方　極座標が $(r,\ \theta)$ である点の直交座標を $(x,\ y)$ とすると，$x = r\cos\theta$，$y = r\sin\theta$ が成り立つ。

解答　$\mathrm{A}\left(3,\ \dfrac{\pi}{6}\right)$ で，$x = 3\cos\dfrac{\pi}{6} = \dfrac{3\sqrt{3}}{2}$，$y = 3\sin\dfrac{\pi}{6} = \dfrac{3}{2}$ より

$\mathbf{A}\left(\dfrac{3\sqrt{3}}{2},\ \dfrac{3}{2}\right)$

$\mathrm{B}\left(2,\ \dfrac{\pi}{2}\right)$ で，$x = 2\cos\dfrac{\pi}{2} = 0$，$y = 2\sin\dfrac{\pi}{2} = 2$ より　$\mathbf{B}(0,\ 2)$

$\mathrm{C}(1,\ \pi)$ で，$x = 1\cdot\cos\pi = -1$，$y = 1\cdot\sin\pi = 0$ より　$\mathbf{C}(-1,\ 0)$

$\mathrm{D}\left(4,\ -\dfrac{\pi}{4}\right)$ で，$x = 4\cos\left(-\dfrac{\pi}{4}\right) = 2\sqrt{2}$，$y = 4\sin\left(-\dfrac{\pi}{4}\right) = -2\sqrt{2}$ より

$\mathbf{D}(2\sqrt{2},\ -2\sqrt{2})$

直交座標と極座標 (2)　解き方のポイント

点Pの直交座標を $(x,\ y)$，極座標を $(r,\ \theta)$ とすると，これらの間には

$$\sin\theta = \frac{y}{r},\quad \cos\theta = \frac{x}{r},\quad \tan\theta = \frac{y}{x},\quad r = \sqrt{x^2+y^2}$$

という関係がある。

教 p.105

問10　次の直交座標で表される点の極座標 $(r,\ \theta)$ を求めよ。ただし，$0 \leqq \theta < 2\pi$ とする。

(1)　$(1,\ 1)$　　(2)　$(0,\ -2)$　　(3)　$(\sqrt{3},\ -1)$

2章　平面上の曲線

解 答 (1) $r=\sqrt{1^2+1^2}=\sqrt{2}$ であるから

$$\cos\theta=\frac{1}{\sqrt{2}},\ \sin\theta=\frac{1}{\sqrt{2}}$$

$0 \leqq \theta < 2\pi$ で考えると　$\theta=\frac{\pi}{4}$

よって，極座標は　$\left(\sqrt{2},\ \frac{\pi}{4}\right)$

(2) $r=\sqrt{0^2+(-2)^2}=2$ であるから

$$\cos\theta=\frac{0}{2}=0,\ \sin\theta=\frac{-2}{2}=-1$$

$0 \leqq \theta < 2\pi$ で考えると　$\theta=\frac{3}{2}\pi$

よって，極座標は　$\left(2,\ \frac{3}{2}\pi\right)$

(3) $r=\sqrt{(\sqrt{3})^2+(-1)^2}=2$ であるから

$$\cos\theta=\frac{\sqrt{3}}{2},\ \sin\theta=\frac{-1}{2}=-\frac{1}{2}$$

$0 \leqq \theta < 2\pi$ で考えると　$\theta=\frac{11}{6}\pi$

よって，極座標は　$\left(2,\ \frac{11}{6}\pi\right)$

教 p.106

問 11　次の極方程式は，どのような図形を表すか。

(1)　$r=5$　　　(2)　$\theta=\frac{\pi}{3}$

考え方 (1)

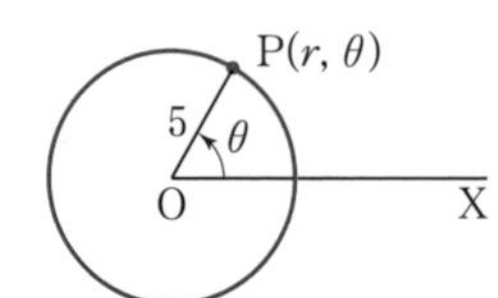

(2)

P$(r,\ \theta)$　$\frac{\pi}{3}$　$\frac{4}{3}\pi$　O　X

解 答 (1) 点 P$(r,\ \theta)$ が極方程式 $r=5$ を満たすとき，動径 OP の長さ r は 5 で一定で，偏角 θ は任意である。

よって，極方程式 $r=5$ で表される図形は

極 O を中心とする半径 5 の円 である。

(2) 点 P$(r,\ \theta)$ が極方程式 $\theta=\frac{\pi}{3}$ を満たすとき，始線と動径 OP のなす角は $\frac{\pi}{3}$ で一定である。

よって，極方程式 $\theta=\frac{\pi}{3}$ で表される図形は

極 O を通り，始線となす角が $\frac{\pi}{3}$ の直線 である。

教 p.107

問 12 極方程式 $r=\frac{2}{\sin\theta}$ はどのような図形を表すか。

考え方 $r\sin\theta=y$ が成り立つことを用いて，与えられた極方程式を直交座標に関する方程式で表す。

解 答 極方程式 $r=\frac{2}{\sin\theta}$ は

$$r\sin\theta=2$$

すなわち，$y=2$ と変形されるから，**直線 $y=2$** を表す。

教 p.107

問 13 極方程式 $r=6\sin\theta$ が円を表すことを示せ。

考え方 $r^2=x^2+y^2$，$r\sin\theta=y$ が成り立つことを用いて，与えられた極方程式を直交座標に関する方程式で表す。

証 明 極方程式 $r=6\sin\theta$ の両辺に r を掛けて

$$r^2=6r\sin\theta$$

$r^2=x^2+y^2$，$r\sin\theta=y$ より　$x^2+y^2=6y$

すなわち　$x^2+(y-3)^2=9$

したがって，極方程式 $r=6\sin\theta$ は，中心 $(0,\ 3)$，半径 3 の円を表す。

教 p.107

問 14 極座標が $\left(4,\ \frac{3}{4}\pi\right)$ である点 A を通り，線分 OA に垂直な直線 l の極方程式を求めよ。

考え方 直線 l 上の点を $\mathrm{P}(r,\ \theta)$ とし，極 O，点 A，点 P を頂点とする三角形の辺の長さの関係を r と θ の関係式で表す。

解 答 直線 l 上の点 $\mathrm{P}(r,\ \theta)$ について

$$\mathrm{OA}=\mathrm{OP}\cos\angle\mathrm{AOP}$$

$$=r\cos\left(\theta-\frac{3}{4}\pi\right)$$

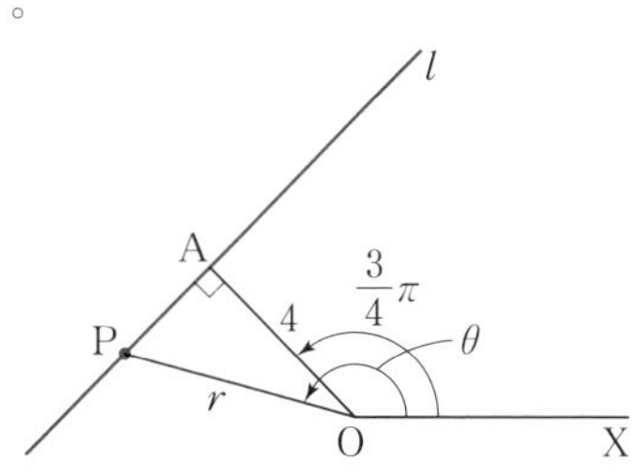

OA = 4 であるから，求める極方程式は　$r\cos\left(\theta-\frac{3}{4}\pi\right)=4$

2章 平面上の曲線

・極 O を通り，始線となす角が α の直線の極方程式は　$\theta = \alpha$

・点 A $(p,\ \alpha)$ を通り，OA に垂直な直線の極方程式は　$r\cos(\theta - \alpha) = p$

・極 O を中心とする半径 a の円の極方程式は　$r = a$

・中心 $(a,\ 0)$，半径 a の円の極方程式は　$r = 2a\cos\theta$

● 2 次曲線の極方程式　解き方のポイント

直交座標を用いて表された 2 次曲線は，次の手順により極方程式で表すことができる。

[1]　曲線上の点の座標を $(x,\ y)$ とおく。

[2]　$x = r\cos\theta,\ y = r\sin\theta$ を曲線の式に代入して，$r,\ \theta$ が満たす等式をつくる。

教 p.108

問 15　次の直交座標を用いて表された曲線を，極方程式で表せ。

(1)　$x^2 + y^2 = 4$　　(2)　$x^2 - 3y^2 = -1$

考え方　$x = r\cos\theta,\ y = r\sin\theta$ が成り立つことを用いて，r と θ の関係式で表す。

解　答　(1)　円上の点 $(x,\ y)$ を極座標 $(r,\ \theta)$ を用いて表すと

$$x = r\cos\theta,\quad y = r\sin\theta$$

これを $x^2 + y^2 = 4$ に代入すると

$$(r\cos\theta)^2 + (r\sin\theta)^2 = 4$$

整理すると

$$r^2(\sin^2\theta + \cos^2\theta) = 4$$

$\sin^2\theta + \cos^2\theta = 1$ であるから　　$r^2 = 4$

したがって，求める極方程式は

$$r = 2$$

(2)　双曲線上の点 $(x,\ y)$ を極座標 $(r,\ \theta)$ を用いて表すと

$$x = r\cos\theta,\quad y = r\sin\theta$$

これを $x^2 - 3y^2 = -1$ に代入すると

$$(r\cos\theta)^2 - 3(r\sin\theta)^2 = -1$$

整理すると

$$r^2(3\sin^2\theta - \cos^2\theta) = 1$$

$\sin^2\theta = 1 - \cos^2\theta$ であるから

$$r^2\{3(1 - \cos^2\theta) - \cos^2\theta\} = 1$$

$$r^2(3 - 4\cos^2\theta) = 1$$

したがって，求める極方程式は

$$r^2(3 - 4\cos^2\theta) = 1$$

教 p.108

問 16 次の直交座標を用いて表された曲線を，極方程式で表せ。

(1) $(x+2)^2+y^2=4$ (2) $y^2=3x$

考え方 $x=r\cos\theta$，$y=r\sin\theta$ が成り立つことを用いて，r と θ の関係式で表す。

解 答 (1) 円上の点 $(x,\ y)$ を極座標 $(r,\ \theta)$ を用いて表すと

$$x=r\cos\theta,\quad y=r\sin\theta$$

これを $(x+2)^2+y^2=4$ に代入すると

$$(r\cos\theta+2)^2+(r\sin\theta)^2=4$$

$$r^2\cos^2\theta+4r\cos\theta+4+r^2\sin^2\theta=4$$

$$r^2(\sin^2\theta+\cos^2\theta)+4r\cos\theta=0$$

$$r^2+4r\cos\theta=0$$

$$r(r+4\cos\theta)=0$$

よって　$r=0,\ r=-4\cos\theta$

$r=0$ は $r=-4\cos\theta$ に含まれるから，求める極方程式は

$$r=-4\cos\theta$$

(2) 放物線上の点 $(x,\ y)$ を極座標 $(r,\ \theta)$ を用いて表すと

$$x=r\cos\theta,\quad y=r\sin\theta$$

これを $y^2=3x$ に代入すると

$$(r\sin\theta)^2=3r\cos\theta$$

$$r^2\sin^2\theta-3r\cos\theta=0$$

$$r(r\sin^2\theta-3\cos\theta)=0$$

ここで，$\sin\theta=0$ のとき，$r\sin^2\theta-3\cos\theta=0$ は成り立たないから

$\sin\theta\neq0$　　すなわち　　$\sin^2\theta\neq0$

よって　$r=0,\ r=\dfrac{3\cos\theta}{\sin^2\theta}$

$r=0$ は $r=\dfrac{3\cos\theta}{\sin^2\theta}$ に含まれるから，求める極方程式は

$$r=\frac{3\cos\theta}{\sin^2\theta}$$

離心率と極方程式 …… 解き方のポイント

離心率 e，原点 O を 1 つの焦点，直線 $x=-d$ を準線とする 2 次曲線の極方程式は

$$r=\frac{ed}{1-e\cos\theta}$$

教 p.109

問 17 教科書 109 ページの ② において e，d が次の値のとき，どのような 2 次曲線になるか。

(1) $e=\dfrac{1}{2}$，$d=1$　　(2) $e=1$，$d=4$

考え方 $r^2=x^2+y^2$，$r\cos\theta=x$ が成り立つことを用いて，x と y の関係式で表す。

解答 (1) $e=\dfrac{1}{2}$，$d=1$ を極方程式 $r=\dfrac{ed}{1-e\cos\theta}$ に代入すると

$$r=\frac{\frac{1}{2}}{1-\frac{1}{2}\cos\theta}$$

すなわち　$r=\dfrac{1}{2-\cos\theta}$　…… ①

分母をはらって整理すると

$$2r=r\cos\theta+1$$

両辺を 2 乗して

$$4r^2=(r\cos\theta+1)^2$$

ここで，$r^2=x^2+y^2$，$r\cos\theta=x$

より

$$4(x^2+y^2)=(x+1)^2$$

よって　$\dfrac{9}{4}\left(x-\dfrac{1}{3}\right)^2+3y^2=1$　※

したがって，極方程式 ① は

楕円 $\dfrac{9}{4}\left(x-\dfrac{1}{3}\right)^2+3y^2=1$ を表すことが分かる。

※ $4(x^2+y^2)=(x+1)^2$

$4x^2+4y^2=x^2+2x+1$

$3x^2-2x+4y^2=1$

$3\left(x^2-\dfrac{2}{3}x\right)+4y^2=1$

$3\left(x-\dfrac{1}{3}\right)^2+4y^2=\dfrac{4}{3}$

$\dfrac{9}{4}\left(x-\dfrac{1}{3}\right)^2+3y^2=1$

(2) $e=1$，$d=4$ を極方程式 $r=\dfrac{ed}{1-e\cos\theta}$ に代入すると

$r=\dfrac{4}{1-\cos\theta}$　…… ①

分母をはらって整理すると

$$r=r\cos\theta+4$$

両辺を 2 乗して

$$r^2=(r\cos\theta+4)^2$$

ここで，$r^2=x^2+y^2$，$r\cos\theta=x$ より

$$x^2+y^2=(x+4)^2$$

よって　$y^2=8(x+2)$　※※

したがって，極方程式 ① は

放物線 $y^2=8(x+2)$ を表すことが分かる。

※※

$x^2+y^2=(x+4)^2$

$x^2+y^2=x^2+8x+16$

$y^2=8x+16$

$y^2=8(x+2)$

3 いろいろな曲線

用語のまとめ

リサージュ曲線

$m=2,\ n=3$ の場合

● m, n を自然数とするとき，媒介変数表示

$$\begin{cases} x=\sin m\theta \\ y=\sin n\theta \end{cases}$$

で表される曲線を **リサージュ曲線** という。

● 右の図は，$m=2$, $n=3$ の場合のリサージュ曲線をかいたものである。

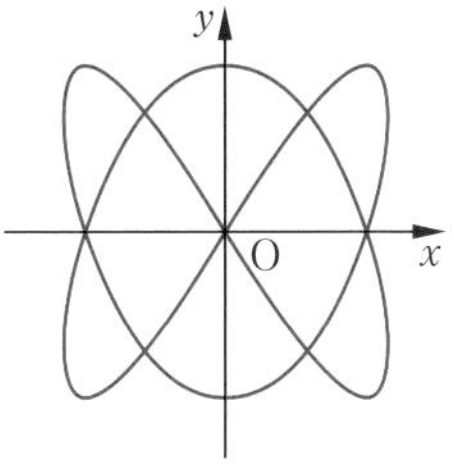

アステロイド

$a=1$ の場合

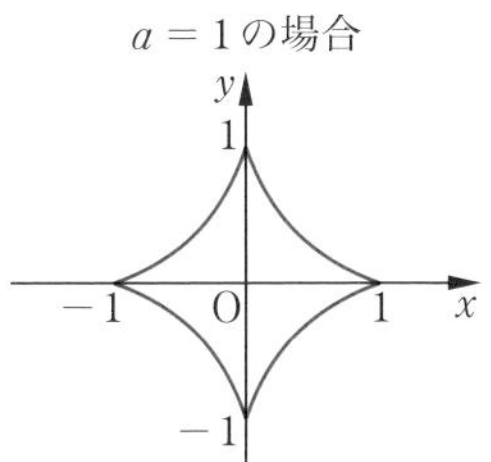

● a を正の定数とするとき，媒介変数表示

$$\begin{cases} x=a\cos^3\theta \\ y=a\sin^3\theta \end{cases}$$

で表される曲線を **アステロイド** という。

● 右の図は，$a=1$ の場合のアステロイドをかいたものである。

アルキメデスの渦巻線

$a=1$ の場合

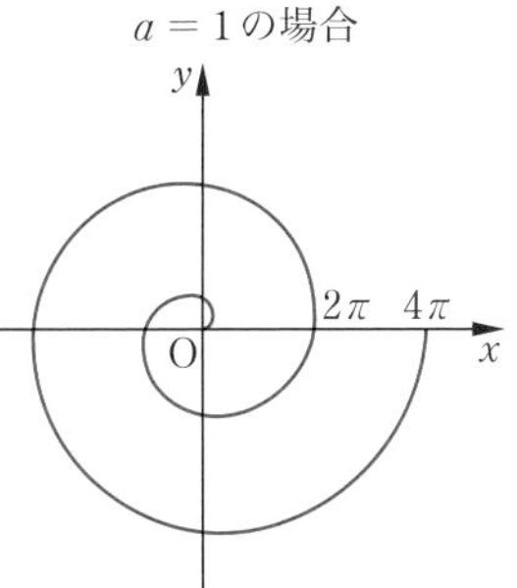

● a を正の定数とするとき，極方程式

$$r=a\theta \quad (\theta \geqq 0)$$

で表される曲線を **アルキメデスの渦巻線** という。

● 右の図は，$a=1$ の場合のアルキメデスの渦巻線を，$0 \leqq \theta \leqq 4\pi$ の範囲でかいたものである。

正葉曲線

$n=2$ の場合

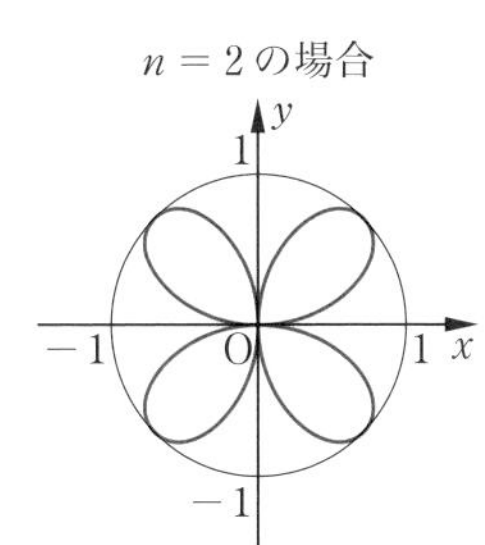

● n を自然数とするとき，極方程式

$$r=\sin n\theta$$

で表される曲線を **正葉曲線** という。

● 右の図は，$n=2$ の場合の正葉曲線をかいたものである。

カージオイド

- a を正の定数とするとき，極方程式
  $r=a(1+\cos\theta)$
  で表される曲線を **カージオイド**，または **心臓形** という。
- 右の図は，$a=2$ の場合のカージオイドをかいたものである。

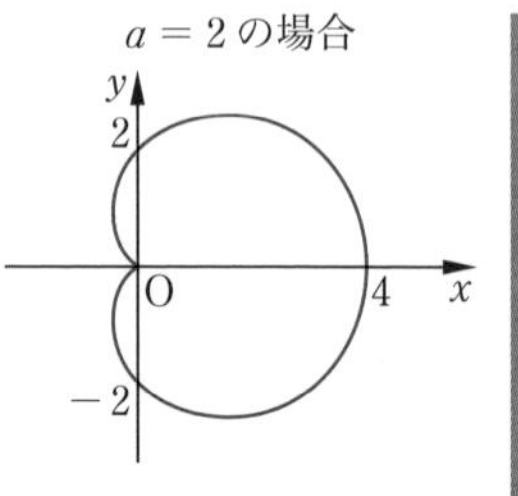

問　題　教 p.112

8 媒介変数表示 $\begin{cases} x=pt^2 \\ y=2pt \end{cases}$ は，放物線 $y^2=4px$ を表すことを示せ。

考え方 $x=pt^2$ と $y=2pt$ から t を消去して，x と y の関係式を導く。

証明 $\begin{cases} x=pt^2 & \cdots\cdots ① \\ y=2pt & \cdots\cdots ② \end{cases}$

とおく。

② より　$t=\dfrac{y}{2p}$

これを ① に代入して　　$x=p\left(\dfrac{y}{2p}\right)^2=\dfrac{y^2}{4p}$

すなわち　　$y^2=4px$

よって，t が実数全体を動くとき，点 $(x,\ y)$ は放物線 $y^2=4px$ 上を動く。

したがって，媒介変数表示 $\begin{cases} x=pt^2 \\ y=2pt \end{cases}$ は，放物線 $y^2=4px$ を表す。

9 次の媒介変数表示は，どのような曲線を表すか。

(1) $\begin{cases} x=2\cos\theta+2 \\ y=1-\sin\theta \end{cases}$　　(2) $\begin{cases} x=\dfrac{1}{\cos\theta}+1 \\ y=\tan\theta-3 \end{cases}$

考え方 (1) $\sin^2\theta+\cos^2\theta=1$ を用いて，θ を消去し，x と y の関係式を導く。

(2) $1+\tan^2\theta=\dfrac{1}{\cos^2\theta}$ を用いて，θ を消去し，x と y の関係式を導く。

解答 (1) $\begin{cases} x=2\cos\theta+2 \\ y=1-\sin\theta \end{cases}$　　$\cdots\cdots ①$

① より

$\cos\theta=\dfrac{x-2}{2}$，$\sin\theta=1-y$

ここで，$\sin^2\theta+\cos^2\theta=1$ であるから

$$(1-y)^2+\left(\frac{x-2}{2}\right)^2=1$$

よって，θ が実数全体を動くとき，点$(x,\ y)$は

楕円 $\dfrac{(x-2)^2}{4}+(y-1)^2=1$ ……②

上を動く。したがって，① は楕円 ② を表す。

(2) $\begin{cases} x=\dfrac{1}{\cos\theta}+1 \\ y=\tan\theta-3 \end{cases}$ ……①

① より

$$\frac{1}{\cos\theta}=x-1,\quad \tan\theta=y+3$$

ここで，$1+\tan^2\theta=\dfrac{1}{\cos^2\theta}$ であるから

$$1+(y+3)^2=(x-1)^2$$

よって，θ が実数全体$\left(\text{ただし，}\theta\neq\dfrac{\pi}{2}+n\pi,\ n\text{は整数}\right)$を動くとき，

点$(x,\ y)$は

双曲線 $(x-1)^2-(y+3)^2=1$ ……②

上を動く。したがって，① は双曲線 ② を表す。

10 次の媒介変数表示について，x と y の関係式を求め，どのような曲線を表すか答えよ。

(1) $\begin{cases} x=\sqrt{t} \\ y=-t+1 \end{cases}$　　(2) $\begin{cases} x=\cos\theta \\ y=\sin^2\theta \end{cases}$

考え方 x，y のとり得る値の範囲に注意する。

(1) $\sqrt{t}\geqq 0$ より　$x\geqq 0$

(2) $-1\leqq\cos\theta\leqq 1$ より　$-1\leqq x\leqq 1$

解 答 (1) $\begin{cases} x=\sqrt{t} \\ y=-t+1 \end{cases}$ ……①

$x=\sqrt{t}$ より　$x^2=t$ ……②

② を $y=-t+1$ に代入すると

$$y=-x^2+1$$

ここで，$\sqrt{t}\geqq 0$ より　$x\geqq 0$

したがって，① は **放物線 $y=-x^2+1$ の $x\geqq 0$ の部分** を表す。

(2) $\begin{cases} x = \cos\theta \\ y = \sin^2\theta \end{cases}$ ……①

$y = \sin^2\theta$ より

$y = \sin^2\theta = 1 - \cos^2\theta = 1 - x^2$

ここで，$-1 \leqq \cos\theta \leqq 1$ より　$-1 \leqq x \leqq 1$

したがって，① は **放物線 $y = -x^2 + 1$ の $-1 \leqq x \leqq 1$ の部分** を表す。

11 次の極方程式を直交座標に関する方程式で表し，どのような曲線を表すか答えよ。

(1) $r = \dfrac{-2}{\sin\theta}$　　(2) $r = \dfrac{\sin\theta}{\cos^2\theta}$

(3) $r = 2(\sin\theta - \cos\theta)$　　(4) $r = \dfrac{2}{1 - \sqrt{2}\cos\theta}$

考え方 $r^2 = x^2 + y^2$，$r\cos\theta = x$，$r\sin\theta = y$ が成り立つことを用いて，x と y の関係式を導く。

解答 (1) 極方程式 $r = \dfrac{-2}{\sin\theta}$ は　$r\sin\theta = -2$

すなわち，$y = -2$ と変形される。

したがって，**直線 $y = -2$** を表す。

(2) 極方程式 $r = \dfrac{\sin\theta}{\cos^2\theta}$ は　$r\cos^2\theta = \sin\theta$

と変形される。

両辺に r を掛けて　$r^2\cos^2\theta = r\sin\theta$

$r\cos\theta = x$，$r\sin\theta = y$ より　$x^2 = y$

したがって，**放物線 $y = x^2$** を表す。

(3) 極方程式 $r = 2(\sin\theta - \cos\theta)$ の両辺に r を掛けて

$r^2 = 2r\sin\theta - 2r\cos\theta$

$r^2 = x^2 + y^2$，$r\cos\theta = x$，$r\sin\theta = y$ より　$x^2 + y^2 = 2y - 2x$

したがって，**円 $(x+1)^2 + (y-1)^2 = 2$** を表す。

(4) 極方程式 $r = \dfrac{2}{1 - \sqrt{2}\cos\theta}$ の分母をはらって整理すると

$r = \sqrt{2}\,r\cos\theta + 2$

両辺を 2 乗して　$r^2 = (\sqrt{2}\,r\cos\theta + 2)^2$

$r^2 = x^2 + y^2$，$r\cos\theta = x$ より　$x^2 + y^2 = (\sqrt{2}\,x + 2)^2$

$x^2 + y^2 = 2x^2 + 4\sqrt{2}\,x + 4$

$x^2 + 4\sqrt{2}\,x - y^2 = -4$

したがって，**双曲線 $(x + 2\sqrt{2})^2 - y^2 = 4$** を表す。

12 次の直交座標を用いて表された直線や曲線を，極方程式で表せ。

(1) $2x-3y=5$　　(2) $x^2+(y-3)^2=9$

(3) $x^2=2y$

考え方 $x^2+y^2=r^2$，$x=r\cos\theta$，$y=r\sin\theta$ が成り立つことを用いて，r と θ の関係式を導く。

解 答 (1) 直線 $2x-3y=5$ 上の点 $(x,\ y)$ を極座標 $(r,\ \theta)$ を用いて表すと

$$x=r\cos\theta,\quad y=r\sin\theta$$

これを $2x-3y=5$ に代入すると

$$2r\cos\theta-3r\sin\theta=5$$

$$r(2\cos\theta-3\sin\theta)=5$$

したがって $2\cos\theta-3\sin\theta \neq 0$ であるから，求める極方程式は

$$r=\frac{5}{2\cos\theta-3\sin\theta}$$

(2) 円 $x^2+(y-3)^2=9$ 上の点 $(x,\ y)$ を極座標 $(r,\ \theta)$ を用いて表すと

$$x=r\cos\theta,\quad y=r\sin\theta$$

これを $x^2+(y-3)^2=9$ に代入すると

$$(r\cos\theta)^2+(r\sin\theta-3)^2=9$$

$$r^2\cos^2\theta+r^2\sin^2\theta-6r\sin\theta+9=9$$

$$r^2-6r\sin\theta=0$$

$$r(r-6\sin\theta)=0$$

よって　　$r=0$，$r=6\sin\theta$

$r=0$ は $r=6\sin\theta$ に含まれるから，求める極方程式は

$$r=6\sin\theta$$

(3) 放物線 $x^2=2y$ 上の点 $(x,\ y)$ を極座標 $(r,\ \theta)$ を用いて表すと

$$x=r\cos\theta,\quad y=r\sin\theta$$

これを $x^2=2y$ に代入すると

$$(r\cos\theta)^2=2r\sin\theta$$

$$r(r\cos^2\theta-2\sin\theta)=0$$

ここで，$\cos\theta=0$ のとき，$r\cos^2\theta-2\sin\theta=0$ は成り立たない。

よって，$\cos\theta \neq 0$，すなわち $\cos^2\theta \neq 0$ であるから

$$r=0,\quad r=\frac{2\sin\theta}{\cos^2\theta}$$

$r=0$ は $r=\dfrac{2\sin\theta}{\cos^2\theta}$ に含まれるから，求める極方程式は

$$r=\frac{2\sin\theta}{\cos^2\theta}$$

13 次の極座標で表された 2 点間の距離を求めよ。

(1) $\mathrm{P}\left(4,\ \dfrac{\pi}{4}\right)$, $\mathrm{Q}\left(8,\ \dfrac{7}{12}\pi\right)$　　(2) $\mathrm{P}\left(7,\ \dfrac{5}{6}\pi\right)$, $\mathrm{Q}\left(8,\ \dfrac{3}{2}\pi\right)$

考え方 極 O と 2 点 P, Q を頂点とする △POQ に余弦定理を用いる。

解答 (1)　$\angle\mathrm{POQ} = \dfrac{7}{12}\pi - \dfrac{\pi}{4} = \dfrac{4}{12}\pi = \dfrac{\pi}{3}$

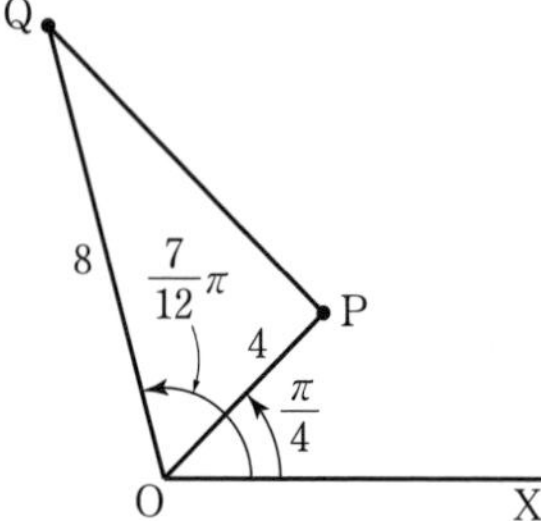

よって，△POQ において，余弦定理により

$$\mathrm{PQ}^2 = 4^2 + 8^2 - 2 \cdot 4 \cdot 8 \cdot \cos\frac{\pi}{3}$$

$$= 16 + 64 - 64 \cdot \frac{1}{2}$$

$$= 48$$

PQ > 0 であるから

$$\mathrm{PQ} = 4\sqrt{3}$$

(2)　$\angle\mathrm{POQ} = \dfrac{3}{2}\pi - \dfrac{5}{6}\pi$

$$= \frac{4}{6}\pi = \frac{2}{3}\pi$$

よって，△POQ において，余弦定理により

$$\mathrm{PQ}^2 = 7^2 + 8^2 - 2 \cdot 7 \cdot 8 \cdot \cos\frac{2}{3}\pi$$

$$= 49 + 64 - 112 \cdot \left(-\frac{1}{2}\right)$$

$$= 169$$

PQ > 0 であるから

$$\mathrm{PQ} = 13$$

14 中心 C の極座標が $(a,\ \alpha)$ で，極 O を通る円の極方程式を求めよ。

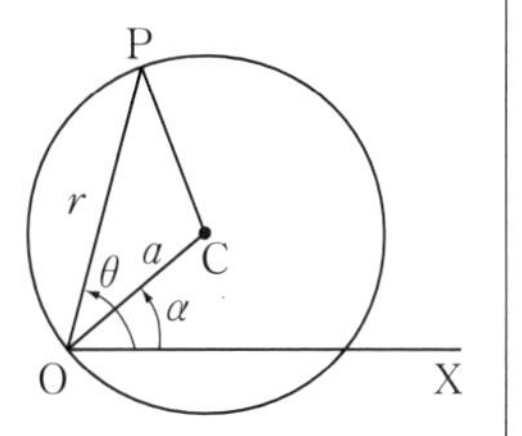

考え方 △OCP に余弦定理を用いて，r と θ の関係式を導く。または，極 O を通る直径を考えて，r と θ の関係式を求める。

解答 円上の点 P の極座標を $(r,\ \theta)$ とする。

△OCP において，余弦定理により

$$\mathrm{CP}^2 = \mathrm{OP}^2 + \mathrm{OC}^2 - 2\cdot\mathrm{OP}\cdot\mathrm{OC}\cdot\cos\angle\mathrm{COP}$$

ここで，$\mathrm{OC} = \mathrm{CP} = a$，$\mathrm{OP} = r$，$\angle\mathrm{COP} = \theta - \alpha$ であるから

$$a^2 = r^2 + a^2 - 2ar\cos(\theta - \alpha)$$

$$r^2 - 2ar\cos(\theta - \alpha) = 0$$

$$r\{r - 2a\cos(\theta - \alpha)\} = 0$$

よって

$$r = 0,\quad r = 2a\cos(\theta - \alpha)$$

$r = 0$ は，$r = 2a\cos(\theta - \alpha)$ に含まれるから，求める極方程式は

$$r = 2a\cos(\theta - \alpha)$$

別解 直線 OC の延長と円 C との交点を A とすると，

△OAP は $\angle\mathrm{OPA} = \dfrac{\pi}{2}$ の直角三角形であるから

$$\mathrm{OP} = \mathrm{OA}\cos\angle\mathrm{AOP}$$

ここで

$$\mathrm{OA} = 2a,\quad \mathrm{OP} = r,\quad \angle\mathrm{AOP} = \theta - \alpha$$

であるから

$$r = 2a\cos(\theta - \alpha)$$

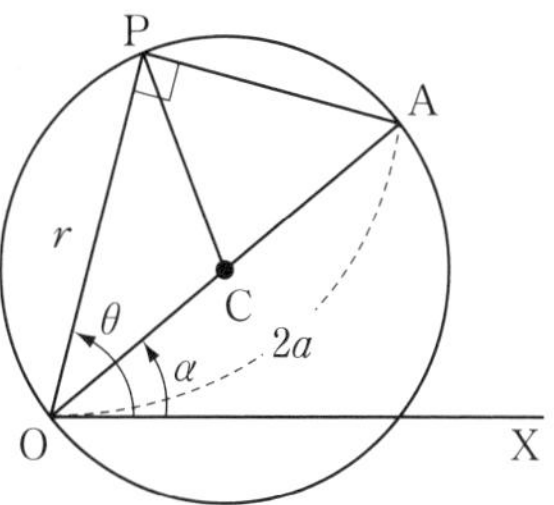

探究　円上の定点のえがく曲線　教 p.113

考察1　原点を中心とする定円Oに，点Cを中心とする円Cが内接しながら，滑ることなく回転する。円Oの半径を$4a$，円Cの半径をaとし，円C上の定点Pが，始めは点A$(4a,\ 0)$の位置にあるとする。また，動径OCの表す角をθとする。

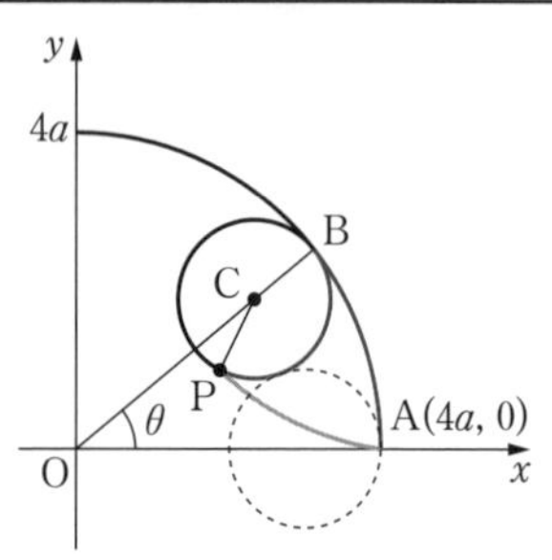

(1)　円Oと円Cの接点をBとし，$\angle$BCPをθを用いて表してみよう。

(2)　点Pの座標を$(x,\ y)$とする。ベクトルを用いると$\overrightarrow{\mathrm{OP}}=\overrightarrow{\mathrm{OC}}+\overrightarrow{\mathrm{CP}}$となることを利用して，$x$，$y$を$\theta$を用いて表してみよう。

考え方　(1)　円Cは，定円Oに内接しながら，滑ることなく回転するから

弧AB＝弧BP

となる。

半径r，中心角θの扇形の弧の長さlは

$$l=r\theta$$

で求めることができる。

解　答　(1)　$\angle\mathrm{BCP}=\theta'$とする。

弧AB＝弧BPであるから　　$4a\theta=a\theta'$

よって　　$\theta'=4\theta$

したがって　　$\angle\mathbf{BCP}=\mathbf{4\theta}$

(2)　　$\overrightarrow{\mathrm{OC}}=(3a\cos\theta,\ 3a\sin\theta)$

$\overrightarrow{\mathrm{CP}}$が$x$軸の正の向きとなす角は

$$\theta-\theta'=\theta-4\theta=-3\theta$$

であるから

$$\overrightarrow{\mathrm{CP}}$$
$$=(a\cos(-3\theta),\ a\sin(-3\theta))$$
$$=(a\cos 3\theta,\ -a\sin 3\theta)$$

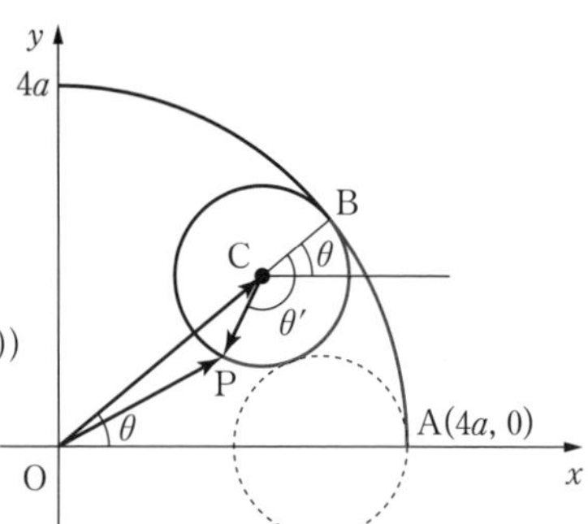

$\overrightarrow{\mathrm{OP}}=\overrightarrow{\mathrm{OC}}+\overrightarrow{\mathrm{CP}}$より

$$(x,\ y)=(3a\cos\theta,\ 3a\sin\theta)+(a\cos3\theta,\ -a\sin3\theta)$$
$$=(3a\cos\theta+a\cos3\theta,\ 3a\sin\theta-a\sin3\theta)$$

したがって

$$x=3a\cos\theta+a\cos3\theta,\quad y=3a\sin\theta-a\sin3\theta$$

考察 2 定円 O と円 C の半径がともに a で，かつ外接する場合，点 P のえがく曲線の媒介変数表示はどのようになるだろうか。

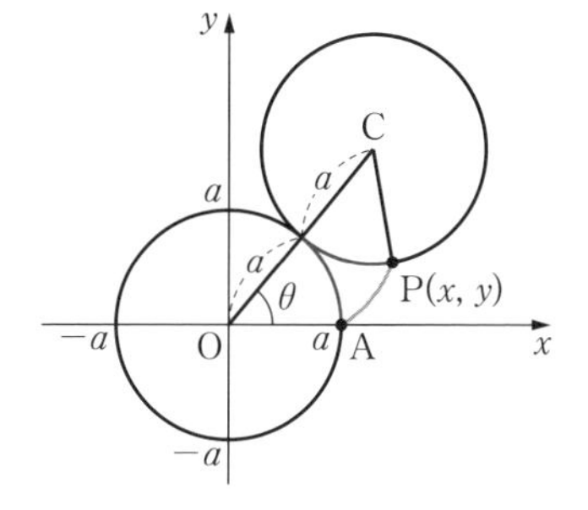

解答 点 $(a,\ 0)$ を A，円 O と円 C の外接する点を B とし，$\angle\mathrm{BCP}=\theta'$ とする。
弧 AB = 弧 BP であるから

$$\theta=\theta'$$

また

$$\overrightarrow{\mathrm{OC}}=(2a\cos\theta,\ 2a\sin\theta)$$

$\overrightarrow{\mathrm{CP}}$ が x 軸の正の向きとなす角は

$$\theta+\pi+\theta'$$

であるから

$$\theta+\pi+\theta'$$
$$=\theta+\pi+\theta$$
$$=\pi+2\theta$$

したがって

$$\overrightarrow{\mathrm{CP}}$$
$$=(a\cos(\pi+2\theta),\ a\sin(\pi+2\theta))$$
$$=(-a\cos2\theta,\ -a\sin2\theta)$$

P の座標を $(x,\ y)$ とすると，$\overrightarrow{\mathrm{OP}}=\overrightarrow{\mathrm{OC}}+\overrightarrow{\mathrm{CP}}$ であるから

$$(x,\ y)=(2a\cos\theta,\ 2a\sin\theta)+(-a\cos2\theta,\ -a\sin2\theta)$$
$$=(2a\cos\theta-a\cos2\theta,\ 2a\sin\theta-a\sin2\theta)$$

よって，求める点 P のえがく曲線の媒介変数表示は

$$\begin{cases}x=2a\cos\theta-a\cos2\theta\\ y=2a\sin\theta-a\sin2\theta\end{cases}$$

練　習　問　題　A

教 p.114

1 次の2次曲線の方程式を求め，その概形をかけ。

(1) 頂点 $(-1,\ 2)$，準線 $x=2$ の放物線

(2) 焦点が $(2,\ 4)$，$(2,\ -2)$，短軸の長さ8の楕円

(3) 焦点が $(1,\ 0)$，$(-5,\ 0)$ で点 $(3,\ 4)$ を通る双曲線

考え方 (1) 頂点が原点になるように平行移動した放物線の方程式を考える。

(2), (3) 2つの焦点を結ぶ線分の中点が中心になることを用いる。

解答 (1) この放物線を x 軸方向に1，y 軸方向に -2 だけ平行移動すると，頂点が原点，準線が直線 $x=3$ の放物線になるから，その方程式は

$$y^2=4\cdot(-3)x=-12x \quad \cdots\cdots ①$$

ゆえに，求める2次曲線の方程式は，①を x 軸方向に -1，y 軸方向に2だけ平行移動したものであるから

$$(y-2)^2=-12(x+1)$$

グラフの概形は右の図のようになる。

(2) 2つの焦点を結ぶ線分の中点が中心となる。

したがって，この楕円の中心の座標は

$$(2,\ 1)$$

y 軸に平行な直線上に焦点があるから，求める楕円の方程式を

$$\frac{(x-2)^2}{a^2}+\frac{(y-1)^2}{b^2}=1 \quad (b>a>0)$$

とおく。

短軸の長さが8であるから

$$2a=8 \quad すなわち \quad a=4$$

中心と焦点との距離が3であるから

$$\sqrt{b^2-a^2}=3$$

よって

$$b^2=a^2+9=4^2+9=25$$

ゆえに，求める方程式は

$$\frac{(x-2)^2}{16}+\frac{(y-1)^2}{25}=1$$

グラフの概形は右の図のようになる。

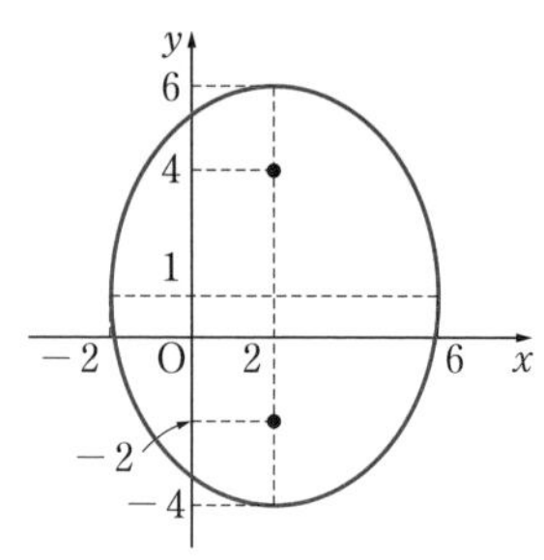

(3)　2つの焦点を結ぶ線分の中点が中心となるから，この双曲線の中心は$(-2,\ 0)$である。この双曲線をx軸方向に2だけ平行移動すると，焦点が$(3,\ 0)$，$(-3,\ 0)$で，x軸上にあるから，その方程式を

$$\frac{x^2}{a^2}-\frac{y^2}{b^2}=1\quad\cdots\cdots ①$$

とおく。

焦点のx座標が3であるから

$$\sqrt{a^2+b^2}=3\qquad \text{すなわち}\qquad a^2+b^2=9\quad\cdots\cdots ②$$

また，双曲線①は点$(3+2,\ 4)$　すなわち，点$(5,\ 4)$を通るから

$$\frac{5^2}{a^2}-\frac{4^2}{b^2}=1$$

両辺にa^2b^2を掛けると

$$25b^2-16a^2=a^2b^2\quad\cdots\cdots ③$$

②，③より，b^2を消去すると

$$25(9-a^2)-16a^2=a^2(9-a^2)$$
$$225-25a^2-16a^2=9a^2-a^4$$
$$a^4-50a^2+225=0$$
$$(a^2-5)(a^2-45)=0$$

②より，$b^2=9-a^2>0$であるから　　$a^2<9$

したがって

$$a^2=5$$

②に代入して

$$5+b^2=9\quad \text{より}\qquad b^2=4$$

よって，双曲線①の方程式は

$$\frac{x^2}{5}-\frac{y^2}{4}=1$$

求める双曲線の方程式は，この双曲線①をx軸方向に-2だけ平行移動したものであるから

$$\frac{(x+2)^2}{5}-\frac{y^2}{4}=1$$

グラフの概形は右の図のようになる。

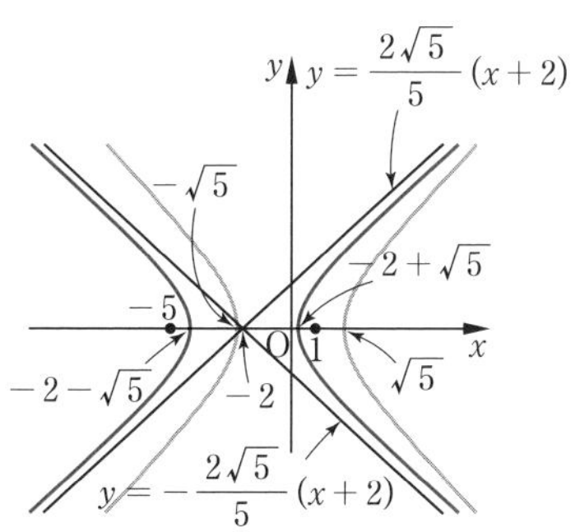

2　次の2次曲線の焦点を求めよ。

(1)　楕円　$9x^2-54x+25y^2+100y-44=0$

(2)　放物線　$y^2-2y+8x+9=0$

考え方 与えられた方程式を変形し，標準形で表される曲線をどれだけ平行移動したものか考え，焦点の座標も同じだけ移動する。

解答 (1) $9x^2-54x+25y^2+100y-44=0$ を変形すると

$$9(x^2-6x)+25(y^2+4y)=44$$

$$9(x-3)^2+25(y+2)^2=225$$

$$\frac{(x-3)^2}{25}+\frac{(y+2)^2}{9}=1$$

楕円 $\frac{x^2}{25}+\frac{y^2}{9}=1$ の焦点は $\sqrt{25-9}=4$ より $(4,\ 0)$，$(-4,\ 0)$ であるから，求める焦点は，これらの点を x 軸方向に 3，y 軸方向に -2 だけ移動した

$$(4+3,\ 0-2),\ (-4+3,\ 0-2)$$

すなわち　$(7,\ -2)$，$(-1,\ -2)$

(2) $y^2-2y+8x+9=0$ を変形すると

$$y^2-2y=-8x-9$$

$$(y-1)^2=-8x-8$$

$$(y-1)^2=-8(x+1)$$

放物線 $y^2=-8x$ の焦点は $y^2=4\cdot(-2)x$ より $(-2,\ 0)$ であるから，求める焦点は，この点を x 軸方向に -1，y 軸方向に 1 だけ移動した

$$(-2-1,\ 0+1)$$

すなわち　$(-3,\ 1)$

3 楕円 $\frac{x^2}{4}+y^2=1$ と直線 $y=\frac{1}{2}x+k$ が 2 つの共有点 P，Q をもつとき，線分 PQ の中点 R は，直線 $y=-\frac{1}{2}x$ 上の $-\sqrt{2}<x<\sqrt{2}$ の部分にあることを証明せよ。

考え方 楕円の式と直線の式を連立させて得られる 2 次方程式が異なる 2 つの実数解をもつことより，k の値の範囲をまず求める。点 R の座標を $(X,\ Y)$ とし，解と係数の関係を用いて，X，Y をそれぞれ k を用いて表し，k を消去して X と Y の関係式を導く。

証明

$$\frac{x^2}{4}+y^2=1 \quad \cdots\cdots ①,\quad y=\frac{1}{2}x+k \quad \cdots\cdots ②$$

とおく。

② を ① に代入すると　$\frac{x^2}{4}+\left(\frac{1}{2}x+k\right)^2=1$

$$\frac{1}{4}x^2+\frac{1}{4}x^2+kx+k^2=1$$

$$x^2+2kx+2(k^2-1)=0 \quad \cdots\cdots ③$$

2次方程式③の判別式をDとすると

$$\frac{D}{4}=k^2-2(k^2-1)=-k^2+2$$

楕円 ① と直線 ② が異なる2つの共有点をもつのは，2次方程式 ③ が異なる2つの実数解をもつとき，すなわち$D>0$のときである。

よって　$-k^2+2>0$

したがって　$-\sqrt{2}<k<\sqrt{2} \quad \cdots\cdots ④$

ここで，2点P，Qのx座標をそれぞれp，qとすると，2次方程式 ③ において，解と係数の関係より

$$p+q=-2k \quad \cdots\cdots ⑤$$

線分PQの中点Rの座標を$(X,\ Y)$とすると，⑤ より

$$X=\frac{p+q}{2}=\frac{-2k}{2}=-k \quad \cdots\cdots ⑥$$

また，② より

$$Y=\frac{1}{2}X+k=\frac{-k}{2}+k=\frac{1}{2}k \quad \cdots\cdots ⑦$$

⑥，⑦ より，kを消去して　$Y=-\frac{1}{2}X$

さらに，④，⑥ より　$-\sqrt{2}<-X<\sqrt{2}$

すなわち　$-\sqrt{2}<X<\sqrt{2}$

ゆえに，線分PQの中点Rは，直線$y=-\frac{1}{2}x$上の$-\sqrt{2}<x<\sqrt{2}$の部分にある。

4 円$x^2+y^2=1$上に，A$(1,\ 0)$，B$(-1,\ 0)$と異なる2点P$(s,\ t)$，Q$(s,\ -t)$をとるとき，2直線AP，BQの交点のえがく軌跡を求めよ。

考え方 直線AP，BQの方程式をs，tを用いて表し，それらを連立させて交点の座標をs，tで表す。s，tの範囲に注意する。

解答 2点P，Qは点A，Bとはそれぞれ異なる点であるから，$s \neq \pm 1$である。

2直線AP，BQの方程式はそれぞれ

$$y=\frac{t-0}{s-1}(x-1)=\frac{t}{s-1}(x-1)$$

$$y=\frac{-t-0}{s-(-1)}\{x-(-1)\}=\frac{-t}{s+1}(x+1)$$

となる。これらを連立すると

$$\frac{t}{s-1}(x-1)=\frac{-t}{s+1}(x+1)$$

$$\left(\frac{t}{s-1}+\frac{t}{s+1}\right)x=\frac{t}{s-1}-\frac{t}{s+1}$$

両辺に s^2-1 を掛けて

$\{t(s+1)+t(s-1)\}x=t(s+1)-t(s-1)$ 　　$2stx=2t$

ここで，$s=0$ とすると AP と BQ は平行となり，交点をもたないから

$s \neq 0$

また，$t \neq 0$ であるから　　$x=\dfrac{1}{s}$ 　　…… ①

直線 AP の方程式に代入して　$y=\dfrac{t}{s-1}\left(\dfrac{1}{s}-1\right)=-\dfrac{t}{s}$ 　　…… ②

次に，点 P は円 $x^2+y^2=1$ 上にあるから

$s^2+t^2=1$ 　　…… ③

①，② より

$s=\dfrac{1}{x}$，$t=-sy=-\dfrac{y}{x}$

これらを ③ に代入すると

$$\left(\frac{1}{x}\right)^2+\left(-\frac{y}{x}\right)^2=1$$

$x^2-y^2=1$

したがって，求める交点のえがく軌跡は，$t \neq 0$ に注意すると

双曲線 $x^2-y^2=1$

ただし，2 点 (1, 0)，(−1, 0) を除く。

5 次の媒介変数表示について，x と y の関係式を求め，どのような曲線を表すか答えよ。

(1) $\begin{cases} x=t-\dfrac{1}{t} \\ y=t^2+\dfrac{1}{t^2} \end{cases}$ 　　(2) $\begin{cases} x=\dfrac{1}{1+t^2} \\ y=\dfrac{t}{1+t^2} \end{cases}$

考え方 (1) t を消去して，x と y の関係式を求める。

(2) 2 つの式から $1+t^2$ を消去して，t を x と y を用いて表し，これをもとの式に代入することにより，x と y の関係式を導く。

解 答 (1) $x=t-\dfrac{1}{t}$ の両辺を 2 乗すると　　$x^2=\left(t-\dfrac{1}{t}\right)^2$

$x^2=t^2-2+\dfrac{1}{t^2}$

よって　　$x^2=y-2$

ゆえに，与えられた媒介変数表示は **放物線 $y=x^2+2$** を表す。

(2) $x=\dfrac{1}{1+t^2}$ ……①, $y=\dfrac{t}{1+t^2}$ ……②

とする。

①, ② より $y=\dfrac{t}{1+t^2}=t\cdot\dfrac{1}{1+t^2}=tx$

$x=\dfrac{1}{1+t^2}\neq 0$ であるから $t=\dfrac{y}{x}$ ……③

③ を ① に代入すると $x=\dfrac{1}{1+\left(\dfrac{y}{x}\right)^2}=\dfrac{x^2}{x^2+y^2}$

よって $x(x^2+y^2)=x^2$

$x(x^2-x+y^2)=0$

$x\neq 0$ であるから $x^2-x+y^2=0$

これを変形すると $\left(x-\dfrac{1}{2}\right)^2+y^2=\dfrac{1}{4}$

ただし，$x\neq 0$ であるから，原点は含まない。

ゆえに，与えられた媒介変数表示は **円 $\left(x-\dfrac{1}{2}\right)^2+y^2=\dfrac{1}{4}$** を表す。

ただし，原点を除く。

6 極を点 O，2 点 P_1，P_2 の極座標をそれぞれ $(r_1,\ \theta_1)$，$(r_2,\ \theta_2)$ とするとき，次のことを示せ。

(1) $\triangle OP_1P_2=\dfrac{1}{2}|r_1r_2\sin(\theta_2-\theta_1)|$

(2) 2 点 P_1，P_2 の直交座標をそれぞれ $(x_1,\ y_1)$，$(x_2,\ y_2)$ とするとき

$$\triangle OP_1P_2=\dfrac{1}{2}|x_1y_2-x_2y_1|$$

考え方 (1) $\triangle OP_1P_2$ の面積は，$\dfrac{1}{2}OP_1\cdot OP_2\sin\angle P_1OP_2$ を計算して求める。

(2) (1) の結果の式を変形し，$r\cos\theta=x$，$r\sin\theta=y$ を利用する。

証明 (1) $\triangle OP_1P_2$ の面積は，右の図より

$\dfrac{1}{2}r_1r_2\sin|\theta_2-\theta_1|$

または

$\dfrac{1}{2}r_1r_2\sin\{2\pi-|\theta_2-\theta_1|\}$

と表されるから

$\triangle OP_1P_2=\dfrac{1}{2}|r_1r_2\sin(\theta_2-\theta_1)|$

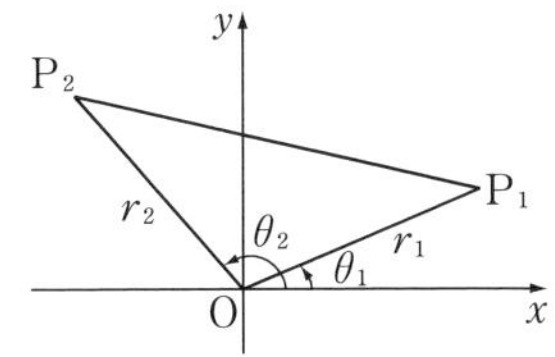

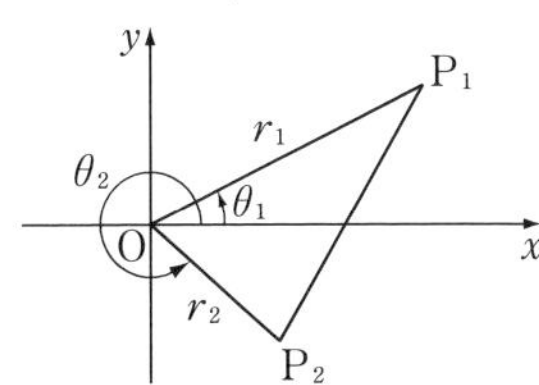

(2) $\triangle OP_1P_2$

$$=\frac{1}{2}|r_1r_2\sin(\theta_2-\theta_1)|$$

$$=\frac{1}{2}|r_1r_2(\sin\theta_2\cos\theta_1-\cos\theta_2\sin\theta_1)|$$

$$=\frac{1}{2}|r_1\cos\theta_1\cdot r_2\sin\theta_2-r_2\cos\theta_2\cdot r_1\sin\theta_1|$$

$$=\frac{1}{2}|x_1y_2-x_2y_1|$$

練　習　問　題　B

教 p.115

7 原点を O とし，点 P から直線 $x=-6$ に下ろした垂線を PH とする。OP：PH が次のときの点 P の軌跡を求めよ。

(1) 1：2　　(2) 1：1　　(3) 2：1

考え方 点 P の座標を $(x,\ y)$ とおいて，OP と PH を x，y の式でそれぞれ表し，x と y の関係式を求める。

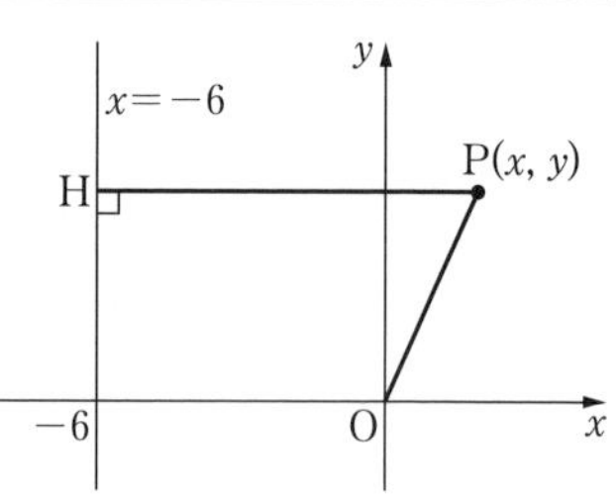

解　答 点 P の座標を $(x,\ y)$ とすると

$$OP=\sqrt{x^2+y^2},\quad PH=|x+6|$$

(1) OP：PH = 1：2 より，

2OP = PH であるから

$$2\sqrt{x^2+y^2}=|x+6|$$

両辺を 2 乗して整理すると　※

$$\frac{(x-2)^2}{16}+\frac{y^2}{12}=1$$

ゆえに，点 P の軌跡は

楕円 $\boldsymbol{\dfrac{(x-2)^2}{16}+\dfrac{y^2}{12}=1}$

※
$$4(x^2+y^2)=(x+6)^2$$
$$4x^2+4y^2=x^2+12x+36$$
$$3x^2-12x+4y^2=36$$
$$3(x^2-4x)+4y^2=36$$
$$3(x-2)^2+4y^2=48$$

(2) OP：PH = 1：1 より，OP = PH であるから

$$\sqrt{x^2+y^2}=|x+6|$$

両辺を 2 乗して整理すると　※※

$$y^2=12(x+3)$$

ゆえに，点 P の軌跡は

放物線 $\boldsymbol{y^2=12(x+3)}$

※※
$$x^2+y^2=(x+6)^2$$
$$x^2+y^2=x^2+12x+36$$
$$y^2=12x+36$$

(3) OP：PH＝2：1 より，OP＝2PH であるから

$$\sqrt{x^2+y^2}=2|x+6|$$

両辺を 2 乗して整理すると ※※※

$$\frac{(x+8)^2}{16}-\frac{y^2}{48}=1$$

ゆえに，点 P の軌跡は

双曲線 $\displaystyle \frac{(x+8)^2}{16}-\frac{y^2}{48}=1$

※※※
$$x^2+y^2=4(x+6)^2$$
$$x^2+y^2=4(x^2+12x+36)$$
$$3x^2+48x-y^2=-144$$
$$3(x^2+16x)-y^2=-144$$
$$3(x+8)^2-y^2=48$$

8 双曲線 $x^2-4y^2=4$ 上の点で点 $(5,\ 0)$ に最も近い点の座標と，そのときの距離を求めよ。

考え方 双曲線上の点を $(x,\ y)$ とおいて，点 $(5,\ 0)$ との距離を x と y を用いて表す。点 $(x,\ y)$ が双曲線上の点であることから，y を消去した x の 2 次関数の最小値を考える。

解 答 双曲線 $x^2-4y^2=4$ 上の点の座標を $(x,\ y)$ とすると

$$y^2=\frac{1}{4}x^2-1 \qquad \cdots\cdots ①$$

ここで，$4y^2=x^2-4 \geqq 0$ より

$$x \leqq -2,\ 2 \leqq x \qquad \cdots\cdots ②$$

点 $(x,\ y)$ と点 $(5,\ 0)$ との距離を d とすると，① より

$$d=\sqrt{(x-5)^2+y^2}=\sqrt{(x-5)^2+\frac{1}{4}x^2-1}=\sqrt{\frac{5}{4}x^2-10x+24}$$

$$=\sqrt{\frac{5}{4}(x^2-8x)+24}=\sqrt{\frac{5}{4}(x-4)^2+4}$$

x の変域が ② であるから，$x=4$ のとき，d は最小値 $\sqrt{4}=2$ をとる。

このとき，① より

$$y^2=\frac{1}{4}\times 4^2-1=3$$

よって　$y=\pm\sqrt{3}$

したがって，点 $(5,\ 0)$ に **最も近い点の座標は** $(4,\ \sqrt{3})$，$(4,\ -\sqrt{3})$ で，その **距離は** 2 である。

9 楕円 $\dfrac{x^2}{a^2}+\dfrac{y^2}{b^2}=1$ の短軸の両端を A$(0,\ b)$, B$(0,\ -b)$ とする。右の図のように，楕円上に A，B と異なる点 P$(x_1,\ y_1)$ をとり，2 直線 AP，BP が長軸またはその延長と交わる点をそれぞれ Q，R とするとき，OQ・OR は一定であることを証明せよ。

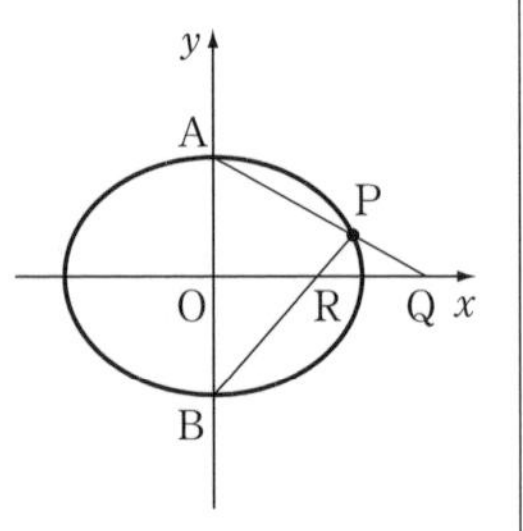

考え方 点 Q，R の x 座標をそれぞれ b，x_1，y_1 で表し，OQ・OR の値を計算する。

証明 Q，R の座標をそれぞれ $(q,\ 0)$，$(r,\ 0)$ とする。

このとき，直線 AP，AQ の傾きは等しいから

$$\frac{y_1-b}{x_1-0}=\frac{0-b}{q-0} \quad \text{すなわち} \quad q=-\frac{bx_1}{y_1-b} \quad \cdots\cdots ①$$

同様に，直線 BP，BR の傾きは等しいから

$$\frac{y_1+b}{x_1-0}=\frac{0+b}{r-0} \quad \text{すなわち} \quad r=\frac{bx_1}{y_1+b} \quad \cdots\cdots ②$$

①，② より

$$\mathrm{OQ}\cdot\mathrm{OR}=|q|\cdot|r|=\left|-\frac{bx_1}{y_1-b}\right|\cdot\left|\frac{bx_1}{y_1+b}\right|=\left|-\frac{b^2{x_1}^2}{{y_1}^2-b^2}\right|$$

$$=\left|\frac{b^2{x_1}^2}{{y_1}^2-b^2}\right|=\frac{b^2{x_1}^2}{|{y_1}^2-b^2|}$$

ここで，$|y_1|<b$ より　${y_1}^2-b^2<0$

したがって　$\mathrm{OQ}\cdot\mathrm{OR}=\dfrac{b^2{x_1}^2}{b^2-{y_1}^2}$ $\cdots\cdots ③$

点 P$(x_1,\ y_1)$ は楕円 $\dfrac{x^2}{a^2}+\dfrac{y^2}{b^2}=1$ 上の点であるから

$$\frac{{x_1}^2}{a^2}+\frac{{y_1}^2}{b^2}=1$$

両辺に b^2 を掛けて整理すると

$$b^2-{y_1}^2=\frac{b^2{x_1}^2}{a^2} \quad \cdots\cdots ④$$

③，④ より

$$\mathrm{OQ}\cdot\mathrm{OR}=\frac{b^2{x_1}^2}{\dfrac{b^2{x_1}^2}{a^2}}=a^2$$

よって，OQ・OR は一定である。

10 楕円 $\dfrac{x^2}{25}+\dfrac{y^2}{16}=1$ の 2 つの焦点のうち, x 座標が正であるものを F とする。この楕円上の点 P$(p,\ q)$ と F との距離 FP を, p の 1 次式で表せ。

考え方 楕円の式から, 焦点 F の座標をまず求める。距離の公式より, FP^2 を p, q の式で表し, 点 P が楕円上の点であることから, p, q の満たす等式を導く。この 2 式より, q を消去する。

解答 $\sqrt{25-16}=3$ より, 点 F の座標は $(3,\ 0)$ である。

$$\mathrm{FP}^2=(p-3)^2+q^2 \quad \cdots\cdots ①$$

点 P は楕円上の点であるから

$$\frac{p^2}{25}+\frac{q^2}{16}=1$$

よって　$q^2=16\left(1-\dfrac{p^2}{25}\right)$ ……②

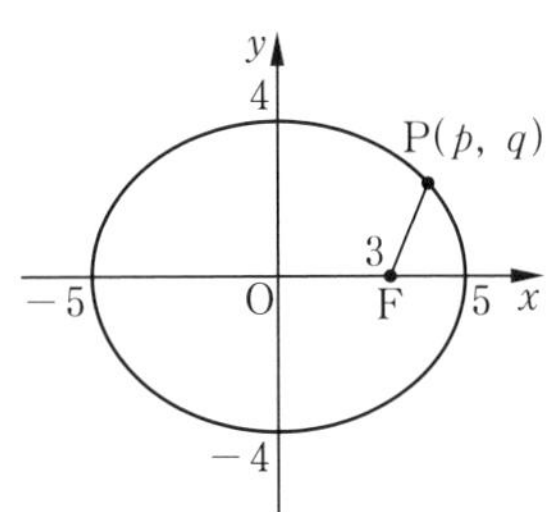

①, ② より

$$\mathrm{FP}^2=(p-3)^2+16\left(1-\frac{p^2}{25}\right)$$
$$=\frac{9}{25}p^2-6p+25$$
$$=\left(\frac{3}{5}p-5\right)^2$$

よって　$\mathrm{FP}=\left|\dfrac{3}{5}p-5\right|$ ……③

$q^2\geqq 0$ であるから, ② より

$$1-\frac{p^2}{25}\geqq 0$$

よって　$-5\leqq p\leqq 5$

したがって

$$-8\leqq \frac{3}{5}p-5\leqq -2$$

すなわち　$\dfrac{3}{5}p-5<0$

であるから, ③ より

$$\mathrm{FP}=-\left(\frac{3}{5}p-5\right)=5-\frac{3}{5}p$$

11 極方程式で表されたカージオイド C：$r=a(1+\cos\theta)$ について，次の問に答えよ。ただし，$a>0$，$0\leqq\theta<2\pi$ とする。

(1) 極座標が $\left(\dfrac{a}{2},\ 0\right)$ である点を中心とする半径 $\dfrac{a}{2}$ の円を S とする。C 上の点 P に対して直線 OP が O 以外の点で S と交わるとき，その交点を Q とする。PQ が一定であることを示せ。

(2) P が C 上を動くとき，極座標が $\left(\dfrac{3}{4}a,\ 0\right)$ である点 A からの距離が最大となる点 P の極座標およびそのときの距離 AP を求めよ。

考え方 (1) P の偏角を θ とおき，OP，OQ を a，θ を用いて表す。

(2) △OAP において余弦定理を用いて，AP^2 を a と r を用いて表す。a が一定であることに注意する。

解　答 (1) P$(r,\ \theta)$ とする。

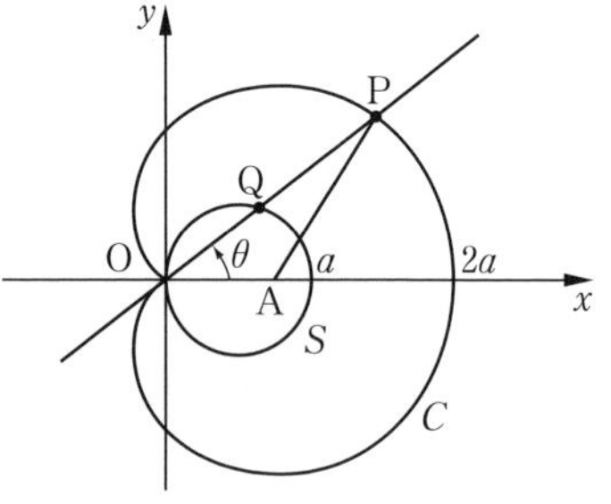

点 Q が線分 OP を内分するとき，Q の偏角は θ に等しい。また，円 S の直径は a であるから

$$\mathrm{OQ}=a\cos\theta$$

(教科書 p.107 の例 8)

このとき

$$\begin{aligned}\mathrm{PQ}&=r-\mathrm{OQ}\\&=a(1+\cos\theta)-a\cos\theta\\&=a\end{aligned}$$

また，点 Q が線分 OP を外分するとき，Q の偏角は $\theta+\pi$ に等しいから

$$\begin{aligned}\mathrm{OQ}&=a\cos(\theta+\pi)\\&=-a\cos\theta\end{aligned}$$

このとき

$$\begin{aligned}\mathrm{PQ}&=r+\mathrm{OQ}\\&=a(1+\cos\theta)+(-a\cos\theta)\\&=a\end{aligned}$$

よって，PQ は一定である。

(2) $\mathrm{AP}=d$ とする。△OAP において，余弦定理により

$$d^2=r^2+\left(\frac{3}{4}a\right)^2-2r\cdot\frac{3}{4}a\cos\theta$$

ここで，$r=a(1+\cos\theta)$ より，$a\cos\theta=r-a$ であるから

$$d^2=r^2+\frac{9}{16}a^2-\frac{3}{2}r(r-a)$$
$$=-\frac{1}{2}r^2+\frac{3}{2}ar+\frac{9}{16}a^2$$
$$=-\frac{1}{2}\left(r-\frac{3}{2}a\right)^2+\frac{27}{16}a^2$$

よって，$r=\frac{3}{2}a$ のとき，d は最大となる。

したがって，$a\cos\theta=r-a=\frac{1}{2}a$　より　　$\cos\theta=\frac{1}{2}$

$0\leqq\theta<2\pi$ で考えると　$\theta=\frac{\pi}{3},\ \frac{5}{3}\pi$

よって，求める **点Pの極座標は**

$$\left(\frac{3}{2}a,\ \frac{\pi}{3}\right),\ \left(\frac{3}{2}a,\ \frac{5}{3}\pi\right)$$

であり，そのときの距離 AP は

$$\mathrm{AP}=\sqrt{\frac{27}{16}a^2}=\frac{3\sqrt{3}}{4}a$$

活用　遊園地のコーヒーカップが生みだす曲線　教 p.116

考察 1　点Pのあるカップは，点Cを中心に一定の速さで時計回りに回転し，20 秒で 1 回転するとする。このとき，動き始めてから t 秒後の点Pの座標を t を用いて表してみよう。ここで，カップが 1 回転するとは，座標平面上においてカップの向きが再び同じになることである。

解 答　点Cは半径 3 の円上を 60 秒で反時計回りに 1 回転するから，動き始めてから t 秒後の C の座標は

$$\left(3\cos\left(\frac{t}{60}\cdot2\pi\right),\ 3\sin\left(\frac{t}{60}\cdot2\pi\right)\right)$$

すなわち　　$\left(3\cos\frac{t}{30}\pi,\ 3\sin\frac{t}{30}\pi\right)$

また，点Pは，点Cを中心とする半径 1 の円上を 20 秒で時計回りに 1 回転する。

すなわち，点Pは，原点を中心とする半径 1 の円上を 20 秒で時計回りに 1 回転する点を，x 軸方向に点Cの x 座標だけ，y 軸方向に点Cの y 座標だけ移動した点である。

ここで，原点を中心とする半径 1 の円上を 20 秒で時計回りに 1 回転する点の座標は

$$\left(\cos\left(-\frac{t}{20}\cdot 2\pi\right),\ \sin\left(-\frac{t}{20}\cdot 2\pi\right)\right)$$

すなわち

$$\left(\cos\frac{-t}{10}\pi,\ \sin\frac{-t}{10}\pi\right)$$

であるから，点 P の座標は

$$\left(\cos\frac{-t}{10}\pi+3\cos\frac{t}{30}\pi,\ \sin\frac{-t}{10}\pi+3\sin\frac{t}{30}\pi\right)$$

すなわち　$\left(\cos\frac{t}{10}\pi+3\cos\frac{t}{30}\pi,\ -\sin\frac{t}{10}\pi+3\sin\frac{t}{30}\pi\right)$

考察 2　点 P のあるカップが 15 秒で 1 回転する場合には，点 P のえがく曲線はどのようになるだろうか。グラフ作成ツールなどを用いて考察してみよう。

解　答　考察 1 と同様に，原点を中心とする半径 1 の円上を 15 秒で時計回りに 1 回転する点の座標は

$$\left(\cos\frac{-2t}{15}\pi,\ \sin\frac{-2t}{15}\pi\right)$$

であるから，点 P の座標は

$$\left(\cos\frac{-2t}{15}\pi+3\cos\frac{t}{30}\pi,\ \sin\frac{-2t}{15}\pi+3\sin\frac{t}{30}\pi\right)$$

すなわち　$\left(\cos\frac{2t}{15}\pi+3\cos\frac{t}{30}\pi,\ -\sin\frac{2t}{15}\pi+3\sin\frac{t}{30}\pi\right)$

となる。

点 P のえがく曲線をグラフ作成ツールでかくと，右の図のようになる。

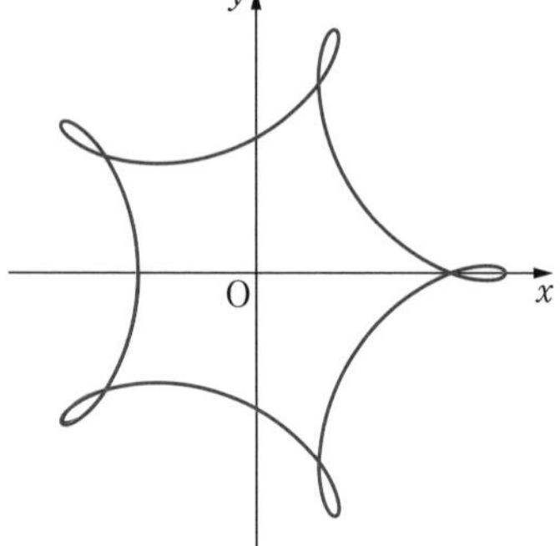

3章 複素数平面

1節 複素数平面

2節 図形への応用

関連する既習内容

複素数

- 複素数 $a+bi$（a, b は実数，i は虚数単位で $i^2=-1$）において，a を実部，b を虚部という。
- 実部が 0（ゼロ）の虚数を純虚数という。
- 共役な複素数
  複素数 $\alpha=a+bi$ に対する $a-bi$ であり，$\overline{\alpha}$ で表す
  $\overline{\alpha+\beta}=\overline{\alpha}+\overline{\beta}$
  $\overline{\alpha\beta}=\overline{\alpha}\,\overline{\beta}$

加法定理

$\sin(\alpha+\beta)=\sin\alpha\cos\beta+\cos\alpha\sin\beta$

$\sin(\alpha-\beta)=\sin\alpha\cos\beta-\cos\alpha\sin\beta$

$\cos(\alpha+\beta)=\cos\alpha\cos\beta-\sin\alpha\sin\beta$

$\cos(\alpha-\beta)=\cos\alpha\cos\beta+\sin\alpha\sin\beta$

内分点・外分点・重心の座標

$\mathrm{A}(x_1,\ y_1)$，$\mathrm{B}(x_2,\ y_2)$，$\mathrm{C}(x_3,\ y_3)$ において

- 線分 AB を $m:n$ に内分する点
  $\left(\dfrac{nx_1+mx_2}{m+n},\ \dfrac{ny_1+my_2}{m+n}\right)$
- 線分 AB を $m:n$ に外分する点
  $\left(\dfrac{-nx_1+mx_2}{m-n},\ \dfrac{-ny_1+my_2}{m-n}\right)$
- △ABC の重心
  $\left(\dfrac{x_1+x_2+x_3}{3},\ \dfrac{y_1+y_2+y_3}{3}\right)$

1節 複素数平面

1 複素数平面

用語のまとめ

複素数平面

- 平面上に座標軸を定め，複素数 $z=a+bi$ に点 $(a,\ b)$ を対応させる。このとき，すべての複素数はそれぞれ平面上の1つの点で表され，逆に，平面上のすべての点はそれぞれ1つの複素数で表されることになる。
- これらの各点 $(a,\ b)$ が複素数 $z=a+bi$ を表している平面を **複素数平面** または **複素平面** という。このとき，x 軸を **実軸**，y 軸を **虚軸** という。
- 複素数 z に対応する点Pを $\mathrm{P}(z)$ と表す。また単に **点 z** ということもある。

共役な複素数の性質

- a，b が実数であるとき，複素数 $z=a+bi$ に対して $a-bi$ を z と共役な複素数といい，$\overline{z}$ で表す。

複素数の和と差

- 2つの複素数 $\alpha=a+bi$，$\beta=c+di$ の和は

$$\begin{aligned}\alpha+\beta&=(a+bi)+(c+di)\\&=(a+c)+(b+d)i\end{aligned}$$

となる。
したがって，点 $\alpha+\beta$ は，点 α を実軸方向に c，虚軸方向に d だけ平行移動した点である。このような平行移動を，複素数 α を **複素数 β だけ平行移動する** という。

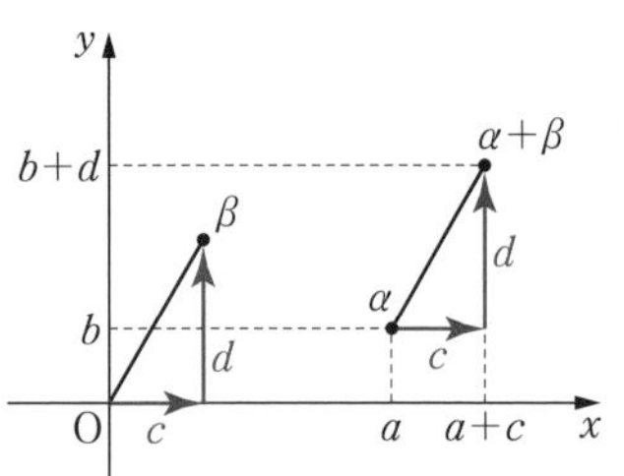

複素数の絶対値

- 点 z と原点Oの距離を複素数 z の **絶対値** といい，$|z|$ で表す。

教 p.118

問1 上の図（省略）で，点D，E，Fはそれぞれどのような複素数を表すか。

考え方 実軸（x 軸），虚軸（y 軸）の座標を読み取り，$(a,\ b)$ の形で表す。点 $(a,\ b)$ は $a+bi$ と表される。

解答 点D$(4,\ -2)$ は　$4-2i$
点E$(-3,\ 4)$ は　$-3+4i$
点F$(-4,\ 0)$ は　-4

教 p.118

問 2　4点 A$(-1+i)$，B$(2+3i)$，C$(-2i)$，D(-1) をそれぞれ複素数平面上に図示せよ。

考え方　複素数 $a+bi$ は，直交座標の点 $(a,\ b)$ を表す。

解　答　それぞれの表す点は

$-1+i$ は　点 $(-1,\ 1)$

$2+3i$ は　点 $(2,\ 3)$

$-2i$ は　点 $(0,\ -2)$

-1 は　点 $(-1,\ 0)$

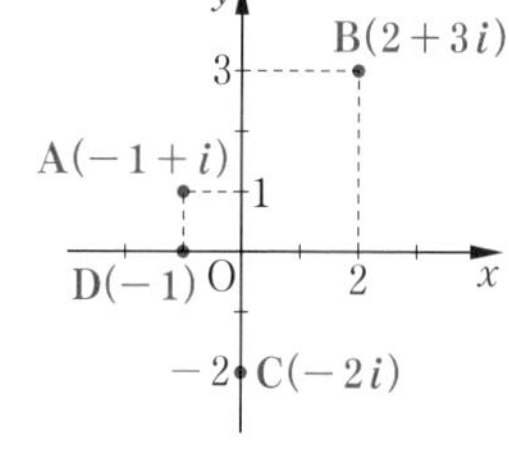

● 対称な複素数　解き方のポイント

複素数平面上で

点 z と点 $\overline{z}$ は　実軸に関して対称

点 z と点 $-z$ は　原点に関して対称

点 z と点 $-\overline{z}$ は　虚軸に関して対称

である。

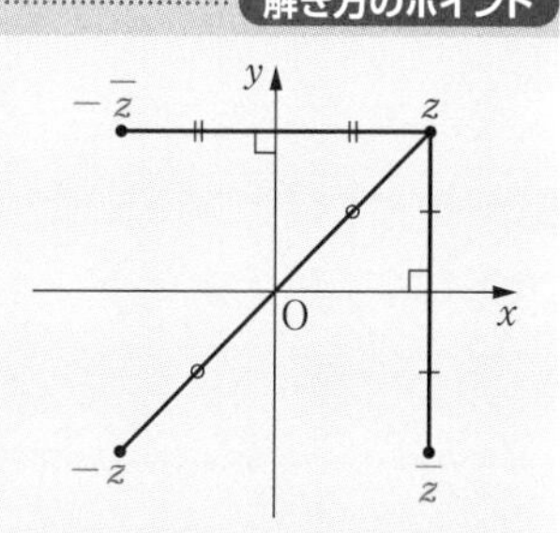

● 複素数が実数，純虚数になるための条件　解き方のポイント

z が実数　$\iff$　$\overline{z}=z$

z が純虚数　$\iff$　$\overline{z}=-z,\ z\neq 0$

教 p.119

問 3　複素数 $2-3i$ を表す点と実軸，原点，虚軸に関して対称な点が表す複素数をそれぞれ求めよ。

考え方　複素数 $2-3i$ は点 $(2,\ -3)$ を表す。この点と実軸，原点，虚軸に関して対称な点の座標を求めて，複素数で表す。

解　答　$2-3i$ は点 $(2,\ -3)$ を表す。この点と実軸，原点，虚軸に関して対称な点が表す複素数は，それぞれ次のようになる。

実軸に関して対称　$\overline{z}=2+3i$　$\longleftarrow$ $(2,\ 3)$ を表す

原点に関して対称　$-z=-2+3i$　$\longleftarrow$ $(-2,\ 3)$ を表す

虚軸に関して対称　$-\overline{z}=-2-3i$　$\longleftarrow$ $(-2,\ -3)$ を表す

共役な複素数の性質　解き方のポイント

共役な複素数について，次のことが成り立つ。

1 $\overline{\alpha+\beta}=\overline{\alpha}+\overline{\beta}$　　2 $\overline{\alpha-\beta}=\overline{\alpha}-\overline{\beta}$

3 $\overline{\alpha\beta}=\overline{\alpha}\,\overline{\beta}$　　4 $\overline{\left(\dfrac{\alpha}{\beta}\right)}=\dfrac{\overline{\alpha}}{\overline{\beta}}$

教 p.119

問4　$\alpha=a+bi$，$\beta=c+di$ として，上のことを示せ。

考え方　共役な複素数の定義にしたがって両辺を計算して一致することを示す。

証明

1
$$\overline{\alpha+\beta}=\overline{(a+bi)+(c+di)}=\overline{(a+c)+(b+d)i}$$
$$=(a+c)-(b+d)i$$
$$\overline{\alpha}+\overline{\beta}=\overline{(a+bi)}+\overline{(c+di)}=(a-bi)+(c-di)$$
$$=(a+c)-(b+d)i$$
したがって　$\overline{\alpha+\beta}=\overline{\alpha}+\overline{\beta}$

2
$$\overline{\alpha-\beta}=\overline{(a+bi)-(c+di)}=\overline{(a-c)+(b-d)i}$$
$$=(a-c)-(b-d)i$$
$$\overline{\alpha}-\overline{\beta}=\overline{(a+bi)}-\overline{(c+di)}=(a-bi)-(c-di)$$
$$=(a-c)-(b-d)i$$
したがって　$\overline{\alpha-\beta}=\overline{\alpha}-\overline{\beta}$

3
$$\overline{\alpha\beta}=\overline{(a+bi)(c+di)}=\overline{(ac-bd)+(ad+bc)i}$$
$$=(ac-bd)-(ad+bc)i$$
$$\overline{\alpha}\,\overline{\beta}=\overline{(a+bi)}\,\overline{(c+di)}=(a-bi)(c-di)$$
$$=(ac-bd)-(ad+bc)i$$
したがって　$\overline{\alpha\beta}=\overline{\alpha}\,\overline{\beta}$

4
$$\overline{\left(\frac{\alpha}{\beta}\right)}=\overline{\left(\frac{a+bi}{c+di}\right)}=\overline{\left\{\frac{(a+bi)(c-di)}{(c+di)(c-di)}\right\}}$$
$$=\overline{\left\{\frac{(ac+bd)+(bc-ad)i}{c^2+d^2}\right\}}=\frac{(ac+bd)+(ad-bc)i}{c^2+d^2}$$
$$\frac{\overline{\alpha}}{\overline{\beta}}=\frac{\overline{(a+bi)}}{\overline{(c+di)}}=\frac{a-bi}{c-di}=\frac{(a-bi)(c+di)}{(c-di)(c+di)}$$
$$=\frac{(ac+bd)+(ad-bc)i}{c^2+d^2}$$
したがって　$\overline{\left(\dfrac{\alpha}{\beta}\right)}=\dfrac{\overline{\alpha}}{\overline{\beta}}$

● **複素数の実数倍** 解き方のポイント

実数 k と 0 でない複素数 $z=a+bi$ に対して，$kz=ka+(kb)i$ であるから，
P(z)，Q(kz) とすると，3 点 O，P，Q は一直線上にあり

$k>0$ ならば，原点 O に関して Q は P と同じ側にあり　$\mathrm{OQ}=k\mathrm{OP}$

$k<0$ ならば，原点 O に関して Q は P と反対側にあり　$\mathrm{OQ}=|k|\mathrm{OP}$

また，$k=0$ ならば，$0z=0$ であるから Q は原点 O に一致する。

● **複素数の絶対値 (1)** 解き方のポイント

$z=a+bi$ とすると　$|z|=|a+bi|=\sqrt{a^2+b^2}$

教 p.121

問5　複素数 $-3+2i$，$5+5i$，$-3i$ の絶対値をそれぞれ求めよ。

解答

$|-3+2i|=\sqrt{(-3)^2+2^2}=\sqrt{13}$

$|5+5i|=\sqrt{5^2+5^2}=\sqrt{50}=5\sqrt{2}$

$|-3i|=\sqrt{0^2+(-3)^2}=\sqrt{9}=3$

● **複素数の絶対値 (2)** 解き方のポイント

複素数の絶対値について，次のことが成り立つ。

[1]　$|z|\geqq 0$　　特に　$|z|=0 \Longleftrightarrow z=0$

[2]　$|z|=|-z|=|\overline{z}|$

[3]　$|z|^2=z\overline{z}$

教 p.121

問6　上の [2]，[3] が成り立つことを示せ。

考え方　$z=a+bi$ の絶対値 $|z|=|a+bi|=\sqrt{a^2+b^2}$ であることを用いる。

証明　a，b を実数として，$z=a+bi$ とおくと　$\overline{z}=a-bi$

[2]　　$|z|=\sqrt{a^2+b^2}$

$|-z|=|-a-bi|=\sqrt{(-a)^2+(-b)^2}=\sqrt{a^2+b^2}$

$|\overline{z}|=\sqrt{a^2+(-b)^2}=\sqrt{a^2+b^2}$

したがって　$|z|=|-z|=|\overline{z}|$

[3]　　$|z|^2=a^2+b^2$

$z\overline{z}=(a+bi)(a-bi)=a^2+b^2$

したがって　$|z|^2=z\overline{z}$

2点間の距離　解き方のポイント

点 α と点 β の距離は

$|\alpha-\beta|$

この距離は $|\beta-\alpha|$ と表してもよい。

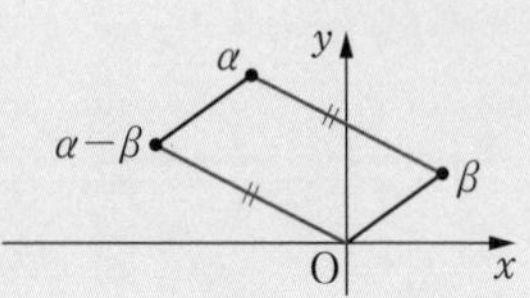

教 p.121

問7　次の2点間の距離を求めよ。

(1) $\alpha=5+2i,\ \beta=1-i$　　(2) $\alpha=2-5i,\ \beta=7+7i$

考え方　2点 α, β 間の距離は, $|\alpha-\beta|$ である。

解　答　(1)

$$
\begin{aligned}
|\alpha-\beta| &= |(5+2i)-(1-i)| \\
&= |4+3i| \\
&= \sqrt{4^2+3^2} \\
&= \sqrt{25} \\
&= 5
\end{aligned}
$$

(2)

$$
\begin{aligned}
|\alpha-\beta| &= |(2-5i)-(7+7i)| \\
&= |-5-12i| \\
&= \sqrt{(-5)^2+(-12)^2} \\
&= \sqrt{169} \\
&= 13
\end{aligned}
$$

2 複素数の極形式

用語のまとめ

極形式

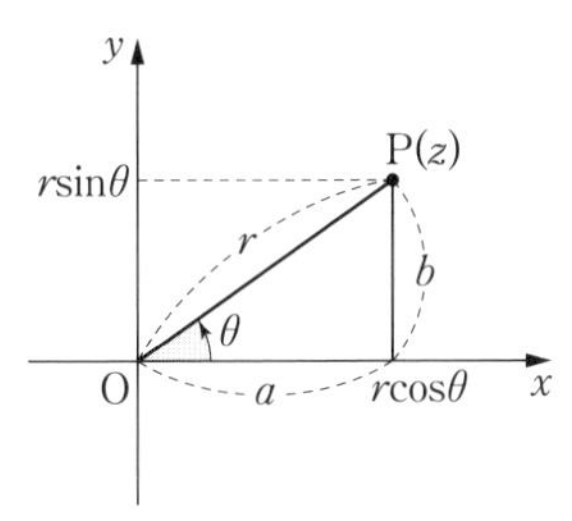

- 複素数平面上で，0 でない複素数 $z=a+bi$ が表す点を P とする。P と原点 O の距離を r，実軸の正の部分を始線としたときの動径 OP が表す角を θ とすると，$z=r(\cos\theta+i\sin\theta)$ と表される。このような表し方を複素数 z の **極形式** という。ここで，$r=\sqrt{a^2+b^2}=|z|$ である。
- θ を複素数 z の **偏角** といい，$\arg z$ と表す。
- 複素数 z の 1 つの偏角を θ_0 とすると，一般角では，$\arg z=\theta_0+2n\pi$ (n は整数) と表す。$z=0$ のときは，$r=0$ であり，偏角は定まらない。

複素数の極形式 ……………… 解き方のポイント

$$z=a+bi=r(\cos\theta+i\sin\theta)$$

ただし，$r=|z|=\sqrt{a^2+b^2}$，$\theta=\arg z$

教 p.123

問 8 次の複素数を極形式で表せ。ただし，偏角 θ の範囲は $0\leqq\theta<2\pi$ とする。

(1) $1-i$ (2) $-1-i$ (3) -2

(4) $\dfrac{\sqrt{3}}{2}-\dfrac{1}{2}i$ (5) $3+\sqrt{3}\,i$ (6) $-2i$

考え方 $a+bi$ は点 $(a,\ b)$ を表しているから，点 $(a,\ b)$ と原点 O との距離が r，実軸の正の向きとのなす角 θ が偏角になる。このことを用いて，各複素数を極形式 $r(\cos\theta+i\sin\theta)$ で表す。

解 答 (1) 絶対値は

$$r=|1-i|=\sqrt{1^2+(-1)^2}=\sqrt{2}$$

右の図より，偏角は $\theta=\dfrac{7}{4}\pi$

よって

$$1-i=\sqrt{2}\left(\cos\frac{7}{4}\pi+i\sin\frac{7}{4}\pi\right)$$

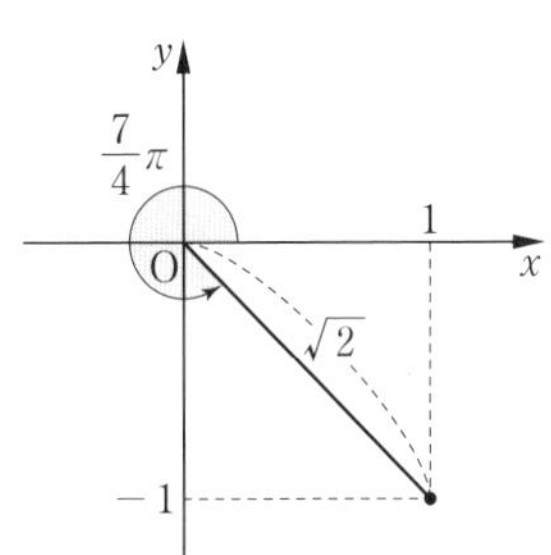

3章 複素数平面

(2) 絶対値は

$$r=|-1-i|=\sqrt{(-1)^2+(-1)^2}=\sqrt{2}$$

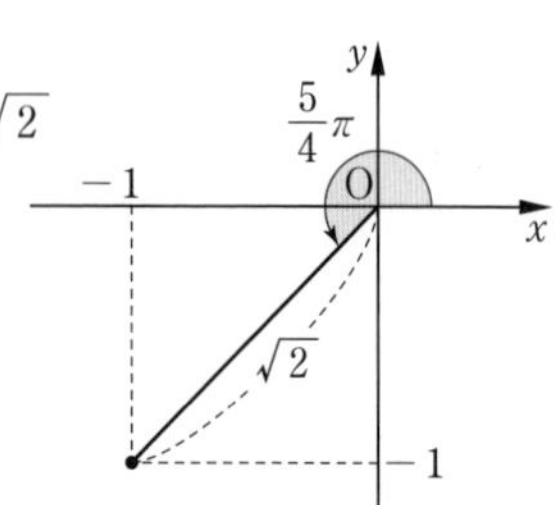

右の図より，偏角は　$\theta=\frac{5}{4}\pi$

よって

$$-1-i=\sqrt{2}\left(\cos\frac{5}{4}\pi+i\sin\frac{5}{4}\pi\right)$$

(3) 絶対値は

$$r=|-2|=2$$

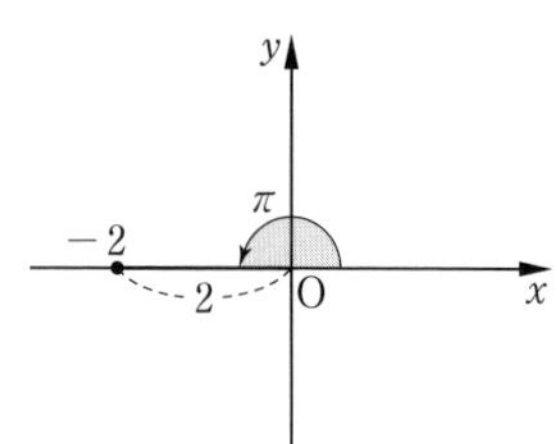

右の図より，偏角は　$\theta=\pi$

よって

$$-2=2(\cos\pi+i\sin\pi)$$

(4) 絶対値は

$$r=\left|\frac{\sqrt{3}}{2}-\frac{1}{2}i\right|$$

$$=\sqrt{\left(\frac{\sqrt{3}}{2}\right)^2+\left(-\frac{1}{2}\right)^2}=1$$

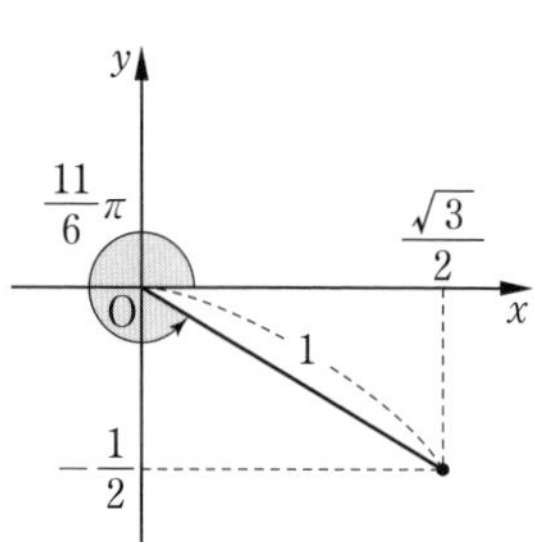

右の図より，偏角は　$\theta=\frac{11}{6}\pi$

よって

$$\frac{\sqrt{3}}{2}-\frac{1}{2}i=\cos\frac{11}{6}\pi+i\sin\frac{11}{6}\pi$$

(5) 絶対値は

$$r=|3+\sqrt{3}\,i|=\sqrt{3^2+(\sqrt{3}\,)^2}$$

$$=\sqrt{12}=2\sqrt{3}$$

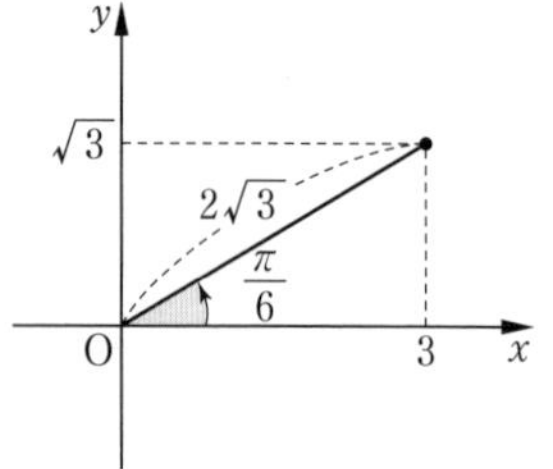

右の図より，偏角は　$\theta=\frac{\pi}{6}$

よって

$$3+\sqrt{3}\,i=2\sqrt{3}\left(\cos\frac{\pi}{6}+i\sin\frac{\pi}{6}\right)$$

(6) 絶対値は　　$r=|-2i|=2$

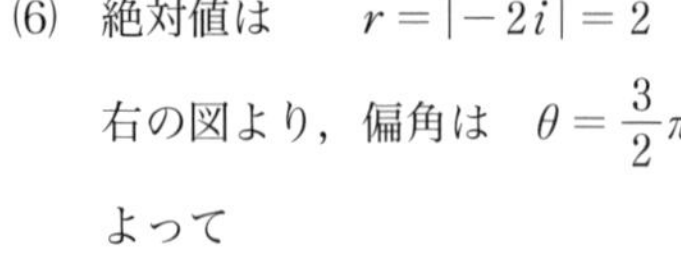

右の図より，偏角は　$\theta=\frac{3}{2}\pi$

よって

$$-2i=2\left(\cos\frac{3}{2}\pi+i\sin\frac{3}{2}\pi\right)$$

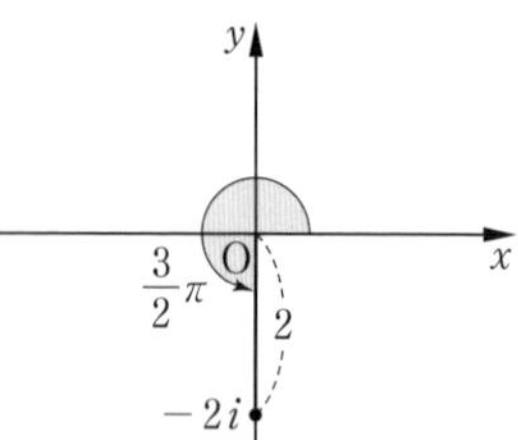

共役な複素数の極形式　解き方のポイント

複素数 $z=r(\cos\theta+i\sin\theta)$ と共役な複素数 $\overline{z}$ は，複素数平面上では点 z と実軸に関して対称な点で表されるから

$$\overline{z}=r\{\cos(-\theta)+i\sin(-\theta)\}$$

である。よって

$$|\overline{z}|=|z|,\ \arg\overline{z}=-\arg z$$

である。

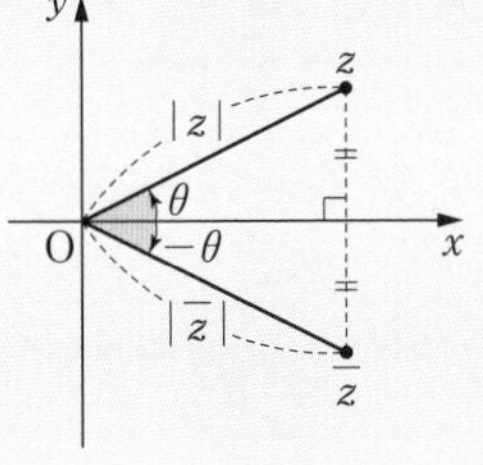

教 p.123

問9　複素数 z の絶対値を r，偏角を θ とする。このとき，複素数 $-z$，$-\overline{z}$ の絶対値と偏角を r，θ を用いてそれぞれ表せ。

考え方　$-z$ は複素数平面上で，z と原点に関して対称な点を，$-\overline{z}$ は z と虚軸に関して対称な点を表す。

解答　$-z$ は点 z と原点に関して対称な点で表されるから，その絶対値は r であり，偏角は $\theta+\pi$ となる。

すなわち

$$|-z|=r,\ \arg(-z)=\theta+\pi$$

$-\overline{z}$ は点 z と虚軸に関して対称な点を表すから，その絶対値は r であり，偏角は $\pi-\theta$ となる。

すなわち

$$|-\overline{z}|=r,\ \arg(-\overline{z})=\pi-\theta$$

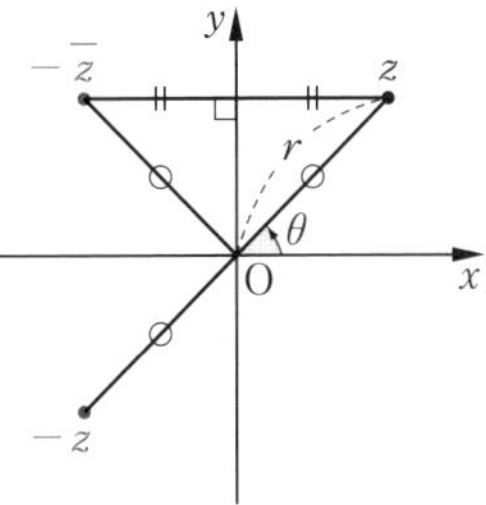

複素数の積と商　解き方のポイント

0 でない 2 つの複素数 z_1，z_2 を極形式でそれぞれ

$$z_1=r_1(\cos\theta_1+i\sin\theta_1),\ z_2=r_2(\cos\theta_2+i\sin\theta_2)$$

と表すとき，複素数 z_1，z_2 の積や商について，次のことが成り立つ。

[1]　積　$z_1z_2=r_1r_2\{\cos(\theta_1+\theta_2)+i\sin(\theta_1+\theta_2)\}$

$|z_1z_2|=|z_1||z_2|$，　$\arg(z_1z_2)=\arg z_1+\arg z_2$

[2]　商　$\dfrac{z_1}{z_2}=\dfrac{r_1}{r_2}\{\cos(\theta_1-\theta_2)+i\sin(\theta_1-\theta_2)\}$

$\left|\dfrac{z_1}{z_2}\right|=\dfrac{|z_1|}{|z_2|}$，　$\arg\left(\dfrac{z_1}{z_2}\right)=\arg z_1-\arg z_2$

教 p.124

問 10　前ページの [2] が成り立つことを証明せよ。

考え方　三角関数の加法定理を用いて，[1] の証明と同じようにして示す。

証明

$$\frac{z_1}{z_2}=\frac{r_1(\cos\theta_1+i\sin\theta_1)}{r_2(\cos\theta_2+i\sin\theta_2)}$$

$$=\frac{r_1}{r_2}\cdot\frac{(\cos\theta_1+i\sin\theta_1)(\cos\theta_2-i\sin\theta_2)}{(\cos\theta_2+i\sin\theta_2)(\cos\theta_2-i\sin\theta_2)}$$

$$=\frac{r_1}{r_2}\cdot\frac{(\cos\theta_1\cos\theta_2+\sin\theta_1\sin\theta_2)+i(\sin\theta_1\cos\theta_2-\cos\theta_1\sin\theta_2)}{\cos^2\theta_2+\sin^2\theta_2}$$

$$=\frac{r_1}{r_2}\{\cos(\theta_1-\theta_2)+i\sin(\theta_1-\theta_2)\}$$

ゆえに

$$\left|\frac{z_1}{z_2}\right|=\frac{r_1}{r_2}=\frac{|z_1|}{|z_2|}$$

$$\arg\left(\frac{z_1}{z_2}\right)=\theta_1-\theta_2=\arg z_1-\arg z_2$$

教 p.124

問 11　$z=r(\cos\theta+i\sin\theta)$ のとき，$\dfrac{1}{z}=\dfrac{1}{r}(\cos\theta-i\sin\theta)$ であることを示せ。

考え方　複素数の商についての性質 [2] を用いる。

証明　$1=\cos 0+i\sin 0$ であるから

$$\frac{1}{z}=\frac{\cos 0+i\sin 0}{r(\cos\theta+i\sin\theta)}$$

$$=\frac{1}{r}\{\cos(0-\theta)+i\sin(0-\theta)\}$$

$$=\frac{1}{r}\{\cos(-\theta)+i\sin(-\theta)\}$$

$$=\frac{1}{r}(\cos\theta-i\sin\theta)$$

教 p.125

問 12　$z_1=2\left(\cos\dfrac{\pi}{3}+i\sin\dfrac{\pi}{3}\right)$，$z_2=3\left(\cos\dfrac{2}{3}\pi+i\sin\dfrac{2}{3}\pi\right)$ のとき，z_1z_2 と $\dfrac{z_1}{z_2}$ を求めよ。

考え方　複素数の積と商についての性質を用いて計算する。

解 答 $z_1z_2 = 2\cdot 3\left\{\cos\left(\frac{\pi}{3}+\frac{2}{3}\pi\right)+i\sin\left(\frac{\pi}{3}+\frac{2}{3}\pi\right)\right\}$

$= 6(\cos\pi + i\sin\pi) = 6\cdot(-1) = -6$

$\frac{z_1}{z_2} = \frac{2}{3}\left\{\cos\left(\frac{\pi}{3}-\frac{2}{3}\pi\right)+i\sin\left(\frac{\pi}{3}-\frac{2}{3}\pi\right)\right\}$

$= \frac{2}{3}\left\{\cos\left(-\frac{\pi}{3}\right)+i\sin\left(-\frac{\pi}{3}\right)\right\}$

$= \frac{2}{3}\left(\cos\frac{\pi}{3}-i\sin\frac{\pi}{3}\right) = \frac{2}{3}\left(\frac{1}{2}-\frac{\sqrt{3}}{2}i\right)$

$= \frac{1}{3}-\frac{\sqrt{3}}{3}i$

複素数の積の図表示　　解き方のポイント

複素数平面上で，0 でない 2 つの複素数 z_1，z_2 を表す点をそれぞれ P_1，P_2 とし，積 z_1z_2 を表す点を P とする。ここで

$|z_1| = r_1$，$\arg z_1 = \theta_1$

$|z_2| = r_2$，$\arg z_2 = \theta_2$

とすると

$|z_1z_2| = r_1r_2$

$\arg(z_1z_2) = \theta_1+\theta_2$

であるから，点 P は，点 P_1 を原点 O を中心に角 θ_2 だけ回転し，さらに原点からの距離 r_1 を r_2 倍した点である。

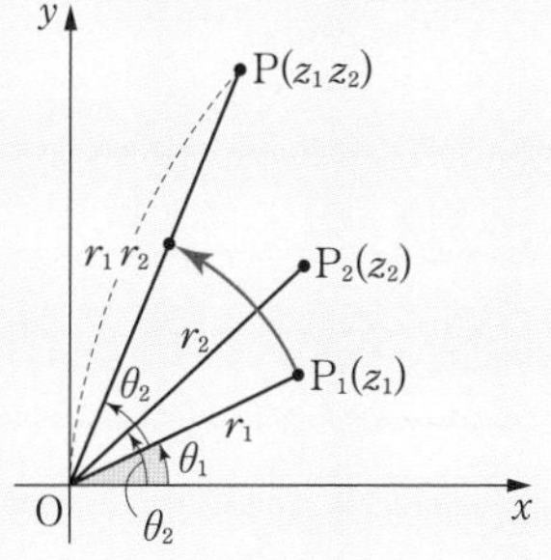

教 p.126

問 13　点 z に対して，次の点はどのような位置関係にあるか。

(1)　$(\sqrt{3}+3i)z$　　(2)　$\sqrt{2}(-1+i)z$

考え方　$w = r(\cos\theta + i\sin\theta)$ を掛けることは，原点を中心として角 θ だけ回転してから，原点からの距離を r 倍することである。

解 答 (1)　$|\sqrt{3}+3i| = \sqrt{(\sqrt{3})^2+3^2} = 2\sqrt{3}$

$\arg(\sqrt{3}+3i) = \frac{\pi}{3}$

であるから，点 $(\sqrt{3}+3i)z$ は，点 z を原点 O を中心に $\frac{\pi}{3}$ だけ回転し，原点からの距離 $|z|$ を $2\sqrt{3}$ 倍した点 である。

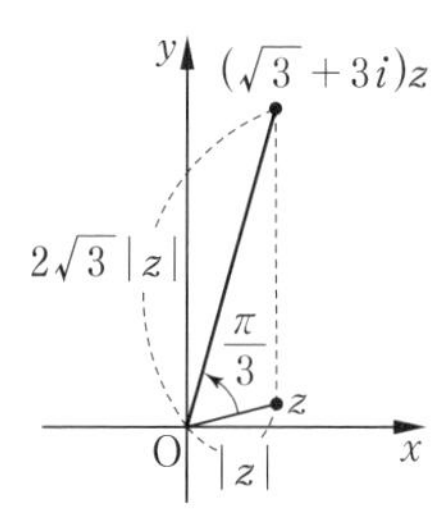

(2) $|\sqrt{2}(-1+i)|=\sqrt{(-\sqrt{2})^2+(\sqrt{2})^2}=2$

$\arg\{\sqrt{2}(-1+i)\}=\dfrac{3}{4}\pi$

であるから，点 $\sqrt{2}(-1+i)z$ は，点 z を原点 O を中心に $\dfrac{3}{4}\pi$ だけ回転し，原点からの距離 $|z|$ を 2 倍した点 である。

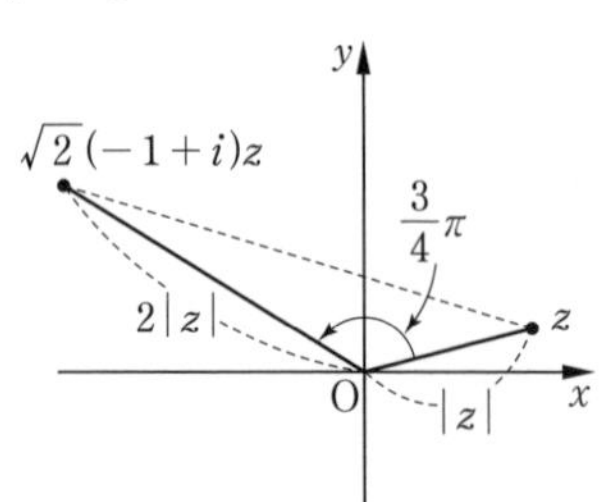

● 複素数の積と回転　解き方のポイント

$w=\cos\theta+i\sin\theta$ とするとき，wz の表す点は，点 z を原点 O を中心に角 θ だけ回転した点となる。

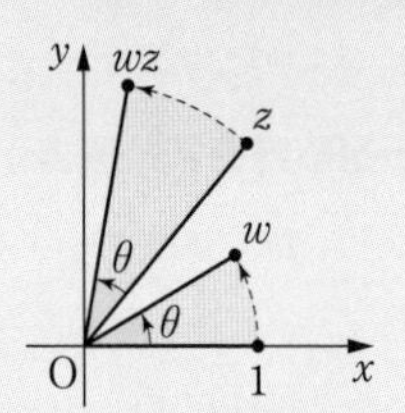

教 p.127

問 14　複素数 z に対して，点 z を原点 O を中心に $\dfrac{\pi}{3}$，$\dfrac{3}{4}\pi$，$\dfrac{5}{6}\pi$，$-\dfrac{\pi}{2}$ だけ回転した点は，それぞれどのような複素数で表されるか。

考え方　点 z を原点 O を中心に θ だけ回転した点は $(\cos\theta+i\sin\theta)z$ と表される。

解 答　$\cos\dfrac{\pi}{3}+i\sin\dfrac{\pi}{3}=\dfrac{1}{2}+\dfrac{\sqrt{3}}{2}i$ であるから，点 z を原点 O を中心に $\dfrac{\pi}{3}$ だけ回転 した点を表す複素数は　$\left(\dfrac{1}{2}+\dfrac{\sqrt{3}}{2}i\right)z$

$\cos\dfrac{3}{4}\pi+i\sin\dfrac{3}{4}\pi=-\dfrac{\sqrt{2}}{2}+\dfrac{\sqrt{2}}{2}i$ であるから，点 z を原点 O を中心に $\dfrac{3}{4}\pi$ だけ回転 した点を表す複素数は　$\left(-\dfrac{\sqrt{2}}{2}+\dfrac{\sqrt{2}}{2}i\right)z$

$\cos\dfrac{5}{6}\pi+i\sin\dfrac{5}{6}\pi=-\dfrac{\sqrt{3}}{2}+\dfrac{1}{2}i$ であるから，点 z を原点 O を中心に $\dfrac{5}{6}\pi$ だけ回転 した点を表す複素数は　$\left(-\dfrac{\sqrt{3}}{2}+\dfrac{1}{2}i\right)z$

$\cos\left(-\dfrac{\pi}{2}\right)+i\sin\left(-\dfrac{\pi}{2}\right)=-i$ であるから，点 z を原点 O を中心に $-\dfrac{\pi}{2}$ だけ回転 した点を表す複素数は　$-iz$

教 p.127

問 15　$\alpha=2+3i$ とする。原点Oを直角の頂点とする直角二等辺三角形の頂点の1つが点 α であるとき，第3の頂点を表す複素数 β を求めよ。

考え方　点 α を原点Oを中心に $\pm\dfrac{\pi}{2}$ だけ回転した点を求める。

解答　第3の頂点 β は，点 α を原点Oを中心に

$$\frac{\pi}{2}\quad \text{または}\quad -\frac{\pi}{2}$$

だけ回転した点である。

$\dfrac{\pi}{2}$ だけ回転すると

$$\left(\cos\frac{\pi}{2}+i\sin\frac{\pi}{2}\right)\alpha$$
$$=i(2+3i)$$
$$=-3+2i$$

$-\dfrac{\pi}{2}$ だけ回転すると

$$\left\{\cos\left(-\frac{\pi}{2}\right)+i\sin\left(-\frac{\pi}{2}\right)\right\}\alpha$$
$$=-i(2+3i)$$
$$=3-2i$$

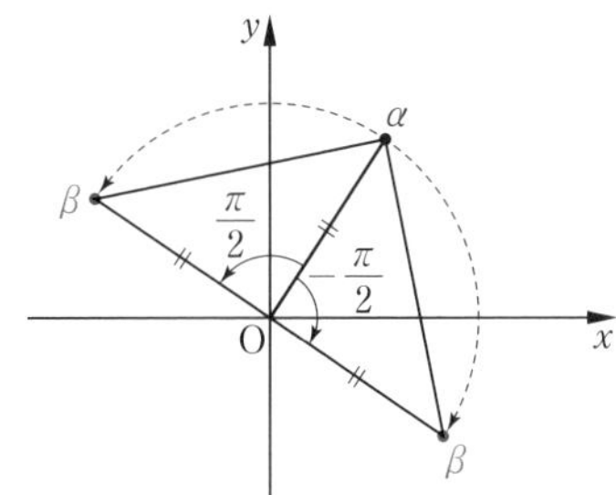

したがって

$$\beta=-3+2i\quad \text{または}\quad \beta=3-2i$$

3 ド・モアブルの定理

用語のまとめ

1 の n 乗根

- 正の整数 n に対して，方程式 $z^n=1$ を満たす複素数 z を 1 の n 乗根 という。同様に正の整数 n と複素数 α に対して，方程式 $z^n=\alpha$ を満たす複素数 z を α の n 乗根 という。

ド・モアブルの定理 解き方のポイント

整数 n に対して

$$(\cos\theta+i\sin\theta)^n=\cos n\theta+i\sin n\theta$$

この定理を ド・モアブルの定理 という。

教 p.129

問 16 次の計算をせよ。

(1) $\left(\dfrac{\sqrt{3}}{2}+\dfrac{1}{2}i\right)^{12}$　(2) $\left(-\dfrac{\sqrt{2}}{2}+\dfrac{\sqrt{2}}{2}i\right)^{6}$　(3) $\left(\dfrac{1}{2}-\dfrac{\sqrt{3}}{2}i\right)^{-9}$

解答 (1)

$$\left(\frac{\sqrt{3}}{2}+\frac{1}{2}i\right)^{12}=\left(\cos\frac{\pi}{6}+i\sin\frac{\pi}{6}\right)^{12}$$
$$=\cos\left(12\cdot\frac{\pi}{6}\right)+i\sin\left(12\cdot\frac{\pi}{6}\right)$$
$$=\cos 2\pi+i\sin 2\pi$$
$$=1$$

(2)

$$\left(-\frac{\sqrt{2}}{2}+\frac{\sqrt{2}}{2}i\right)^{6}=\left(\cos\frac{3}{4}\pi+i\sin\frac{3}{4}\pi\right)^{6}$$
$$=\cos\left(6\cdot\frac{3}{4}\pi\right)+i\sin\left(6\cdot\frac{3}{4}\pi\right)$$
$$=\cos\frac{9}{2}\pi+i\sin\frac{9}{2}\pi$$
$$=\cos\frac{\pi}{2}+i\sin\frac{\pi}{2}$$
$$=i$$

(3)

$$\left(\frac{1}{2}-\frac{\sqrt{3}}{2}i\right)^{-9}=\left\{\cos\left(-\frac{\pi}{3}\right)+i\sin\left(-\frac{\pi}{3}\right)\right\}^{-9}$$
$$=\cos\left\{(-9)\cdot\left(-\frac{\pi}{3}\right)\right\}+i\sin\left\{(-9)\cdot\left(-\frac{\pi}{3}\right)\right\}$$

$$= \cos 3\pi + i\sin 3\pi$$
$$= \cos\pi + i\sin\pi$$
$$= -1$$

教 p.129

問 17 次の計算をせよ。

(1) $(\sqrt{3}+i)^9$　　(2) $(1+i)^{-4}$　　(3) $(-1+\sqrt{3}\,i)^{11}$

考え方 括弧の中の複素数を極形式で表してから，ド・モアブルの定理を用いる。

解 答 (1) $\sqrt{3}+i = 2\left(\cos\dfrac{\pi}{6} + i\sin\dfrac{\pi}{6}\right)$ より

$$(\sqrt{3}+i)^9 = 2^9\left(\cos\frac{\pi}{6}+i\sin\frac{\pi}{6}\right)^9 = 2^9\left\{\cos\left(9\cdot\frac{\pi}{6}\right)+i\sin\left(9\cdot\frac{\pi}{6}\right)\right\}$$
$$= 512\left(\cos\frac{3}{2}\pi + i\sin\frac{3}{2}\pi\right) = 512\cdot(-i) = -512i$$

(2) $1+i = \sqrt{2}\left(\cos\dfrac{\pi}{4} + i\sin\dfrac{\pi}{4}\right)$ より

$$(1+i)^{-4} = (\sqrt{2})^{-4}\left(\cos\frac{\pi}{4}+i\sin\frac{\pi}{4}\right)^{-4}$$
$$= \frac{1}{(\sqrt{2})^4}\left\{\cos\left(-4\cdot\frac{\pi}{4}\right) + i\sin\left(-4\cdot\frac{\pi}{4}\right)\right\}$$
$$= \frac{1}{4}\{\cos(-\pi)+i\sin(-\pi)\} = \frac{1}{4}\cdot(-1) = -\frac{1}{4}$$

(3) $-1+\sqrt{3}\,i = 2\left(\cos\dfrac{2}{3}\pi + i\sin\dfrac{2}{3}\pi\right)$ より

$$(-1+\sqrt{3}\,i)^{11} = 2^{11}\left(\cos\frac{2}{3}\pi+i\sin\frac{2}{3}\pi\right)^{11}$$
$$= 2^{11}\left\{\cos\left(11\cdot\frac{2}{3}\pi\right)+i\sin\left(11\cdot\frac{2}{3}\pi\right)\right\}$$
$$= 2^{11}\left(\cos\frac{22}{3}\pi + i\sin\frac{22}{3}\pi\right)$$
$$= 2^{11}\left(\cos\frac{4}{3}\pi + i\sin\frac{4}{3}\pi\right) = 2^{11}\left(-\frac{1}{2}-\frac{\sqrt{3}}{2}i\right)$$
$$= 2^{10}(-1-\sqrt{3}\,i) = -1024-1024\sqrt{3}\,i$$

教 p.131

問 18 次の問に答えよ。

(1) 1の4乗根を求め，複素数平面上に図示せよ。

(2) 1の6乗根を求め，複素数平面上に図示せよ。

考え方 $z=r(\cos\theta+i\sin\theta)$ とおいて，ド・モアブルの定理から z^n を求め，$1=\cos 0+i\sin 0$ より，その絶対値と偏角を比較して，$r(>0)$ と $0\leqq\theta<2\pi$ の範囲の θ を求める。

解答 (1) 1の4乗根を z とすると　$z^4=1$　……①

ここで，z を極形式で　$z=r(\cos\theta+i\sin\theta)$　……②

と表すと，ド・モアブルの定理により

$$z^4=r^4(\cos 4\theta+i\sin 4\theta)$$

また，$1=\cos 0+i\sin 0$ であるから，① より

$$r^4(\cos 4\theta+i\sin 4\theta)=\cos 0+i\sin 0$$

両辺の絶対値と偏角を比較して

$r^4=1$，$r>0$ より　$r=1$

$4\theta=0+2\pi\times k$（k は整数）より　$\theta=\dfrac{\pi}{2}\times k$　……③

$0\leqq\theta<2\pi$ の範囲で ③ の k の値を求めると

$$k=0,\ 1,\ 2,\ 3$$

よって　$\theta=0,\ \dfrac{\pi}{2},\ \pi,\ \dfrac{3}{2}\pi$

したがって，② より1の4乗根は

$$z=\cos 0+i\sin 0,\ \cos\frac{\pi}{2}+i\sin\frac{\pi}{2},$$
$$\cos\pi+i\sin\pi,\ \cos\frac{3}{2}\pi+i\sin\frac{3}{2}\pi$$

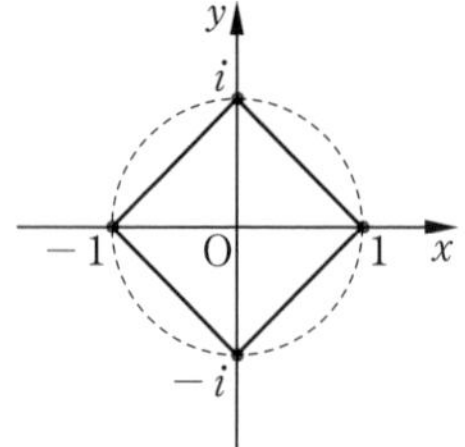

すなわち

$$z=1,\ i,\ -1,\ -i$$

複素数平面上に図示すると，右の図のようになる。

(2) 1の6乗根を z とすると　$z^6=1$　……①

ここで，z を極形式で　$z=r(\cos\theta+i\sin\theta)$　……②

と表すと，ド・モアブルの定理により

$$z^6=r^6(\cos 6\theta+i\sin 6\theta)$$

また，$1=\cos 0+i\sin 0$ であるから，① より

$$r^6(\cos 6\theta+i\sin 6\theta)=\cos 0+i\sin 0$$

両辺の絶対値と偏角を比較して

$r^6=1$，$r>0$ より　$r=1$

$6\theta=0+2\pi\times k$（k は整数）より　$\theta=\dfrac{\pi}{3}\times k$　……③

$0\leqq\theta<2\pi$ の範囲で ③ の k の値を求めると

$$k=0,\ 1,\ 2,\ 3,\ 4,\ 5$$

よって　　$\theta=0,\ \dfrac{\pi}{3},\ \dfrac{2}{3}\pi,\ \pi,\ \dfrac{4}{3}\pi,\ \dfrac{5}{3}\pi$

したがって，② より 1 の 6 乗根は

$$z=\cos 0+i\sin 0,\ \cos\frac{\pi}{3}+i\sin\frac{\pi}{3},$$

$$\cos\frac{2}{3}\pi+i\sin\frac{2}{3}\pi,\ \cos\pi+i\sin\pi,$$

$$\cos\frac{4}{3}\pi+i\sin\frac{4}{3}\pi,\ \cos\frac{5}{3}\pi+i\sin\frac{5}{3}\pi$$

すなわち

$$z=1,\ \frac{1}{2}+\frac{\sqrt{3}}{2}i,\ -\frac{1}{2}+\frac{\sqrt{3}}{2}i,$$

$$-1,\ -\frac{1}{2}-\frac{\sqrt{3}}{2}i,\ \frac{1}{2}-\frac{\sqrt{3}}{2}i$$

複素数平面上に図示すると，右の図のようになる。

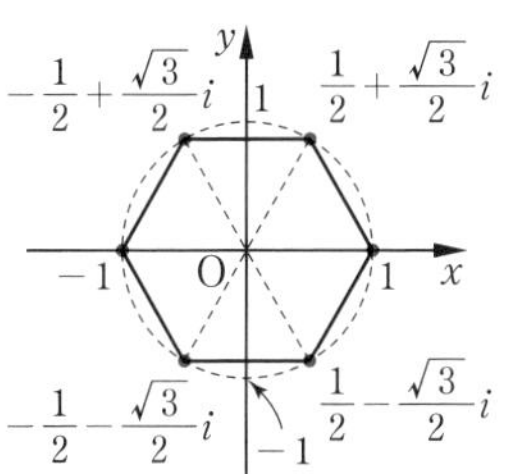

1 の n 乗根 　**解き方のポイント**

1 の n 乗根は，次の n 個の複素数である。

$$z_k=\cos\left(\frac{2\pi}{n}\times k\right)+i\sin\left(\frac{2\pi}{n}\times k\right)\qquad (k=0,\ 1,\ 2,\ \cdots,\ n-1)$$

すべての点 z_k は複素数平面上の単位円上にあり，点 z_k は点 1 を 1 つの頂点とする正 n 角形の頂点になっている。

教 p.132

問 19　次の方程式を解け。

(1)　$z^2=-1-\sqrt{3}\,i$　　　　(2)　$z^8=16$

考え方　右辺を極形式で表して，$z=r(\cos\theta+i\sin\theta)$ とおき，方程式の両辺の絶対値と偏角をそれぞれ比較する。

解　答　(1)　右辺を極形式で表すと

$$-1-\sqrt{3}\,i=2\left(\cos\frac{4}{3}\pi+i\sin\frac{4}{3}\pi\right)$$

ここで，z を極形式で

$$z=r(\cos\theta+i\sin\theta)\qquad\cdots\cdots ①$$

と表すと，方程式

$$z^2=-1-\sqrt{3}\,i$$

は，次のように表される。

$$r^2(\cos 2\theta + i\sin 2\theta) = 2\left(\cos\frac{4}{3}\pi + i\sin\frac{4}{3}\pi\right)$$

両辺の絶対値と偏角を比較して

$$r^2 = 2$$

$r > 0$ より　　$r = \sqrt{2}$

$2\theta = \dfrac{4}{3}\pi + 2\pi \times k$（$k$ は整数）より　　$\theta = \dfrac{2}{3}\pi + k\pi$

$0 \leqq \theta < 2\pi$ の範囲で考えると

$$k = 0,\ 1$$

したがって　　$\theta = \dfrac{2}{3}\pi,\ \dfrac{5}{3}\pi$

r，θ を ① に代入して計算すると

$\theta = \dfrac{2}{3}\pi$ のとき

$$z = \sqrt{2}\left(\cos\frac{2}{3}\pi + i\sin\frac{2}{3}\pi\right) = \sqrt{2}\left(-\frac{1}{2} + \frac{\sqrt{3}}{2}i\right)$$

$$= -\frac{\sqrt{2}}{2} + \frac{\sqrt{6}}{2}i$$

$\theta = \dfrac{5}{3}\pi$ のとき

$$z = \sqrt{2}\left(\cos\frac{5}{3}\pi + i\sin\frac{5}{3}\pi\right) = \sqrt{2}\left(\frac{1}{2} - \frac{\sqrt{3}}{2}i\right) = \frac{\sqrt{2}}{2} - \frac{\sqrt{6}}{2}i$$

以上により

$$z = -\frac{\sqrt{2}}{2} + \frac{\sqrt{6}}{2}i,\ \frac{\sqrt{2}}{2} - \frac{\sqrt{6}}{2}i$$

(2) 右辺を極形式で表すと

$$16 = 16(\cos 0 + i\sin 0)$$

ここで，z を極形式で

$$z = r(\cos\theta + i\sin\theta) \quad \cdots\cdots ①$$

と表すと，方程式

$$z^8 = 16$$

は，次のように表される。

$$r^8(\cos 8\theta + i\sin 8\theta) = 16(\cos 0 + i\sin 0)$$

両辺の絶対値と偏角を比較して

$r^8 = 16$，$r > 0$ より　　　　$r = \sqrt{2}$

$8\theta = 0 + 2\pi \times k$（$k$ は整数）より　　$\theta = \dfrac{k\pi}{4}$

$0 \leqq \theta < 2\pi$ の範囲で考えると

$$k=0,\ 1,\ 2,\ 3,\ 4,\ 5,\ 6,\ 7$$

したがって　$\theta=0,\ \dfrac{\pi}{4},\ \dfrac{\pi}{2},\ \dfrac{3}{4}\pi,\ \pi,\ \dfrac{5}{4}\pi,\ \dfrac{3}{2}\pi,\ \dfrac{7}{4}\pi$

$r,\ \theta$ を ① に代入して計算すると

$\theta=0$ のとき

$$z=\sqrt{2}(\cos 0+i\sin 0)=\sqrt{2}$$

$\theta=\dfrac{\pi}{4}$ のとき

$$z=\sqrt{2}\left(\cos\frac{\pi}{4}+i\sin\frac{\pi}{4}\right)=\sqrt{2}\left(\frac{1}{\sqrt{2}}+\frac{1}{\sqrt{2}}i\right)=1+i$$

$\theta=\dfrac{\pi}{2}$ のとき

$$z=\sqrt{2}\left(\cos\frac{\pi}{2}+i\sin\frac{\pi}{2}\right)=\sqrt{2}\,i$$

$\theta=\dfrac{3}{4}\pi$ のとき

$$z=\sqrt{2}\left(\cos\frac{3}{4}\pi+i\sin\frac{3}{4}\pi\right)=\sqrt{2}\left(-\frac{1}{\sqrt{2}}+\frac{1}{\sqrt{2}}i\right)=-1+i$$

$\theta=\pi$ のとき

$$z=\sqrt{2}(\cos\pi+i\sin\pi)=-\sqrt{2}$$

$\theta=\dfrac{5}{4}\pi$ のとき

$$z=\sqrt{2}\left(\cos\frac{5}{4}\pi+i\sin\frac{5}{4}\pi\right)=\sqrt{2}\left(-\frac{1}{\sqrt{2}}-\frac{1}{\sqrt{2}}i\right)=-1-i$$

$\theta=\dfrac{3}{2}\pi$ のとき

$$z=\sqrt{2}\left(\cos\frac{3}{2}\pi+i\sin\frac{3}{2}\pi\right)=-\sqrt{2}\,i$$

$\theta=\dfrac{7}{4}\pi$ のとき

$$z=\sqrt{2}\left(\cos\frac{7}{4}\pi+i\sin\frac{7}{4}\pi\right)=\sqrt{2}\left(\frac{1}{\sqrt{2}}-\frac{1}{\sqrt{2}}i\right)=1-i$$

以上により

$$z=\sqrt{2},\ 1+i,\ \sqrt{2}\,i,\ -1+i,\ -\sqrt{2},\ -1-i,\ -\sqrt{2}\,i,\ 1-i$$

問　題

教 p.133

1 複素数 $z=a+bi$ について，z の実部 a，z の虚部 b を z および $\overline{z}$ を用いて表せ。

考え方 $\overline{z}=a-bi$ と定義されていることを用いる。

解　答

$z=a+bi$ ……①，$\overline{z}=a-bi$ ……②

であるから

①＋② より　$z+\overline{z}=2a$

①－② より　$z-\overline{z}=2bi$

したがって

$$a=\frac{z+\overline{z}}{2},\quad b=\frac{z-\overline{z}}{2i}$$

2 $z=2\left(\cos\frac{\pi}{5}+i\sin\frac{\pi}{5}\right)$ のとき，次の複素数の極形式を求め，それらを図示せよ。

(1) $\overline{z}$　(2) iz　(3) z^2　(4) $\frac{1}{z}$

考え方 (1) $\overline{z}$ は z と実軸に関して対称な点を表す。

(2) iz は z を原点 O を中心に $\frac{\pi}{2}$ だけ回転した点を表す。

(3) z^2 は絶対値が $|z|^2$，偏角が $2\arg z$ の点を表す。

(4) $\frac{1}{z}$ は絶対値が $\left|\frac{1}{z}\right|$，偏角は $\arg\left|\frac{1}{z}\right|=\arg 1-\arg\overline{z}$ であり，$1=\cos 0+i\sin 0$ から求める。

解　答

(1) $$\overline{z}=2\left(\cos\frac{\pi}{5}-i\sin\frac{\pi}{5}\right)=2\left\{\cos\left(-\frac{\pi}{5}\right)+i\sin\left(-\frac{\pi}{5}\right)\right\}$$

(2) $$iz=\left(\cos\frac{\pi}{2}+i\sin\frac{\pi}{2}\right)\cdot 2\left(\cos\frac{\pi}{5}+i\sin\frac{\pi}{5}\right)$$
$$=2\left\{\cos\left(\frac{\pi}{2}+\frac{\pi}{5}\right)+i\sin\left(\frac{\pi}{2}+\frac{\pi}{5}\right)\right\}$$
$$=2\left(\cos\frac{7}{10}\pi+i\sin\frac{7}{10}\pi\right)$$

(3) $z^2 = 2^2\left\{\cos\left(2\cdot\frac{\pi}{5}\right)+i\sin\left(2\cdot\frac{\pi}{5}\right)\right\}$

$= 4\left(\cos\frac{2}{5}\pi+i\sin\frac{2}{5}\pi\right)$

(4) $\frac{1}{z} = \frac{1}{2\left\{\cos\left(-\frac{\pi}{5}\right)+i\sin\left(-\frac{\pi}{5}\right)\right\}}$

$= \frac{1}{2}\cdot\frac{\cos 0+i\sin 0}{\cos\left(-\frac{\pi}{5}\right)+i\sin\left(-\frac{\pi}{5}\right)}$ ⟵ $1=\cos 0+i\sin 0$

$= \frac{1}{2}\cdot\left[\cos\left\{0-\left(-\frac{\pi}{5}\right)\right\}+i\sin\left\{0-\left(-\frac{\pi}{5}\right)\right\}\right]$

$= \frac{1}{2}\left(\cos\frac{\pi}{5}+i\sin\frac{\pi}{5}\right)$

(1)～(4)を図示すると，下の図のようになる。

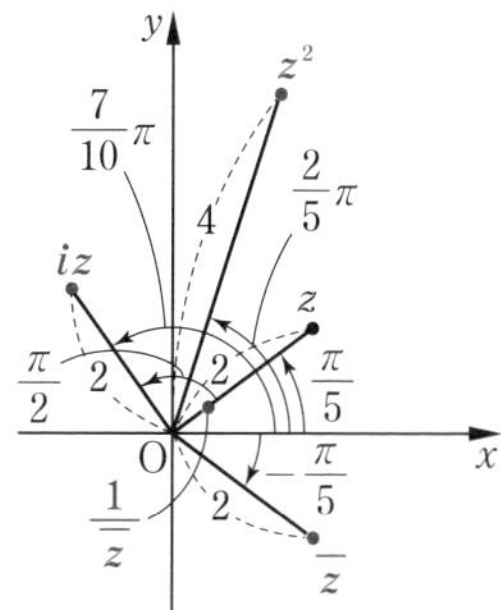

3 次の計算をせよ。

(1) $2\left(\cos\frac{5}{12}\pi+i\sin\frac{5}{12}\pi\right)\left(\cos\frac{\pi}{12}+i\sin\frac{\pi}{12}\right)$

(2) $\dfrac{\sqrt{3}\left(\cos\frac{11}{18}\pi+i\sin\frac{11}{18}\pi\right)}{2\left(\cos\frac{5}{18}\pi+i\sin\frac{5}{18}\pi\right)}$

考え方 複素数の積と商についての性質を用いて計算する。

解答 (1) $2\left(\cos\frac{5}{12}\pi+i\sin\frac{5}{12}\pi\right)\left(\cos\frac{\pi}{12}+i\sin\frac{\pi}{12}\right)$

$= 2\left\{\cos\left(\frac{5}{12}\pi+\frac{\pi}{12}\right)+i\sin\left(\frac{5}{12}\pi+\frac{\pi}{12}\right)\right\}$

$= 2\left(\cos\frac{\pi}{2}+i\sin\frac{\pi}{2}\right)$

$= 2i$

(2)
$$\frac{\sqrt{3}\left(\cos\frac{11}{18}\pi+i\sin\frac{11}{18}\pi\right)}{2\left(\cos\frac{5}{18}\pi+i\sin\frac{5}{18}\pi\right)}$$
$$=\frac{\sqrt{3}}{2}\left\{\cos\left(\frac{11}{18}\pi-\frac{5}{18}\pi\right)+i\sin\left(\frac{11}{18}\pi-\frac{5}{18}\pi\right)\right\}$$
$$=\frac{\sqrt{3}}{2}\left(\cos\frac{\pi}{3}+i\sin\frac{\pi}{3}\right)$$
$$=\frac{\sqrt{3}}{2}\left(\frac{1}{2}+\frac{\sqrt{3}}{2}i\right)$$
$$=\frac{\sqrt{3}}{4}+\frac{3}{4}i$$

4 $(\cos\theta_1-i\sin\theta_1)\cdot(\cos\theta_2-i\sin\theta_2)=\cos(\theta_1+\theta_2)-i\sin(\theta_1+\theta_2)$
が成り立つことを少なくとも 2 通りの方法で示せ。

考え方 ① 三角関数の加法定理
② 複素数の積と共役な複素数の性質
③ 三角関数の性質と複素数の積
を利用して，証明する。

証明 ① **三角関数の加法定理を利用する証明**

三角関数の加法定理により
$$\cos\theta_1\cos\theta_2-\sin\theta_1\sin\theta_2=\cos(\theta_1+\theta_2)$$
$$\sin\theta_1\cos\theta_2+\cos\theta_1\sin\theta_2=\sin(\theta_1+\theta_2)$$
であるから
$$(\cos\theta_1-i\sin\theta_1)(\cos\theta_2-i\sin\theta_2)$$
$$=\cos\theta_1\cos\theta_2-\sin\theta_1\sin\theta_2-i(\sin\theta_1\cos\theta_2+\cos\theta_1\sin\theta_2)$$
$$=\cos(\theta_1+\theta_2)-i\sin(\theta_1+\theta_2)$$

② **複素数の積と共役な複素数の性質を利用する証明**

複素数の積の性質より
$$(\cos\theta_1+i\sin\theta_1)\cdot(\cos\theta_2+i\sin\theta_2)=\cos(\theta_1+\theta_2)+i\sin(\theta_1+\theta_2)$$
左辺の共役な複素数は
$$\overline{(\cos\theta_1+i\sin\theta_1)\cdot(\cos\theta_2+i\sin\theta_2)}$$
$$=\overline{(\cos\theta_1+i\sin\theta_1)}\cdot\overline{(\cos\theta_2+i\sin\theta_2)}$$
$$=(\cos\theta_1-i\sin\theta_1)\cdot(\cos\theta_2-i\sin\theta_2)$$
右辺の共役な複素数は
$$\overline{\cos(\theta_1+\theta_2)+i\sin(\theta_1+\theta_2)}=\cos(\theta_1+\theta_2)-i\sin(\theta_1+\theta_2)$$
両辺のそれぞれの共役な複素数は等しいから
$$(\cos\theta_1-i\sin\theta_1)\cdot(\cos\theta_2-i\sin\theta_2)=\cos(\theta_1+\theta_2)-i\sin(\theta_1+\theta_2)$$

③ **三角関数の性質と複素数の積を利用する証明**

$\cos\theta = \cos(-\theta)$, $-\sin\theta = \sin(-\theta)$ であるから

$$
\begin{aligned}
&(\cos\theta_1 - i\sin\theta_1)(\cos\theta_2 - i\sin\theta_2)\\
&= (\cos(-\theta_1) + i\sin(-\theta_1))(\cos(-\theta_2) + i\sin(-\theta_2))\\
&= \cos\{-(\theta_1+\theta_2)\} + i\sin\{-(\theta_1+\theta_2)\}\\
&= \cos(\theta_1+\theta_2) - i\sin(\theta_1+\theta_2)
\end{aligned}
$$

5 点 $\sqrt{3}+i$ を原点Oを中心に，次の角だけ回転した点を表す複素数を求めよ。

(1) $\dfrac{\pi}{3}$　　(2) $-\dfrac{\pi}{2}$　　(3) $-\dfrac{5}{6}\pi$　　(4) $\dfrac{4}{3}\pi$

考え方 $\sqrt{3}+i$ を極形式で表し，その偏角に回転する角を加えた偏角をもつ複素数を求める。

解答 $\sqrt{3}+i$ を極形式で表すと

$$\sqrt{3}+i = 2\left(\cos\frac{\pi}{6} + i\sin\frac{\pi}{6}\right)$$

となる。

(1)
$$2\left\{\cos\left(\frac{\pi}{6}+\frac{\pi}{3}\right) + i\sin\left(\frac{\pi}{6}+\frac{\pi}{3}\right)\right\} = 2\left(\cos\frac{\pi}{2} + i\sin\frac{\pi}{2}\right)$$
$$= 2i$$

(2)
$$2\left\{\cos\left(\frac{\pi}{6}-\frac{\pi}{2}\right) + i\sin\left(\frac{\pi}{6}-\frac{\pi}{2}\right)\right\}$$
$$= 2\left\{\cos\left(-\frac{\pi}{3}\right) + i\sin\left(-\frac{\pi}{3}\right)\right\}$$
$$= 2\left(\frac{1}{2} - \frac{\sqrt{3}}{2}i\right)$$
$$= 1 - \sqrt{3}\,i$$

(3)
$$2\left\{\cos\left(\frac{\pi}{6}-\frac{5}{6}\pi\right) + i\sin\left(\frac{\pi}{6}-\frac{5}{6}\pi\right)\right\}$$
$$= 2\left\{\cos\left(-\frac{2}{3}\pi\right) + i\sin\left(-\frac{2}{3}\pi\right)\right\}$$
$$= 2\left(-\frac{1}{2} - \frac{\sqrt{3}}{2}i\right)$$
$$= -1 - \sqrt{3}\,i$$

(4)
$$2\left\{\cos\left(\frac{\pi}{6}+\frac{4}{3}\pi\right) + i\sin\left(\frac{\pi}{6}+\frac{4}{3}\pi\right)\right\}$$
$$= 2\left(\cos\frac{3}{2}\pi + i\sin\frac{3}{2}\pi\right)$$
$$= -2i$$

6 原点Oを中心とする円に内接する正三角形の1つの頂点を表す複素数が $1+2i$ であるとき，他の2頂点を表す複素数を求めよ。

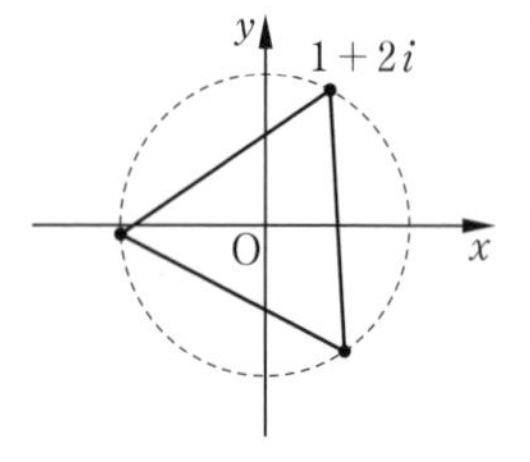

考え方 点 $1+2i$ を原点Oを中心に $\pm\dfrac{2}{3}\pi$ だけ回転した点を求める。

解答 $\alpha=1+2i$ とする。

他の2頂点は，点 α を原点Oを中心に

$$\frac{2}{3}\pi \quad \text{または} \quad -\frac{2}{3}\pi$$

だけ回転した点である。

点 α を原点Oを中心に $\dfrac{2}{3}\pi$ だけ回転した点を表す複素数は

$$\left(\cos\frac{2}{3}\pi+i\sin\frac{2}{3}\pi\right)\alpha=\left(-\frac{1}{2}+\frac{\sqrt{3}}{2}i\right)(1+2i)$$
$$=\frac{-1-2\sqrt{3}}{2}+\frac{-2+\sqrt{3}}{2}i$$

点 α を原点Oを中心に $-\dfrac{2}{3}\pi$ だけ回転した点を表す複素数は

$$\left\{\cos\left(-\frac{2}{3}\pi\right)+i\sin\left(-\frac{2}{3}\pi\right)\right\}\alpha=\left(-\frac{1}{2}-\frac{\sqrt{3}}{2}i\right)(1+2i)$$
$$=\frac{-1+2\sqrt{3}}{2}+\frac{-2-\sqrt{3}}{2}i$$

7 次の方程式を解き，解が表す点を複素数平面上に図示せよ。

(1) $z^3=i$　　(2) $z^6+8=0$　　(3) $z^2=1-\sqrt{3}\,i$

考え方 方程式の両辺を極形式で表して，絶対値と偏角をそれぞれ比較する。

解答 (1) 右辺を極形式で表すと

$$i=\cos\frac{\pi}{2}+i\sin\frac{\pi}{2}$$

ここで，z を極形式で　$z=r(\cos\theta+i\sin\theta)$　…… ①

と表すと，方程式 $z^3=i$ は，次のように表される。

$$r^3(\cos 3\theta+i\sin 3\theta)=\cos\frac{\pi}{2}+i\sin\frac{\pi}{2}$$

両辺の絶対値と偏角を比較して

$r^3=1$，$r>0$ より　$r=1$

$3\theta=\dfrac{\pi}{2}+2\pi\times k$ （k は整数） より　$\theta=\dfrac{\pi}{6}+\dfrac{2}{3}k\pi$

$0 \leqq \theta < 2\pi$ の範囲で考えると　　$k = 0,\ 1,\ 2$

したがって　　$\theta = \dfrac{\pi}{6},\ \dfrac{5}{6}\pi,\ \dfrac{3}{2}\pi$

$r,\ \theta$ を ① に代入して計算すると

$$z = \cos\frac{\pi}{6} + i\sin\frac{\pi}{6} = \frac{\sqrt{3}}{2} + \frac{1}{2}i$$

$$z = \cos\frac{5}{6}\pi + i\sin\frac{5}{6}\pi = -\frac{\sqrt{3}}{2} + \frac{1}{2}i$$

$$z = \cos\frac{3}{2}\pi + i\sin\frac{3}{2}\pi = -i$$

よって

$$z = \frac{\sqrt{3}}{2} + \frac{1}{2}i,\ -\frac{\sqrt{3}}{2} + \frac{1}{2}i,\ -i$$

解が表す点を複素数平面上に図示すると，右の図のようになる。

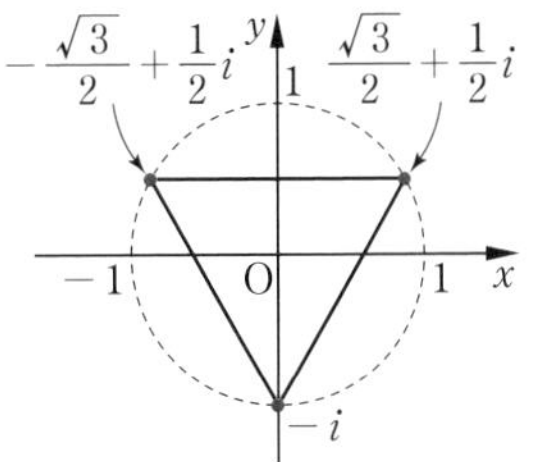

(2)　$z^6 + 8 = 0$ より　$z^6 = -8$

右辺を極形式で表すと

$$-8 = 8(\cos\pi + i\sin\pi)$$

ここで，z を極形式で　　$z = r(\cos\theta + i\sin\theta)$ ……①

と表すと，方程式 $z^6 = -8$ は，次のように表される。

$$r^6(\cos 6\theta + i\sin 6\theta) = 8(\cos\pi + i\sin\pi)$$

両辺の絶対値と偏角を比較して

$r^6 = 8,\ r > 0$ より　　$r = \sqrt{2}$

$6\theta = \pi + 2\pi \times k$（$k$ は整数）より　$\theta = \dfrac{\pi}{6} + \dfrac{k\pi}{3}$

$0 \leqq \theta < 2\pi$ の範囲で考えると　　$k = 0,\ 1,\ 2,\ 3,\ 4,\ 5$

したがって　　$\theta = \dfrac{\pi}{6},\ \dfrac{\pi}{2},\ \dfrac{5}{6}\pi,\ \dfrac{7}{6}\pi,\ \dfrac{3}{2}\pi,\ \dfrac{11}{6}\pi$

$r,\ \theta$ を ① に代入して計算すると

$$z = \sqrt{2}\left(\cos\frac{\pi}{6} + i\sin\frac{\pi}{6}\right) = \sqrt{2}\left(\frac{\sqrt{3}}{2} + \frac{1}{2}i\right) = \frac{\sqrt{6}}{2} + \frac{\sqrt{2}}{2}i$$

$$z = \sqrt{2}\left(\cos\frac{\pi}{2} + i\sin\frac{\pi}{2}\right) = \sqrt{2}\,i$$

$$z = \sqrt{2}\left(\cos\frac{5}{6}\pi + i\sin\frac{5}{6}\pi\right) = \sqrt{2}\left(-\frac{\sqrt{3}}{2} + \frac{1}{2}i\right) = -\frac{\sqrt{6}}{2} + \frac{\sqrt{2}}{2}i$$

$$z = \sqrt{2}\left(\cos\frac{7}{6}\pi + i\sin\frac{7}{6}\pi\right) = \sqrt{2}\left(-\frac{\sqrt{3}}{2} - \frac{1}{2}i\right) = -\frac{\sqrt{6}}{2} - \frac{\sqrt{2}}{2}i$$

$$z = \sqrt{2}\left(\cos\frac{3}{2}\pi + i\sin\frac{3}{2}\pi\right) = -\sqrt{2}\,i$$

$$z=\sqrt{2}\left(\cos\frac{11}{6}\pi+i\sin\frac{11}{6}\pi\right)=\sqrt{2}\left(\frac{\sqrt{3}}{2}-\frac{1}{2}i\right)=\frac{\sqrt{6}}{2}-\frac{\sqrt{2}}{2}i$$

よって

$$z=\frac{\sqrt{6}}{2}+\frac{\sqrt{2}}{2}i,\ \sqrt{2}\,i,$$

$$-\frac{\sqrt{6}}{2}+\frac{\sqrt{2}}{2}i,$$

$$-\frac{\sqrt{6}}{2}-\frac{\sqrt{2}}{2}i,$$

$$-\sqrt{2}\,i,\ \frac{\sqrt{6}}{2}-\frac{\sqrt{2}}{2}i$$

解が表す点を複素数平面上に図示すると，上の図のようになる。

(3) 右辺を極形式で表すと

$$1-\sqrt{3}\,i=2\left\{\cos\left(-\frac{\pi}{3}\right)+i\sin\left(-\frac{\pi}{3}\right)\right\}$$

ここで，z を極形式で　$z=r(\cos\theta+i\sin\theta)$　…… ①

と表すと，方程式 $z^2=1-\sqrt{3}\,i$ は，次のように表される。

$$r^2(\cos 2\theta+i\sin 2\theta)=2\left\{\cos\left(-\frac{\pi}{3}\right)+i\sin\left(-\frac{\pi}{3}\right)\right\}$$

両辺の絶対値と偏角を比較して

$r^2=2$，$r>0$ より　$r=\sqrt{2}$

$2\theta=-\dfrac{\pi}{3}+2\pi\times k$（$k$ は整数）より　$\theta=-\dfrac{\pi}{6}+k\pi$

$0\leqq\theta<2\pi$ の範囲で考えると　$k=1,\ 2$

したがって　$\theta=\dfrac{5}{6}\pi,\ \dfrac{11}{6}\pi$

r，θ を ① に代入して計算すると

$$z=\sqrt{2}\left(\cos\frac{5}{6}\pi+i\sin\frac{5}{6}\pi\right)=\sqrt{2}\left(-\frac{\sqrt{3}}{2}+\frac{1}{2}i\right)=-\frac{\sqrt{6}}{2}+\frac{\sqrt{2}}{2}i$$

$$z=\sqrt{2}\left(\cos\frac{11}{6}\pi+i\sin\frac{11}{6}\pi\right)=\sqrt{2}\left(\frac{\sqrt{3}}{2}-\frac{1}{2}i\right)=\frac{\sqrt{6}}{2}-\frac{\sqrt{2}}{2}i$$

よって

$$z=-\frac{\sqrt{6}}{2}+\frac{\sqrt{2}}{2}i,$$

$$\frac{\sqrt{6}}{2}-\frac{\sqrt{2}}{2}i$$

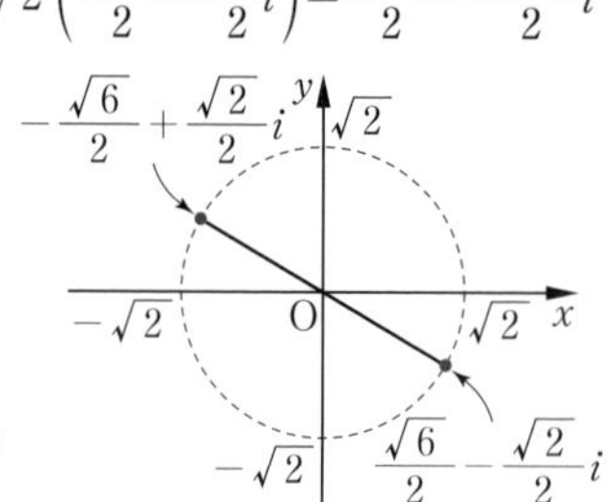

解が表す点を複素数平面上に図示すると，右の図のようになる。

2節 図形への応用

1 複素数平面上の図形

用語のまとめ

アポロニウスの円

- $m \neq n$ のとき，2点A，Bからの距離の比が $m:n$ であるような点Pは円をえがく。この円を **アポロニウスの円** という。
また，$m=n$ のときは，点Pは線分ABの垂直二等分線をえがく。

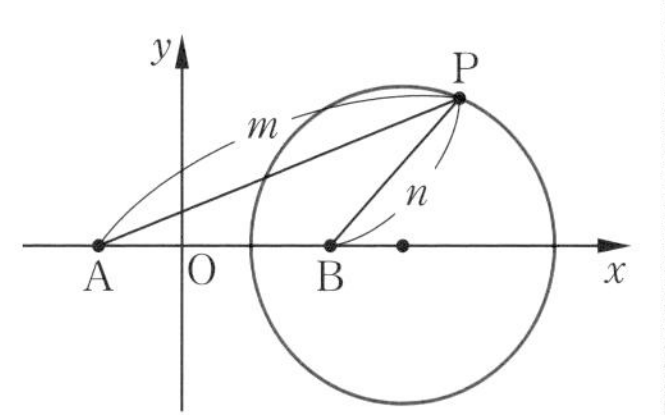

● 内分点と外分点 解き方のポイント

2点 $A(\alpha)$，$B(\beta)$ を結ぶ線分ABを $m:n$ の比に

内分する点は $\dfrac{n\alpha+m\beta}{m+n}$，　外分する点は $\dfrac{-n\alpha+m\beta}{m-n}$

特に，線分ABの中点は $\dfrac{\alpha+\beta}{2}$

教 p.135

問1 次の2点 $A(\alpha)$，$B(\beta)$ を結ぶ線分ABを $3:2$ に内分する点および外分する点を表す複素数を求めよ。

(1) $\alpha=2+4i$，$\beta=7-i$　　(2) $\alpha=4-i$，$\beta=-2+3i$

考え方 複素数平面上の線分の内分点，外分点の公式にあてはめて計算する。

解答 (1) **内分する点は**

$$\frac{2\alpha+3\beta}{3+2}=\frac{2(2+4i)+3(7-i)}{5}=\frac{25+5i}{5}=5+i$$

外分する点は

$$\frac{-2\alpha+3\beta}{3-2}=-2(2+4i)+3(7-i)=17-11i$$

(2) **内分する点は**

$$\frac{2\alpha+3\beta}{3+2}=\frac{2(4-i)+3(-2+3i)}{5}=\frac{2+7i}{5}=\frac{2}{5}+\frac{7}{5}i$$

外分する点は

$$\frac{-2\alpha+3\beta}{3-2}=-2(4-i)+3(-2+3i)=-14+11i$$

教 p.135

問 2　△ABC の 2 頂点 A，B および重心 G を表す複素数をそれぞれ $-1-i$，$8+i$，$4+2i$ とするとき，頂点 C を表す複素数を求めよ。

考え方　3 点 A(α)，B(β)，C(γ) を頂点とする △ABC の重心を表す複素数は $\dfrac{\alpha+\beta+\gamma}{3}$ である。

解　答　頂点 C を表す複素数を γ とすると

$$\frac{(-1-i)+(8+i)+\gamma}{3}=4+2i$$

$$7+\gamma=3(4+2i)$$

よって　$\gamma=5+6i$　（$\gamma=12+6i-7$）

● 円　　解き方のポイント

点 C(α)を中心とする半径 r の円上の点 P(z) は

$\mathrm{CP}=r$　すなわち　$|z-\alpha|=r$

を満たす点である。

特に，原点 O を中心とする半径 r の円上の点 P(z) は

$|z|=r$

を満たす点である。

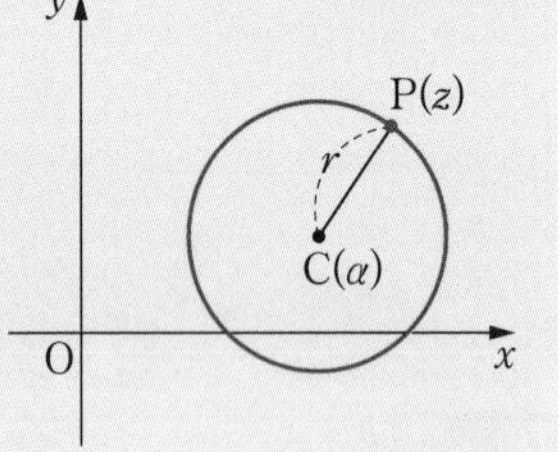

教 p.136

問 3　次の条件を満たす点 z はどのような図形をえがくか。

(1)　$|z-2i|=3$　　　(2)　$|z-2+3i|=4$

考え方　$|z-\alpha|=r$ を満たす点 z は，点 α を中心とする半径 r の円をえがく。

解　答　(1)　点 z は，**点 $2i$ を中心とする半径 3 の円** をえがく。

(2)　$|z-(2-3i)|=4$ と変形できるから，点 z は，**点 $2-3i$ を中心とする半径 4 の円** をえがく。

● 垂直二等分線　　解き方のポイント

異なる 2 点 A(α)，B(β) を結ぶ線分 AB の垂直二等分線上の点 P(z) は

$\mathrm{AP}=\mathrm{BP}$

すなわち，$|z-\alpha|=|z-\beta|$ を満たす点である。

教 p.136

問4　次の条件を満たす点 z はどのような図形をえがくか。

$$|z-3|=|z+1-i|$$

考え方　$|z-\alpha|=|z-\beta|$ を満たす点 z は，2 点 α，β を結ぶ線分の垂直二等分線をえがく。

解答　$|z-3|=|z-(-1+i)|$ と変形できるから，2 点を $\mathrm{A}(3)$，$\mathrm{B}(-1+i)$ とするとき，点 z は，**2 点 $\mathrm{A}(3)$，$\mathrm{B}(-1+i)$ を結ぶ線分 AB の垂直二等分線** をえがく。

教 p.137

問5　次の条件を満たす点 z はどのような図形をえがくか。

$$|z+2i|=3|z-2i|$$

考え方　複素数 α に対して $|\alpha|^2=\alpha\overline{\alpha}$ であることを用いて変形する。

解答　両辺を 2 乗すると

$$|z+2i|^2=3^2|z-2i|^2$$

$$(z+2i)\overline{(z+2i)}=9(z-2i)\overline{(z-2i)}$$

$$(z+2i)(\overline{z}-2i)=9(z-2i)(\overline{z}+2i)$$

展開して整理すると

$$z\overline{z}-2i(z-\overline{z})+4=9\{z\overline{z}+2i(z-\overline{z})+4\}$$

$$8z\overline{z}+20i(z-\overline{z})+32=0$$

$$z\overline{z}+\frac{5}{2}i(z-\overline{z})+4=0$$

よって

$$\left(z-\frac{5}{2}i\right)\left(\overline{z}+\frac{5}{2}i\right)=\left(\frac{5}{2}\right)^2-4$$

$$\left(z-\frac{5}{2}i\right)\overline{\left(z-\frac{5}{2}i\right)}=\frac{9}{4}$$

$$\left|z-\frac{5}{2}i\right|^2=\left(\frac{3}{2}\right)^2$$

ゆえに

$$\left|z-\frac{5}{2}i\right|=\frac{3}{2}$$

したがって，点 z は，**点 $\frac{5}{2}i$ を中心とする半径 $\frac{3}{2}$ の円** をえがく。

教 p.138

問6 点 z が単位円上を動くとき，次のように表される点 w はどのような図形をえがくか。

(1) $w=z-1$　　(2) $w=i(2z+1)$

考え方 与えられた等式を z について解き，$|z|=1$ に代入する。

解答 (1) 点 z が単位円上を動くから

$$|z|=1 \quad \cdots\cdots ①$$

$w=z-1$ を z について解くと

$$z=w+1$$

これを ① に代入して

$$|w+1|=1$$

したがって，点 w は，**点 -1 を中心とする半径1の円** をえがく。

(2) 点 z が単位円上を動くから

$$|z|=1 \quad \cdots\cdots ①$$

$w=i(2z+1)$ を z について解くと

$$z=\left(\frac{w}{i}-1\right)\cdot\frac{1}{2}=\frac{w-i}{2i}$$

これを ① に代入して

$$\left|\frac{w-i}{2i}\right|=1$$

$$\frac{|w-i|}{|2i|}=1$$

$$|w-i|=2$$

$|2i|=\sqrt{0^2+2^2}=2$

したがって，点 w は，**点 i を中心とする半径2の円** をえがく。

一般の点を中心とした回転　　解き方のポイント

複素数平面上で，点 β を点 α を中心に角 θ だけ回転した点を γ とするとき

$$\gamma-\alpha=(\cos\theta+i\sin\theta)(\beta-\alpha)$$

教 p.139

問7 点 $5+4i$ を点 $1+i$ を中心に $\frac{\pi}{2}$ だけ回転した点 z を求めよ。

解答

$$z-(1+i)=\left(\cos\frac{\pi}{2}+i\sin\frac{\pi}{2}\right)\{(5+4i)-(1+i)\}$$

より

$$z=i(4+3i)+(1+i)=-2+5i$$

2 複素数と角

● 半直線のなす角 解き方のポイント

複素数平面上の異なる 2 点 A(α), B(β) について，半直線 AB が実軸の正の向きとなす角を θ とする。
$-\alpha$ だけ平行移動すると，点 A は原点 O に移り，点 B は点 B$'(\beta-\alpha)$ に移るから

$$\theta=\arg(\beta-\alpha)$$

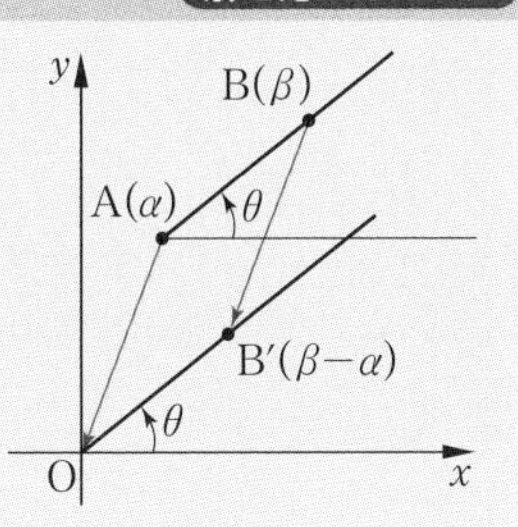

教 p.140

問8 複素数 $\sqrt{3}+i$，$4i$ が表す点をそれぞれ A，B とする。このとき，半直線 AB が実軸の正の向きとなす角を求めよ。

考え方 2 点 A(α)，B(β) について，半直線 AB が実軸の正の向きとなす角を θ とすると，$\theta=\arg(\beta-\alpha)$ である。

解答 半直線 AB が実軸の正の向きとなす角を θ とすると

$$\begin{aligned}4i-(\sqrt{3}+i)&=-\sqrt{3}+3i\\&=2\sqrt{3}\left(-\frac{1}{2}+\frac{\sqrt{3}}{2}i\right)\\&=2\sqrt{3}\left(\cos\frac{2}{3}\pi+i\sin\frac{2}{3}\pi\right)\end{aligned}$$

よって　$\theta=\arg(-\sqrt{3}+3i)$

$$=\frac{2}{3}\pi$$

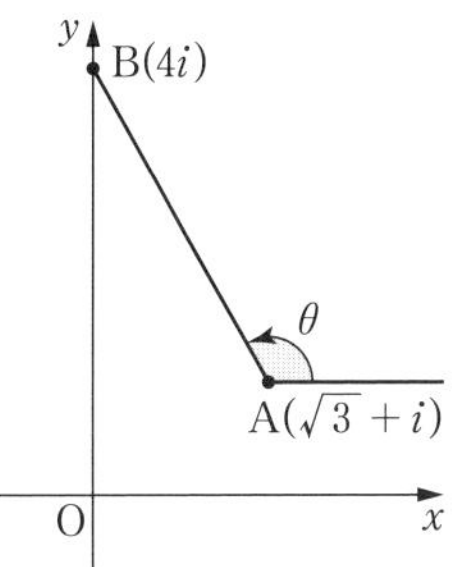

● 複素数と角 解き方のポイント

異なる 3 点 A(α)，B(β)，C(γ) に対して

$$\angle\mathrm{BAC}=\arg\left(\frac{\gamma-\alpha}{\beta-\alpha}\right)$$

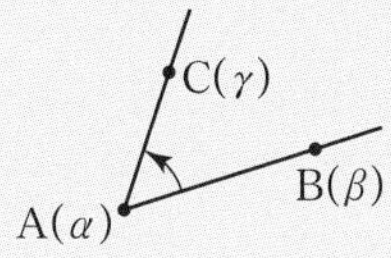

教 p.141

問9 複素数 $-\sqrt{3}+i$，i，$-2\sqrt{3}+4i$ が表す点をそれぞれ A，B，C とするとき，∠BAC を求めよ。

考え方 異なる 3 点 A(α)，B(β)，C(γ) について，$\angle\mathrm{BAC}=\arg\left(\dfrac{\gamma-\alpha}{\beta-\alpha}\right)$ である。

解答

$$\frac{(-2\sqrt{3}+4i)-(-\sqrt{3}+i)}{i-(-\sqrt{3}+i)}$$
$$=\frac{-\sqrt{3}+3i}{\sqrt{3}}$$
$$=-1+\sqrt{3}\,i$$
$$=2\left(-\frac{1}{2}+\frac{\sqrt{3}}{2}i\right)$$
$$=2\left(\cos\frac{2}{3}\pi+i\sin\frac{2}{3}\pi\right)$$

よって　$\angle\mathrm{BAC}=\arg\dfrac{(-2\sqrt{3}+4i)-(-\sqrt{3}+i)}{i-(-\sqrt{3}+i)}$

$$=\frac{2}{3}\pi$$

一直線上にある条件，垂直に交わる条件　解き方のポイント

異なる 3 点 A(α)，B(β)，C(γ) において

3 点 A，B，C が一直線上にある $\Longleftrightarrow$ $\dfrac{\gamma-\alpha}{\beta-\alpha}$ が実数

2 直線 AB，AC が垂直に交わる $\Longleftrightarrow$ $\dfrac{\gamma-\alpha}{\beta-\alpha}$ が純虚数

教 p.142

問10 3 点 A$(2+5i)$，B$(-1-i)$，C$(4+xi)$ について，次の条件を満たすような実数 x の値を求めよ。

(1) 3 点 A，B，C が一直線上にある。

(2) 2 直線 AB，AC が垂直に交わる。

解答
$$\frac{(4+xi)-(2+5i)}{(-1-i)-(2+5i)}=\frac{2+(x-5)i}{-3-6i}$$
$$=-\frac{1}{3}\cdot\frac{2+(x-5)i}{1+2i}$$
$$=-\frac{1}{3}\cdot\frac{\{2+(x-5)i\}(1-2i)}{(1+2i)(1-2i)}$$
$$=-\frac{1}{3}\cdot\frac{2-4i+(x-5)i-2(x-5)i^2}{1-4i^2}$$
$$=-\frac{(2x-8)+(x-9)i}{15} \quad \cdots\cdots ①$$

(1) 3 点 A，B，C が一直線上にあるのは，① が実数のときである。
したがって　$x-9=0$
すなわち　$x=9$

(2) 2 直線 AB，AC が垂直に交わるのは，① が純虚数のときである。
したがって　$2x-8=0$　かつ　$x-9\neq 0$
すなわち　$x=4$

教 p.143

問 11　3 点 A(α)，B(β)，C(γ) において，$\dfrac{\gamma-\alpha}{\beta-\alpha}=i$ が成り立つとき，△ABC はどのような三角形か。

考え方　△ABC の形状は，$\dfrac{\gamma-\alpha}{\beta-\alpha}$ の絶対値と偏角を調べる。
絶対値から 2 辺の長さの比
偏角から 2 辺のなす角
がそれぞれ分かる。

解答　$\left|\dfrac{\gamma-\alpha}{\beta-\alpha}\right|=|i|=1$ より
$AB:AC=|\beta-\alpha|:|\gamma-\alpha|=1:1$
$\angle BAC=\arg\left(\dfrac{\gamma-\alpha}{\beta-\alpha}\right)=\arg i=\dfrac{\pi}{2}$

C(γ)
1
π/2
B(β)
1
A(α)

ゆえに　$AB=AC$，$\angle BAC=\dfrac{\pi}{2}$
したがって，△ABCは，$\angle BAC=\dfrac{\pi}{2}$ であるような直角二等辺三角形である。

問　題　　教 p.143

8 複素数平面上の 3 点 $\alpha=3+5i$, $\beta=1-3i$, $\gamma=1-i$ をそれぞれ A，B，C とするとき，次の点を表す複素数を求めよ。

(1) 平行四辺形 ABCD の頂点 D　　(2) 正三角形 ABE の頂点 E

考え方 (1) 平行四辺形の対角線は，それぞれの中点で交わるから，平行四辺形の対角線 AC と BD の中点が一致することを用いる。

(2) 点 B を点 A を中心に $\pm\dfrac{\pi}{3}$ だけ回転した点が E である。

解　答 (1) 点 D を表す複素数を δ とすると，平行四辺形の対角線 AC の中点と BD の中点は一致するから

$$\frac{\alpha+\gamma}{2}=\frac{\beta+\delta}{2}$$

よって

$$\delta=\alpha+\gamma-\beta=(3+5i)+(1-i)-(1-3i)=\mathbf{3+7}\boldsymbol{i}$$

(2) 点 E を表す複素数を ε とすると，点 E は，点 B を点 A を中心に $\dfrac{\pi}{3}$ または $-\dfrac{\pi}{3}$ だけ回転した点である。

$\dfrac{\pi}{3}$ だけ回転したとき

$$\varepsilon-\alpha=\left(\cos\frac{\pi}{3}+i\sin\frac{\pi}{3}\right)(\beta-\alpha)$$

より

$$\begin{aligned}\varepsilon&=\left(\frac{1}{2}+\frac{\sqrt{3}}{2}i\right)(-2-8i)+(3+5i)\\&=-1-4i-\sqrt{3}\,i-4\sqrt{3}\,i^2+3+5i\\&=(\mathbf{2+4\sqrt{3}})+(\mathbf{1-\sqrt{3}})\boldsymbol{i}\end{aligned}$$

$-\dfrac{\pi}{3}$ だけ回転したとき

$$\varepsilon-\alpha=\left\{\cos\left(-\frac{\pi}{3}\right)+i\sin\left(-\frac{\pi}{3}\right)\right\}(\beta-\alpha)$$

より

$$\begin{aligned}\varepsilon&=\left(\frac{1}{2}-\frac{\sqrt{3}}{2}i\right)(-2-8i)+(3+5i)\\&=-1-4i+\sqrt{3}\,i+4\sqrt{3}\,i^2+3+5i\\&=(\mathbf{2-4\sqrt{3}})+(\mathbf{1+\sqrt{3}})\boldsymbol{i}\end{aligned}$$

9 点 z に対して，$w=(1+i)(z-1)$ で表される点 w がある。このとき，次の問に答えよ。

(1) z を w の式で表せ。

(2) 点 z が単位円上を動くとき，点 w はどのような図形をえがくか。

考え方 (1) w の式を z について解けばよい。

(2) $|z|=1$ を w の等式で表し，その式の図形的意味を考える。

解答 (1) $w=(1+i)(z-1)$ を z について解く。

両辺を $1+i$ で割って　$z-1=\dfrac{w}{1+i}$

よって　$z=\dfrac{w}{1+i}+1=\dfrac{w+1+i}{1+i}$

(2) 点 z が単位円上を動くから　$|z|=1$　……①

(1)の結果を①に代入して

$$\left|\frac{w+1+i}{1+i}\right|=1$$

$$\frac{|w+1+i|}{|1+i|}=1$$

$$\frac{|w+1+i|}{\sqrt{2}}=1$$

$|1+i|=\sqrt{1^2+1^2}=\sqrt{2}$

$$|w+1+i|=\sqrt{2}$$

したがって，点 w は，**点 $-1-i$ を中心とする半径 $\sqrt{2}$ の円** をえがく。

10 複素数平面上の3点 A$(1+5i)$，B$(2+3i)$，C$(-1+9i)$ は一直線上にあることを示せ。また，A は線分 BC をどのような比に分けるかを答えよ。

考え方 異なる3点 A(α)，B(β)，C(γ) について，3点 A，B，C が一直線上にあるための条件は，$\dfrac{\gamma-\alpha}{\beta-\alpha}$ が実数であることを示せばよい。そこで得られた関係式を α について解けば，内分点の公式にあてはめた形が得られる。

解答 $\alpha=1+5i$，$\beta=2+3i$，$\gamma=-1+9i$ とおくと

$$\frac{\gamma-\alpha}{\beta-\alpha}=\frac{(-1+9i)-(1+5i)}{(2+3i)-(1+5i)}=\frac{-2+4i}{1-2i}=\frac{-2(1-2i)}{1-2i}=-2$$

この値が実数であるから，3点 A，B，C は一直線上にある。

また，$\dfrac{\gamma-\alpha}{\beta-\alpha}=-2$ より

$\gamma-\alpha=-2\beta+2\alpha$
$3\alpha=2\beta+\gamma$

$$\alpha=\frac{2\beta+\gamma}{3}=\frac{2\beta+\gamma}{1+2}$$

したがって，A は線分 BC を **1：2 に内分する**。

11 $\alpha=2+6i$ とする。2点0，α を結ぶ線分を斜辺とする直角二等辺三角形の第3の頂点を表す複素数 β を求めよ。また，この三角形の面積を求めよ。

考え方 点 α を原点Oを中心に $\pm\dfrac{\pi}{4}$ だけ回転してから，原点Oからの距離を $\dfrac{1}{\sqrt{2}}$ 倍した点が β である。

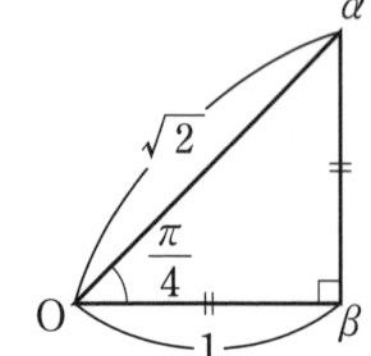

解答 点 β は，点 α を原点Oを中心に $\dfrac{\pi}{4}$ または $-\dfrac{\pi}{4}$ だけ回転し，原点Oからの距離を $\dfrac{1}{\sqrt{2}}$ 倍した点である。

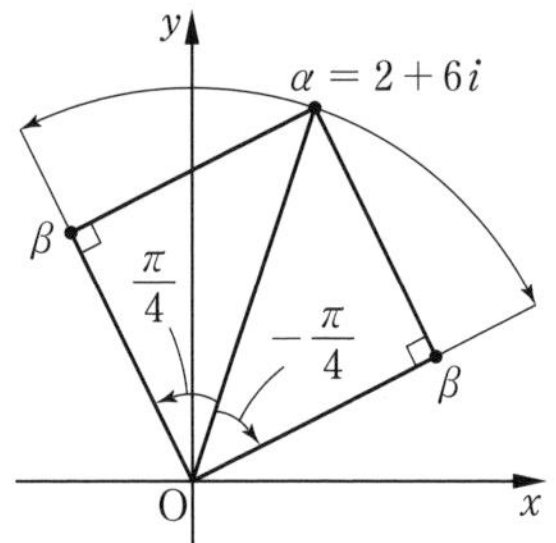

$\dfrac{\pi}{4}$ だけ回転したとき

$$\frac{1}{\sqrt{2}}\left(\cos\frac{\pi}{4}+i\sin\frac{\pi}{4}\right)\alpha$$
$$=\frac{1}{\sqrt{2}}\left(\frac{1}{\sqrt{2}}+\frac{1}{\sqrt{2}}i\right)(2+6i)$$
$$=\left(\frac{1}{2}+\frac{1}{2}i\right)(2+6i)$$
$$=1+3i+i+3i^2=-2+4i$$

$-\dfrac{\pi}{4}$ だけ回転したとき

$$\frac{1}{\sqrt{2}}\left\{\cos\left(-\frac{\pi}{4}\right)+i\sin\left(-\frac{\pi}{4}\right)\right\}\alpha$$
$$=\frac{1}{\sqrt{2}}\left(\frac{1}{\sqrt{2}}-\frac{1}{\sqrt{2}}i\right)(2+6i)=\left(\frac{1}{2}-\frac{1}{2}i\right)(2+6i)$$
$$=1+3i-i-3i^2=4+2i$$

したがって

$$\beta=-2+4i,\ 4+2i$$

この三角形の直角をはさむ2辺の長さは $|\beta|=\sqrt{(-2)^2+4^2}=2\sqrt{5}$

よって，その面積は

$$\frac{1}{2}\cdot(2\sqrt{5})^2=10$$

12 4点 A(z_1), B(z_2), C(z_3), D(z_4)について，次が成り立つことを示せ。

(1) 2直線 AB, CD が平行である $\iff \dfrac{z_4-z_3}{z_2-z_1}$ が実数

(2) 2直線 AB, CD が垂直に交わる $\iff \dfrac{z_4-z_3}{z_2-z_1}$ が純虚数

考え方 AB と CD のなす角は $\arg\left(\dfrac{z_4-z_3}{z_2-z_1}\right)$ に等しい。

AB と CD が平行，垂直であるときの，AB と CD のなす角を考える。

証明 $\arg\left(\dfrac{z_4-z_3}{z_2-z_1}\right)$ は AB と CD のなす角に等しい。

$$\theta=\arg\left(\frac{z_4-z_3}{z_2-z_1}\right)$$

として

$$z=\frac{z_4-z_3}{z_2-z_1}=r(\cos\theta+i\sin\theta)$$

とおく。ただし，$0\leqq\theta<2\pi$ とする。

(1) 2直線 AB, CD が平行である

$\iff \theta=0,\ \pi$

$\iff$ 複素数 z は実数である。

すなわち，

$\dfrac{z_4-z_3}{z_2-z_1}$ が実数

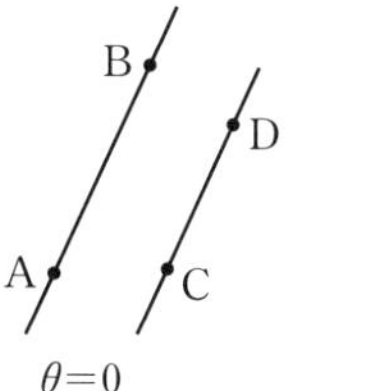

$\theta=0$

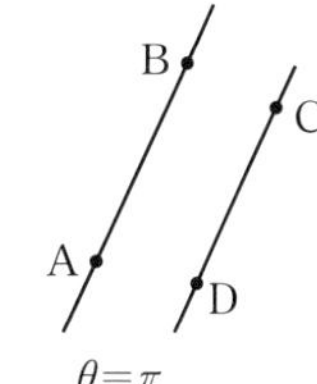

$\theta=\pi$

(2) 2直線 AB, CD が垂直に交わる

$\iff \theta=\dfrac{\pi}{2},\ \dfrac{3}{2}\pi$

$\iff$ 複素数 z は純虚数である。

すなわち，

$\dfrac{z_4-z_3}{z_2-z_1}$ が純虚数

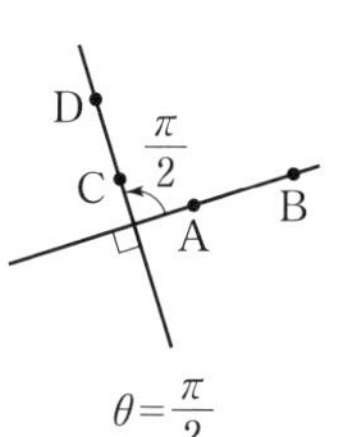

$\theta=\dfrac{\pi}{2}$

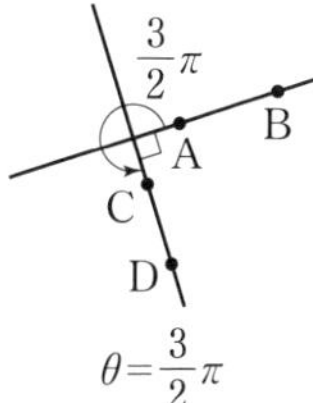

$\theta=\dfrac{3}{2}\pi$

点Cが点Aに移るように直線CDを平行移動したときに，点Dが点D′に移るとすると，(1), (2) は

(1) 3点 A, B, D′が一直線上にあること

(2) 2直線 AB, AD′が垂直に交わること

と同値である。

このことを用いて，次ページのように示すこともできる。

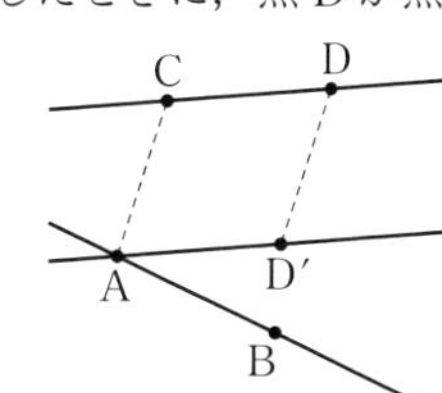

点 C (z_3) を α だけ平行移動して，点 A (z_1) に移るとすると

$$z_3+\alpha=z_1$$

より　$\alpha=z_1-z_3$

よって，点 C が点 A に移るように直線 CD を平行移動したとき，点 D は点 D′ $(z_4+z_1-z_3)$ に移る。

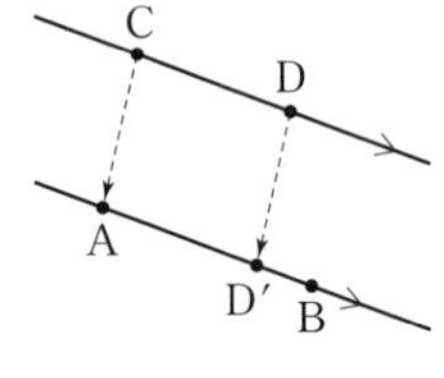

(1)　2 直線 AB，CD が平行である

$\Longleftrightarrow$ 3 点 A，B，D′ が一直線上にある

$\Longleftrightarrow \dfrac{(z_4+z_1-z_3)-z_1}{z_2-z_1}$ が実数

すなわち，$\dfrac{z_4-z_3}{z_2-z_1}$ が実数

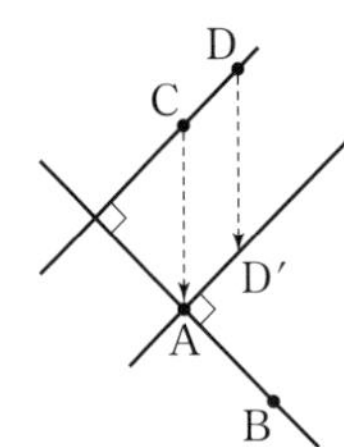

(2)　2 直線 AB，CD が垂直に交わる

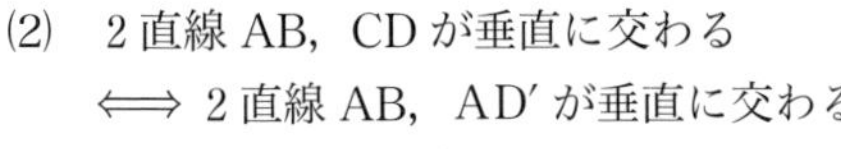

$\Longleftrightarrow$ 2 直線 AB，AD′ が垂直に交わる

$\Longleftrightarrow \dfrac{(z_4+z_1-z_3)-z_1}{z_2-z_1}$ が純虚数

すなわち，$\dfrac{z_4-z_3}{z_2-z_1}$ が純虚数

13　0 でない複素数 z_1，z_2 について，次の問に答えよ。

(1)　$|z_1-z_2|^2+|z_1+z_2|^2=2(|z_1|^2+|z_2|^2)$ が成り立つことを示せ。

(2)　3 点 A (z_1)，B (z_2)，C $(-z_2)$ が一直線上にないとき，(1) で示した等式は △ABC に関してどのようなことを表しているか。

解答　(1)　$|z_1-z_2|^2+|z_1+z_2|^2$

$=(z_1-z_2)\overline{(z_1-z_2)}+(z_1+z_2)\overline{(z_1+z_2)}$

$=(z_1-z_2)(\overline{z_1}-\overline{z_2})+(z_1+z_2)(\overline{z_1}+\overline{z_2})$

$=z_1\overline{z_1}-z_1\overline{z_2}-\overline{z_1}z_2+z_2\overline{z_2}+z_1\overline{z_1}+z_1\overline{z_2}+\overline{z_1}z_2+z_2\overline{z_2}$

$=2|z_1|^2+2|z_2|^2$

$=2(|z_1|^2+|z_2|^2)$

(2)　3 点 A，B，C が一直線上にないとき，

線分 BC の中点を O (0) とすると

$$\mathrm{AB}^2+\mathrm{AC}^2=2(\mathrm{OA}^2+\mathrm{OB}^2)$$

が成り立つことを表している。

A(z_1)　B(z_2)　O(0)　C$(-z_2)$

すなわち，△ABC において，

辺 BC の中点を M としたとき

$$\mathbf{AB^2+AC^2=2(AM^2+BM^2)}$$

が成り立つことを表している。

(2) で述べた定理を，中線定理という。

探究　複素数と三角形の形状　教 p.144

考察 1　教科書 144 ページの式①において，r，θ がそれぞれ次の値であるとき，△ABC はどのような三角形になるだろうか。

(1)　$r=\sqrt{2}$，$\theta=\dfrac{\pi}{4}$　　　(2)　$r=2$，$\theta=-\dfrac{\pi}{3}$

考え方　r の絶対値は 2 辺の長さの比，偏角 θ は 2 辺のなす角を表す。

解　答　(1)　$\dfrac{\gamma-\alpha}{\beta-\alpha}=\sqrt{2}\left(\cos\dfrac{\pi}{4}+i\sin\dfrac{\pi}{4}\right)$ となるから

$$\frac{|\gamma-\alpha|}{|\beta-\alpha|}=\sqrt{2}$$

よって

$$\mathrm{AB}:\mathrm{AC}=|\beta-\alpha|:|\gamma-\alpha|=1:\sqrt{2}$$

$\arg\left(\dfrac{\gamma-\alpha}{\beta-\alpha}\right)=\dfrac{\pi}{4}$ より　　$\angle\mathrm{BAC}=\dfrac{\pi}{4}$

したがって，△ABC は

$\angle\mathrm{ABC}=\dfrac{\pi}{2}$ であるような直角二等辺三角形

(2)　$\dfrac{\gamma-\alpha}{\beta-\alpha}=2\left\{\cos\left(-\dfrac{\pi}{3}\right)+i\sin\left(-\dfrac{\pi}{3}\right)\right\}$ となるから

$$\frac{|\gamma-\alpha|}{|\beta-\alpha|}=2$$

よって

$$\mathrm{AB}:\mathrm{AC}=|\beta-\alpha|:|\gamma-\alpha|=1:2$$

$\arg\left(\dfrac{\gamma-\alpha}{\beta-\alpha}\right)=-\dfrac{\pi}{3}$ より　　$\angle\mathrm{BAC}=\dfrac{\pi}{3}$

したがって，△ABC は

$\angle\mathrm{BAC}=\dfrac{\pi}{3}$，$\angle\mathrm{ABC}=\dfrac{\pi}{2}$，

$\angle\mathrm{BCA}=\dfrac{\pi}{6}$ であるような

直角三角形

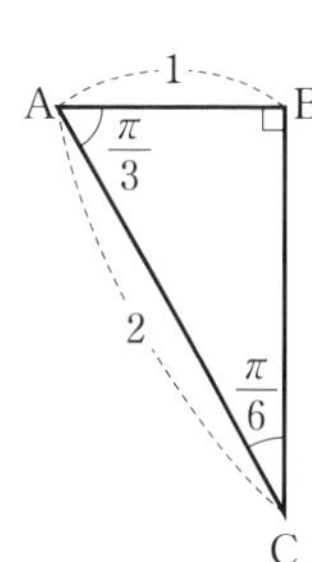

考察 2　3点 A(α), B(β), C(γ) において，△ABC が正三角形になるのは α, β, γ についてどのような関係が成り立つときだろうか。

考え方　正三角形は，1つの内角が 60° の二等辺三角形である。すなわち，2辺が等しく，その間の角が 60° であればよい。

解 答　△ABC が正三角形となるための条件は，次の ①，② が成り立つことである。

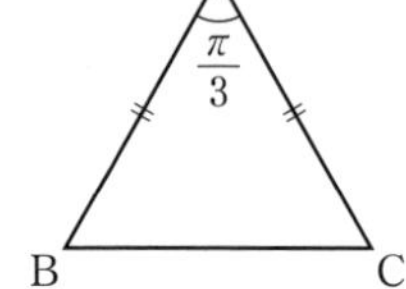

$$AB : AC = 1 : 1 \quad \cdots\cdots ①$$

$$\angle BAC = \frac{\pi}{3} \quad \cdots\cdots ②$$

したがって

$$\frac{\gamma-\alpha}{\beta-\alpha} = \cos\frac{\pi}{3} + i\sin\frac{\pi}{3}$$

または

$$\frac{\gamma-\alpha}{\beta-\alpha} = \cos\left(-\frac{\pi}{3}\right) + i\sin\left(-\frac{\pi}{3}\right)$$

したがって

$$\frac{\gamma-\alpha}{\beta-\alpha} = \frac{1}{2} + \frac{\sqrt{3}}{2}i$$

または

$$\frac{\gamma-\alpha}{\beta-\alpha} = \frac{1}{2} - \frac{\sqrt{3}}{2}i$$

上で求めた条件は，次の式を満たしている。

$$\left\{\frac{\gamma-\alpha}{\beta-\alpha} - \left(\frac{1}{2} + \frac{\sqrt{3}}{2}i\right)\right\}\cdot\left\{\frac{\gamma-\alpha}{\beta-\alpha} - \left(\frac{1}{2} - \frac{\sqrt{3}}{2}i\right)\right\} = 0$$

すなわち

$$\left(\frac{\gamma-\alpha}{\beta-\alpha}\right)^2 - \left(\frac{\gamma-\alpha}{\beta-\alpha}\right) + 1 = 0$$

整理すると

$$\alpha^2 + \beta^2 + \gamma^2 - \alpha\beta - \beta\gamma - \gamma\alpha = 0$$

であることと同値である。

$w=\dfrac{1}{z}$ のえがく図形　教 p.145

教 p.145

問1　$w=\dfrac{1}{z}$ とする。点 z が点 1 を中心とする半径 2 の円上を動くとき，点 w はどのような図形をえがくか。

考え方　点 z が点 1 を中心とする半径 2 の円上を動くとき

$$|z-1|=2$$

と表される。

解　答　$w=\dfrac{1}{z}$ より，$w \neq 0$ であるから

$$z=\frac{1}{\overline{w}} \quad \cdots\cdots ①$$

点 z が点 1 を中心とする半径 2 の円上を動くから

$$|z-1|=2$$

① を代入して　$\left|\dfrac{1}{\overline{w}}-1\right|=2$

両辺に $|\overline{w}|$ を掛けて　$|\overline{w}-1|=2|\overline{w}|$　　（$|1-\overline{w}|=|\overline{w}-1|$）

すなわち　$|w-1|=2|w|$

両辺を 2 乗して　$|w-1|^2=4|w|^2$

$$(w-1)\overline{(w-1)}=4w\overline{w}$$

$$(w-1)(\overline{w}-1)=4w\overline{w}$$

$$3w\overline{w}+w+\overline{w}=1$$

$$w\overline{w}+\frac{1}{3}w+\frac{1}{3}\overline{w}=\frac{1}{3}$$

$$\left(w+\frac{1}{3}\right)\left(\overline{w}+\frac{1}{3}\right)=\frac{4}{9}$$

$$\left(w+\frac{1}{3}\right)\overline{\left(w+\frac{1}{3}\right)}=\frac{4}{9}$$

$$\left|w+\frac{1}{3}\right|^2=\frac{4}{9}$$

ゆえに

$$\left|w+\frac{1}{3}\right|=\frac{2}{3}$$

したがって，点 w は，**点 $-\dfrac{1}{3}$ を中心とする半径 $\dfrac{2}{3}$ の円** をえがく。

練 習 問 題 A

教 p.146

1 △ABC において，次の等式が成り立つことを示せ。

$$(\cos A+i\sin A)(\cos B+i\sin B)(\cos C+i\sin C)=-1$$

考え方 複素数の積についての性質を用いて左辺を計算し，三角形の内角の和が π であることを用いる。

証明

$(\cos A+i\sin A)(\cos B+i\sin B)(\cos C+i\sin C)$

$=\{\cos(A+B)+i\sin(A+B)\}(\cos C+i\sin C)$

$=\cos(A+B+C)+i\sin(A+B+C)$

$=\cos\pi+i\sin\pi$

$=-1$

2 ド・モアブルの定理を用いて，次の 3 倍角の公式を示せ。

$\cos 3\theta=4\cos^3\theta-3\cos\theta$

$\sin 3\theta=3\sin\theta-4\sin^3\theta$

考え方 $(\cos\theta+i\sin\theta)^3$ をド・モアブルの定理を用いて変形した式と，乗法公式を用いて展開した式を比較する。

証明 ド・モアブルの定理により

$(\cos\theta+i\sin\theta)^3=\cos 3\theta+i\sin 3\theta$ ……①

また

$$\begin{aligned}(\cos\theta+i\sin\theta)^3&=\cos^3\theta+3i\cos^2\theta\sin\theta-3\cos\theta\sin^2\theta-i\sin^3\theta\\&=(\cos^3\theta-3\cos\theta\sin^2\theta)+i(3\cos^2\theta\sin\theta-\sin^3\theta)\\&=\cos^3\theta-3\cos\theta(1-\cos^2\theta)\\&\qquad+i\{3(1-\sin^2\theta)\sin\theta-\sin^3\theta\}\\&=4\cos^3\theta-3\cos\theta+i(3\sin\theta-4\sin^3\theta)\end{aligned}$$ ……②

①，② の実部と虚部をそれぞれ比較して

$\cos 3\theta=4\cos^3\theta-3\cos\theta$

$\sin 3\theta=3\sin\theta-4\sin^3\theta$

3 複素数平面上の 3 点 O(0)，A(α)，B(β) について，次の問に答えよ。ただし，$\alpha=1+i$，$\beta=(-\sqrt{3}-1)+(\sqrt{3}-1)i$ とする。

(1) 複素数 $\dfrac{\beta}{\alpha}$ を求めよ。　　(2) △OAB の面積を求めよ。

考え方 (1) 分母と分子に $\overline{\alpha}$ を掛けて，分母を実数化する。

(2) $\dfrac{\beta}{\alpha}$ を極形式で表し，△OAB の形状を考える。

解答 (1) $\dfrac{\beta}{\alpha}=\dfrac{(-\sqrt{3}-1)+(\sqrt{3}-1)i}{1+i}$

$=\dfrac{\{(-\sqrt{3}-1)+(\sqrt{3}-1)i\}(1-i)}{(1+i)(1-i)}$

$=\dfrac{(-\sqrt{3}-1)+(\sqrt{3}+1)i+(\sqrt{3}-1)i-(\sqrt{3}-1)i^2}{1-i^2}$

$=\dfrac{(-\sqrt{3}-1)+(\sqrt{3}-1)+\{(\sqrt{3}+1)+(\sqrt{3}-1)\}i}{2}$

$=\dfrac{-2+2\sqrt{3}\,i}{2}$

$=\mathbf{-1+\sqrt{3}\,i}$

(2) $\dfrac{\beta}{\alpha}=2\left(\cos\dfrac{2}{3}\pi+i\sin\dfrac{2}{3}\pi\right)$

より　$\angle\mathrm{AOB}=\arg\dfrac{\beta}{\alpha}=\dfrac{2}{3}\pi$

ここで

$\mathrm{OA}=|\alpha|=|1+i|=\sqrt{2}$

$\mathrm{OB}=|\beta|=\left|\dfrac{\beta}{\alpha}\right|\cdot|\alpha|=2\sqrt{2}$

したがって，△OAB の面積は

$\dfrac{1}{2}\mathrm{OA}\cdot\mathrm{OB}\sin\angle\mathrm{AOB}$

$=\dfrac{1}{2}\cdot\sqrt{2}\cdot 2\sqrt{2}\sin\dfrac{2}{3}\pi$

$=\dfrac{1}{2}\cdot\sqrt{2}\cdot 2\sqrt{2}\cdot\dfrac{\sqrt{3}}{2}$

$=\mathbf{\sqrt{3}}$

プラス＋ O を原点，2 点 $\mathrm{P_1}$，$\mathrm{P_2}$ の直交座標をそれぞれ $(x_1,\ y_1)$，$(x_2,\ y_2)$ とするとき

$\triangle\mathrm{OP_1P_2}=\dfrac{1}{2}|x_1y_2-x_2y_1|$ (教科書 p.114 の問題 6)

であることを用いて，次のように求めることもできる。

座標平面上の 3 点 O(0, 0)，A(1, 1)，B$(-\sqrt{3}-1,\ \sqrt{3}-1)$ と考えて

$\triangle\mathrm{OAB}=\dfrac{1}{2}|1\cdot(\sqrt{3}-1)-(-\sqrt{3}-1)\cdot 1|$

$=\sqrt{3}$

4 複素数平面上の3点 A(α), B(β), C(γ) を3頂点とする△ABC の辺 BC, CA, AB をそれぞれ 2：3 に内分する点を L, M, N とするとき，△LMN の重心 G を α, β, γ を用いて表せ。

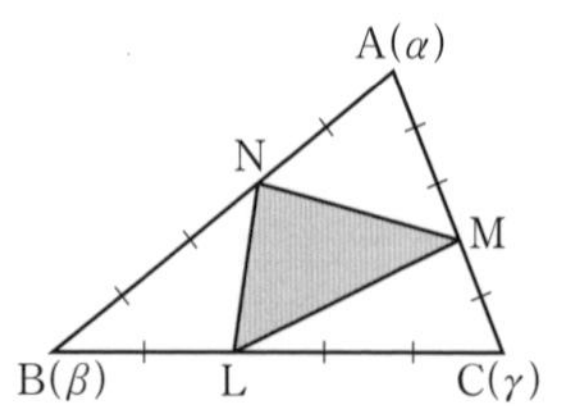

考え方 線分 AB を $m:n$ に内分する点は $\dfrac{n\alpha+m\beta}{m+n}$

△ABC の重心は $\dfrac{\alpha+\beta+\gamma}{3}$

である。

解　答 3点 L, M, N を表す複素数は，それぞれ

$$\frac{3\beta+2\gamma}{5},\quad \frac{3\gamma+2\alpha}{5},\quad \frac{3\alpha+2\beta}{5}$$

よって，△LMNの重心 G を表す複素数は

$$\frac{1}{3}\left(\frac{3\beta+2\gamma}{5}+\frac{3\gamma+2\alpha}{5}+\frac{3\alpha+2\beta}{5}\right)$$

$$=\frac{\alpha+\beta+\gamma}{3}$$

5 点 z が単位円上を動くとき，$w=\dfrac{2z+i}{z-1}$ が表す点 w はどのような図形をえがくか。

考え方 与えられた等式を z について解き，$|z|=1$ を w の等式で表し，その式の図形的意味を考える。

解　答 点 z が単位円上を動くから

$$|z|=1 \quad\cdots\cdots ①$$

$w=\dfrac{2z+i}{z-1}$ を z について解くと　※

$$z=\frac{w+i}{w-2}$$

これを ① に代入して

$$\left|\frac{w+i}{w-2}\right|=1$$

$$|w+i|=|w-2|$$

したがって，点 w は，2点 A(2), B$(-i)$ を結ぶ線分 AB の垂直二等分線 をえがく。

※
$w(z-1)=2z+i$
$(w-2)z=w+i$
$z=\dfrac{w+i}{w-2}$

6 複素数 z_1, z_2, z_3 について，3 点 $A(2z_1+z_3)$, $B(3z_1-z_2)$, $C(2z_2+3z_3)$ は一直線上にあることを示せ。ただし，$z_1 \neq z_2+z_3$ とする。

考え方 3 点 $A(\alpha)$, $B(\beta)$, $C(\gamma)$について，$\dfrac{\gamma-\alpha}{\beta-\alpha}$ の値が実数であることを示す。

証明

$$\frac{(2z_2+3z_3)-(2z_1+z_3)}{(3z_1-z_2)-(2z_1+z_3)}=\frac{-2z_1+2z_2+2z_3}{z_1-z_2-z_3}$$

$$=\frac{-2(z_1-z_2-z_3)}{z_1-z_2-z_3}$$

$$=-2$$

この値が実数であるから，3 点 A，B，C は一直線上にある。

7 複素数平面上の 3 点 $A(z_1)$, $B(z_2)$, $C(z_3)$を頂点とする △ABC と，3 点 $P(w_1)$, $Q(w_2)$, $R(w_3)$を頂点とする △PQR について，次のことを証明せよ。

$$\frac{z_1-z_2}{z_3-z_2}=\frac{w_1-w_2}{w_3-w_2} \text{ のとき} \qquad \triangle ABC \backsim \triangle PQR$$

考え方 $\dfrac{z_1-z_2}{z_3-z_2}=\dfrac{w_1-w_2}{w_3-w_2}$ であることから

BA：QP と BC：QR

∠CBA と ∠RQP

のそれぞれの関係を考える。

証明 $\dfrac{z_1-z_2}{z_3-z_2}=\dfrac{w_1-w_2}{w_3-w_2}$ であるから

$\dfrac{|z_1-z_2|}{|z_3-z_2|}=\dfrac{|w_1-w_2|}{|w_3-w_2|}$ より

$$\frac{BA}{BC}=\frac{QP}{QR}$$

すなわち

BA：QP＝BC：QR ……①

また $\arg\left(\dfrac{z_1-z_2}{z_3-z_2}\right)=\arg\left(\dfrac{w_1-w_2}{w_3-w_2}\right)$

すなわち

∠CBA＝∠RQP ……②

①，② より，△ABC と △PQR において，2 組の辺の長さの比とその間の角がそれぞれ等しいから

△ABC ∽ △PQR

練　習　問　題　B　　教 p.147

8　複素数 $z=\dfrac{\sqrt{3}+i}{1+i}$ について，z^n が実数となる最小の自然数 n を求めよ。

考え方　分母と分子をそれぞれ極形式で表し，複素数の商についての性質を用いて計算し，ド・モアブルの定理を用いる。

解答

$$z=\frac{\sqrt{3}+i}{1+i}$$

$$=\frac{2\left(\cos\frac{\pi}{6}+i\sin\frac{\pi}{6}\right)}{\sqrt{2}\left(\cos\frac{\pi}{4}+i\sin\frac{\pi}{4}\right)}$$

$$=\frac{2}{\sqrt{2}}\left\{\cos\left(\frac{\pi}{6}-\frac{\pi}{4}\right)+i\sin\left(\frac{\pi}{6}-\frac{\pi}{4}\right)\right\}$$

$$=\sqrt{2}\left\{\cos\left(-\frac{\pi}{12}\right)+i\sin\left(-\frac{\pi}{12}\right)\right\}$$

よって

$$z^n=(\sqrt{2})^n\left\{\cos\left(-\frac{n}{12}\pi\right)+i\sin\left(-\frac{n}{12}\pi\right)\right\}$$

z^n が実数となるから

$$-\frac{n}{12}\pi=k\pi\ \ (k\text{ は整数})$$

よって　　$k=-\dfrac{n}{12}$

したがって，z^n が実数となる最小の自然数 n は，k が整数となる最小の自然数 n に等しく

$n=12$

9　z は複素数で，$z^4+z^3+z^2+z+1=0$ を満たす。このとき，次の値を求めよ。

(1)　z^5

(2)　$|z|$

(3)　$|z-1|^2+|z+1|^2$

考え方　(1)　与えられた等式の両辺に $z-1$ を掛ける。

(2)　$|z^5|$ の値から $|z|$ の値を求める。

(3)　$|\alpha|^2=\alpha\overline{\alpha}$ を用いて与えられた式を変形する。

解 答 (1) $z^4+z^3+z^2+z+1=0$ の両辺に $z-1$ を掛けると

$(z-1)(z^4+z^3+z^2+z+1)=0$ より　$z^5-1=0$

よって　　$z^5=1$

(2) (1) より，$z^5=1$ であるから　　$|z^5|=|z|^5=1$

したがって　　$|z|=1$

(3)
$$
\begin{aligned}
|z-1|^2+|z+1|^2 &= (z-1)\overline{(z-1)}+(z+1)\overline{(z+1)}\\
&=(z-1)(\overline{z}-1)+(z+1)(\overline{z}+1)\\
&=z\overline{z}-z-\overline{z}+1+z\overline{z}+z+\overline{z}+1\\
&=2z\overline{z}+2\\
&=2|z|^2+2\\
&=2\cdot 1^2+2\\
&=4
\end{aligned}
$$

10 複素数平面上の 2 点 $z_1=6-3i$，$z_2=3+\sqrt{3}+\sqrt{3}\,i$ について，点 z_1 を点 z を中心に $\dfrac{2}{3}\pi$ だけ回転したら点 z_2 に重なった。

このとき，複素数 z を求めよ。

考え方 点 z のまわりの回転についての公式にあてはめ，z について解く。

解 答 与えられた条件より　$z_2-z=\left(\cos\dfrac{2}{3}\pi+i\sin\dfrac{2}{3}\pi\right)(z_1-z)$

したがって

$$3+\sqrt{3}+\sqrt{3}\,i=\left(\cos\frac{2}{3}\pi+i\sin\frac{2}{3}\pi\right)(6-3i-z)+z$$

$$3+\sqrt{3}+\sqrt{3}\,i=\left(-\frac{1}{2}+\frac{\sqrt{3}}{2}i\right)(6-3i-z)+z$$

$$3+\sqrt{3}+\sqrt{3}\,i=\frac{3-\sqrt{3}\,i}{2}z-3+\frac{3\sqrt{3}}{2}+\left(\frac{3}{2}+3\sqrt{3}\right)i$$

であるから

$$\frac{3-\sqrt{3}\,i}{2}z=6-\frac{\sqrt{3}}{2}-\left(\frac{3}{2}+2\sqrt{3}\right)i=\frac{(12-\sqrt{3})-(3+4\sqrt{3})i}{2}$$

よって

$$
\begin{aligned}
z&=\frac{12-\sqrt{3}-(3+4\sqrt{3})i}{3-\sqrt{3}\,i}\\
&=\frac{\{12-\sqrt{3}-(3+4\sqrt{3})i\}(3+\sqrt{3}\,i)}{(3-\sqrt{3}\,i)(3+\sqrt{3}\,i)}\\
&=\frac{48-12i}{12}\\
&=4-i
\end{aligned}
$$

11 点 z が単位円上を動くとき，$w=\dfrac{6z-1}{2z-1}$ が表す点 w はどのような図形をえがくか。

考え方 与えられた等式を z について解き，$|z|=1$ を用いる。

解答 点 z が単位円上を動くから

$|z|=1$ ……①

$w=\dfrac{6z-1}{2z-1}$ を z について解くと ※

$z=\dfrac{w-1}{2(w-3)}$

これを ① に代入して

$\left|\dfrac{w-1}{2(w-3)}\right|=1$

$2|w-3|=|w-1|$

両辺を 2 乗して

$4|w-3|^2=|w-1|^2$

$4(w-3)(\overline{w}-3)=(w-1)(\overline{w}-1)$

$3w\overline{w}-11w-11\overline{w}+35=0$

よって

$w\overline{w}-\dfrac{11}{3}w-\dfrac{11}{3}\overline{w}+\dfrac{35}{3}=0$

$\left(w-\dfrac{11}{3}\right)\left(\overline{w}-\dfrac{11}{3}\right)=\left(\dfrac{11}{3}\right)^2-\dfrac{35}{3}$

$\left(w-\dfrac{11}{3}\right)\overline{\left(w-\dfrac{11}{3}\right)}=\dfrac{16}{9}$

$\left|w-\dfrac{11}{3}\right|^2=\dfrac{16}{9}$

ゆえに $\left|w-\dfrac{11}{3}\right|=\dfrac{4}{3}$

したがって，点 w は，**点 $\dfrac{11}{3}$ を中心とする半径 $\dfrac{4}{3}$ の円** をえがく。

※

$w=\dfrac{6z-1}{2z-1}$

$w(2z-1)=6z-1$

$z(2w-6)=w-1$

$z=\dfrac{w-1}{2w-6}$

12 異なる 3 つの複素数 α，β，γ の間に等式

$\alpha+i\beta=(1+i)\gamma$

が成り立つとき，3 点 A(α)，B(β)，C(γ) を頂点とする △ABC はどのような三角形か。

考え方 与えられた等式を変形し，$\dfrac{\alpha-\gamma}{\beta-\gamma}$ の値を調べる。

解答 $\alpha+i\beta=(1+i)\gamma$ より　$\alpha+i\beta=\gamma+i\gamma$

であるから　$\alpha-\gamma=i(\gamma-\beta)$

よって　$\dfrac{\alpha-\gamma}{\beta-\gamma}=-i=\cos\left(-\dfrac{\pi}{2}\right)+i\sin\left(-\dfrac{\pi}{2}\right)$

ゆえに　$\left|\dfrac{\alpha-\gamma}{\beta-\gamma}\right|=|-i|=1$ より　$|\alpha-\gamma|=|\beta-\gamma|$

すなわち　AC = BC

また，$\arg\left(\dfrac{\alpha-\gamma}{\beta-\gamma}\right)=-\dfrac{\pi}{2}$ より　$\angle\mathrm{ACB}=\dfrac{\pi}{2}$

したがって，△ABC は，

$\angle\mathrm{ACB}=\dfrac{\pi}{2}$ であるような直角二等辺三角形 である。

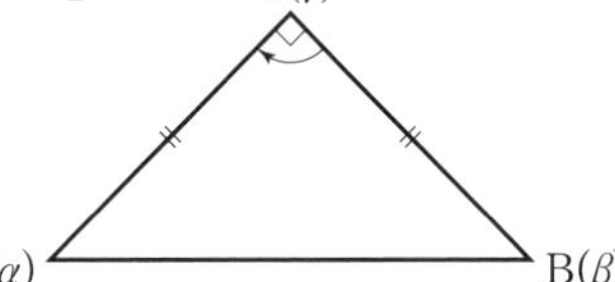

3章 複素数平面

13 複素数平面上の3点 A(z)，B(z^2)，C(z^3) を頂点とする △ABC について，AB = AC が成り立つとき，点 A はどのような図形上にあるか。

考え方 $|z^2-z|=|z^3-z|$ の両辺の絶対値の中の式を因数分解して考える。

解答 3点 A，B，C はすべて異なるから　$z\neq z^2$，$z^2\neq z^3$，$z^3\neq z$

がすべて成り立つ。すなわち

$$z(1-z)\neq 0,\ z^2(1-z)\neq 0,\ z(z+1)(z-1)\neq 0$$

よって　$z\neq 0$，$z\neq -1$，$z\neq 1$　…… ①

さらに，3点 A，B，C が一直線上にないから

$$\frac{z^3-z}{z^2-z}\ \text{すなわち}\ \frac{z(z+1)(z-1)}{z(z-1)}\quad \cdots\cdots ②$$

が実数でない。

すなわち，② を約分した結果の $z+1$ も実数でない。

ゆえに，z は実数でない。これは ① を含んでいる。

AB = AC より

$$|z^2-z|=|z^3-z|$$

$$|z(z-1)|=|z(z+1)(z-1)|$$

$$|z||z-1|=|z||z+1||z-1|$$

$z\neq 0$，$z\neq 1$ であるから　$|z+1|=1$

したがって，点 A は，**点 -1 を中心とする半径 1 の円** 上にある。ただし，**$z+1$ は実数でないから，点 -2，0 を除く。**

14 複素数平面上の原点 O と異なる 2 点 A，B の表す複素数をそれぞれ α，β とする。

等式 $\alpha^2-\alpha\beta+\beta^2=0$ が成り立つとき，次の問に答えよ。

(1) 複素数 $\dfrac{\beta}{\alpha}$ を求めよ。

(2) $\triangle$OAB はどのような三角形か。

考え方 (1) 等式の両辺を α^2 で割って，$\dfrac{\beta}{\alpha}$ についての 2 次方程式を導く。

(2) $\dfrac{\beta}{\alpha}$ を極形式で表して考える。

解答 (1) $\alpha \neq 0$ であるから，等式の両辺を α^2 で割ると

$$1-\frac{\beta}{\alpha}+\left(\frac{\beta}{\alpha}\right)^2=0$$

よって

$$\frac{\beta}{\alpha}=\frac{-(-1)\pm\sqrt{(-1)^2-4\cdot1\cdot1}}{2\cdot1}$$

← 上の式を $\dfrac{\beta}{\alpha}$ についての 2 次方程式とみなして，解の公式を利用する

$$=\boldsymbol{\frac{1\pm\sqrt{3}\,i}{2}}$$

(2) (1)より

$$\frac{\beta}{\alpha}=\cos\left(\pm\frac{\pi}{3}\right)+i\sin\left(\pm\frac{\pi}{3}\right)\quad\text{(複号同順)}$$

ゆえに

$$\left|\frac{\beta}{\alpha}\right|=1$$

$$\arg\frac{\beta}{\alpha}=\pm\frac{\pi}{3}$$

よって

$$\text{OA}:\text{OB}=1:1,\ \angle\text{AOB}=\frac{\pi}{3}$$

したがって，$\triangle$OABは **正三角形** である。

注意 $\dfrac{\beta}{\alpha}$ の極形式のように，2 つある式を別々に記述しないで，まとめて記述し，式の後に「複号同順」であることを付記しておく。

活用　宝を探せ

教 p.148

考察 1　複素数平面上で，梅の木の位置と松の木の位置が，それぞれ実軸上の点 1，-1 であるとする。井戸の位置を z とおき，宝の位置を求めることにより，宝を見つけることができた理由を考えてみよう。

考え方　杭を打った 2 か所の地点それぞれについて，点 z をどのように回転した点であるかを考える。

解答　井戸から梅の木に向かってまっすぐ歩き，梅の木に着いたら，直角に右へ曲がり，同じ距離だけ歩き，杭を打った地点を A とすると，点 A は，点 z を点 1 を中心に $\frac{\pi}{2}$ だけ回転した点であるから

$$\left(\cos\frac{\pi}{2}+i\sin\frac{\pi}{2}\right)(z-1)+1$$
$$=i(z-1)+1$$
$$=iz-i+1$$

同様に，井戸から松の木に向かってまっすぐ歩き，松の木に着いたら，直角に左へ曲がり，同じ距離だけ歩き，杭を打った地点を B とすると，点 B は，点 z を点 -1 を中心に $-\frac{\pi}{2}$ だけ回転した点であるから

$$\left\{\cos\left(-\frac{\pi}{2}\right)+i\sin\left(-\frac{\pi}{2}\right)\right\}(z+1)-1$$
$$=-i(z+1)-1$$
$$=-iz-i-1$$

宝の位置は線分 AB の中点であるから

$$\frac{(iz-i+1)+(-iz-i-1)}{2}=-i$$

したがって，井戸の位置 z のとり方に関係なく，宝は複素数平面上の $-i$ の位置にあることが分かる。

考察 2　古文書の続きには，
『「直角に右へ曲がり」の部分を「150°右へ曲がり」に，
「直角に左へ曲がり」の部分を「150°左へ曲がり」に，
それぞれ変更しても，同様にして宝を見つけられるはずである。』
とあったとする。このとき，井戸はどこにあったのかを考えてみよう。

解答　ここでも井戸の位置を z とおく。井戸から梅の木に向かってまっすぐ歩き，梅の木に着いたら，150°右へ曲がり，同じ距離だけ歩き，杭を打った地点を A′ とすると，点 A′ の位置は

$$\left(\cos\frac{5}{6}\pi+i\sin\frac{5}{6}\pi\right)(z-1)+1$$
$$=\left(-\frac{\sqrt{3}}{2}+\frac{1}{2}i\right)(z-1)+1$$
$$=-\frac{\sqrt{3}}{2}(z-1)+\frac{1}{2}(z-1)i+1 \quad \cdots\cdots ①$$

井戸から松の木に向かってまっすぐ歩き，松の木に着いたら，150°左へ曲がり，同じ距離だけ歩き，杭を打った地点を B′ とすると，点 B′ の位置は

$$\left\{\cos\left(-\frac{5}{6}\pi\right)+i\sin\left(-\frac{5}{6}\pi\right)\right\}(z+1)-1$$
$$=\left(-\frac{\sqrt{3}}{2}-\frac{1}{2}i\right)(z+1)-1$$
$$=-\frac{\sqrt{3}}{2}(z+1)-\frac{1}{2}(z+1)i-1 \quad \cdots\cdots ②$$

宝の位置は，線分 A′B′ の中点であるから，①，② より

$$\frac{\left\{-\frac{\sqrt{3}}{2}(z-1)+\frac{1}{2}(z-1)i+1\right\}+\left\{-\frac{\sqrt{3}}{2}(z+1)-\frac{1}{2}(z+1)i-1\right\}}{2}$$
$$=\frac{1}{2}(-\sqrt{3}z-i)$$

宝の位置は $-i$ であるから

$$\frac{1}{2}(-\sqrt{3}z-i)=-i$$

z について解くと

$$z=\frac{\sqrt{3}}{3}i$$

したがって，井戸は複素数平面上の $\frac{\sqrt{3}}{3}i$ の位置にあった。

4章　数学的な表現の工夫

1節 グラフと行列

1 グラフで表す

用語のまとめ

グラフ

- いくつかの点と，点を結ぶ曲線で構成された図を，**グラフ** という。このグラフは，関数のグラフや統計で用いるグラフとは異なるものである。
- グラフを構成する点を **頂点** といい，頂点どうしを結ぶ曲線を **辺** という。
- 1つの頂点から出ている辺の本数を，その頂点の **次数** という。

一筆書き

- 平面図形をかく際に，そのすべての辺を1回ずつなぞってひと続きにかくことを，一筆書き(ひとふでがき)という。

2部グラフ

- 頂点を2つの集合に分け，異なる集合の頂点どうしを結ぶ辺だけで構成されたグラフを **2部グラフ** という。

重み付きグラフ

- グラフの辺に距離や時間などの量を表す数値を付したものを **重み付きグラフ** といい，この辺に付した数値のことを **重み** という。
- あるグラフの一部からなるグラフを **部分グラフ** という。

アルゴリズム

- ある問題を解決するために，一定の手順に従って解いていけるように表現されたものを **アルゴリズム** という。

教 p.152

問 1 次の ①，②，③ のグラフについて答えよ。

① 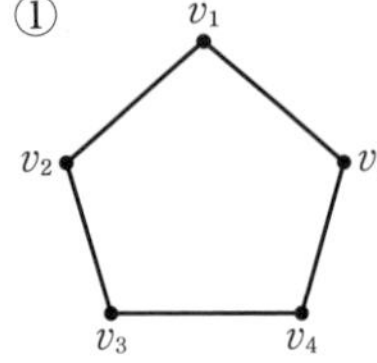

② 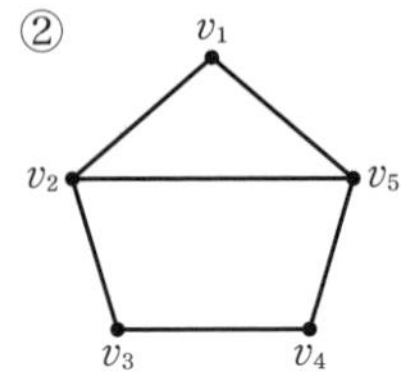

③ 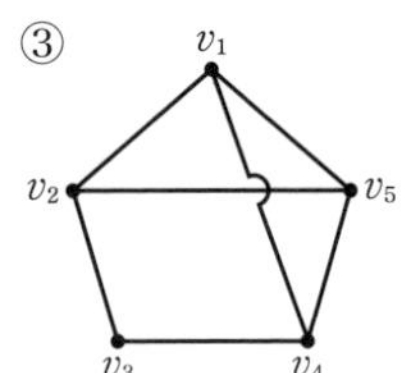

(1) それぞれのグラフは，一筆書きすることができるか。また，一筆書きできる場合は，書き始めとなり得る頂点をすべて挙げよ。

(2) グラフの頂点の次数と，(1) の結果における ①，②，③ の違いに着目して，グラフが一筆書きできるときの条件を考察せよ。

解 答 (1) ① できる。

書き始めとなり得る頂点：v_1, v_2, v_3, v_4, v_5

② できる。

書き始めとなり得る頂点：v_2, v_5

③ できない。

(2) **「すべての頂点の次数が偶数」**または**「2つの頂点の次数が奇数で，残りの頂点の次数が偶数」**となるとき，グラフが一筆書きできる。

教 p.152

問2 ケーニヒスベルクの7本の橋について，ある場所から出発して，7本の橋を1回ずつ渡ってもとの場所に帰ってくることはできるか。

考え方 右のグラフについて，各点の次数を考える。

解 答 グラフに次数が奇数の頂点が3つ以上あるため，もとの場所に帰ってくることはできない。

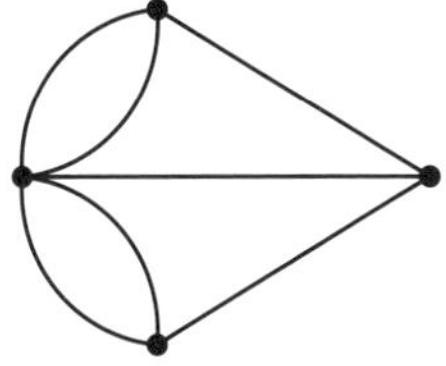

教 p.152

問3 M～Sの各駅をつなぐ路線図を，辺が交差しないようにグラフに表せ。

 (例)

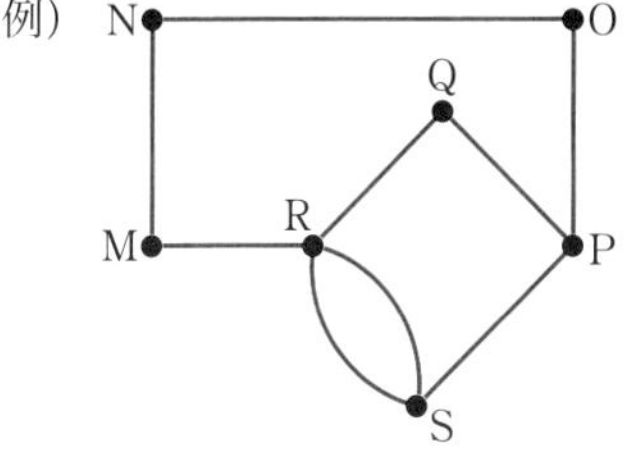

教 p.152

問4 問3のグラフについて，いずれかの頂点から始めて，すべての頂点を1回ずつ通ることができる経路は存在するか。

解 答 **存在する。**

例えば，Mから始めて，M→N→O→P→Q→R→Sのようにすれば，すべての頂点を1回ずつ通ることができる。

教 p.154

問5 図5において，すべての頂点が辺で結ばれ，かつそれらの辺の重みの合計が最小となる部分グラフを1つ考え，その重みの合計を求めよ。

解答 (例)

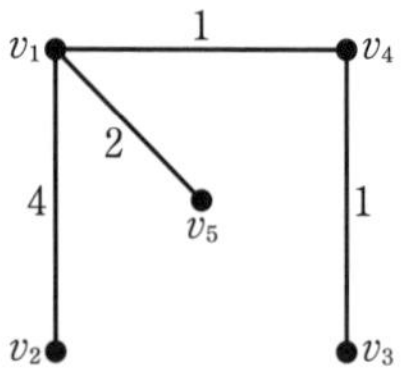

このときの辺の重みの合計は　8

教 p.155

問6　上（省略）のアルゴリズムを用いて，教科書154ページの問5について考えよ。

解答　手順 1 より，次ページの図のように各辺を e_1，e_2，…，e_7 とする。

① 部分グラフ F を考え，$i=1$ とおく。

② 手順 2 より，部分グラフ F に辺 e_1 を加えたグラフを考える。このグラフは閉路をもたない。

③ 手順 3 より，グラフ F に辺 e_1 を加えたグラフを，新たなグラフ F とする。

④ 手順 4 より，$i<7$ より，新たに $i=2$ とする。

⑤ 手順 2 より，グラフ F に辺 e_2 を加えたグラフを考える。このグラフは閉路をもたない。

⑥ 手順 3 より，グラフ F に辺 e_2 を加えたグラフを，新たなグラフ F とする。

⑦ 手順 4 より，$i<7$ より，新たに $i=3$ とする。

⑧ 手順 2 より，グラフ F に辺 e_3 を加えたグラフを考える。このグラフは閉路をもたない。

⑨ 手順 3 より，グラフ F に辺 e_3 を加えたグラフを，新たなグラフ F とする。

⑩ 手順 4 より，$i<7$ より，新たに $i=4$ とする。

⑪ 手順 2 より，グラフ F に辺 e_4 を加えたグラフを考える。このグラフは閉路をもつ。

⑫ 手順 4 より，$i<7$ より，新たに $i=5$ とする。

⑬ 手順 2 より，グラフ F に辺 e_5 を加えたグラフを考える。このグラフは閉路をもつ。

⑭ 手順 4 より，$i<7$ より，新たに $i=6$ とする。

⑮ 手順 2 より，グラフ F に辺 e_6 を加えたグラフを考える。このグラフは閉路をもたない。

⑯ 手順 3 より，グラフ F に辺 e_6 を加えたグラフを，新たなグラフ F とする。

⑰ 手順 4 より，$i<7$ より，新たに $i=7$ とする。

⑱ 手順 [2] より，グラフ F に辺 e_7 を加えたグラフを考える。このグラフは閉路をもつ。

⑲ 手順 [4] より，$i=7$ より，下の図からも ⑯ のグラフ F が求めるグラフである。

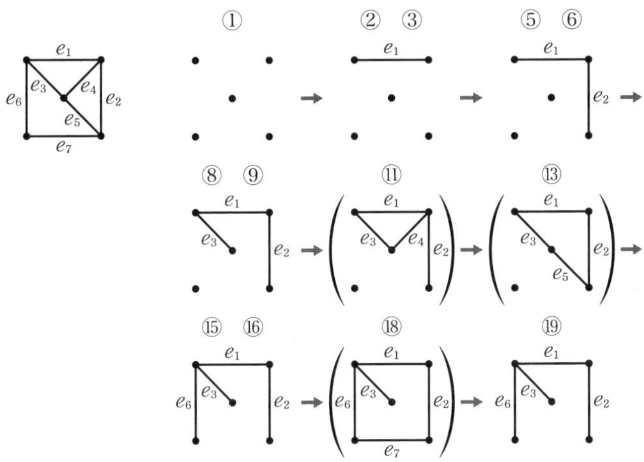

このときの辺の重みの合計は　8

教 p.156

問 7　教科書 155 ページの問 6 において，手順 [1] で，e_1 と e_2，e_3 と e_4，e_6 と e_7 を入れ換えて考えても，結果として求める部分グラフが得られ，その辺の重みの合計は一定であることを確かめよ。

考え方　右の図のようなグラフで考える。

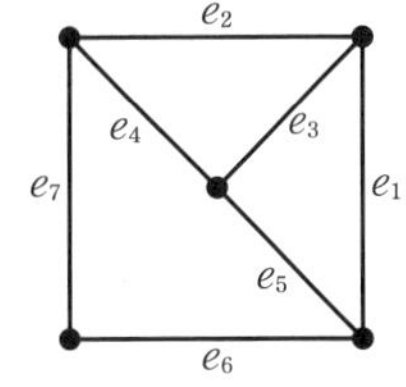

解　答　部分グラフは下の図のようになり，辺の重みの合計は 8 となり，一定である。

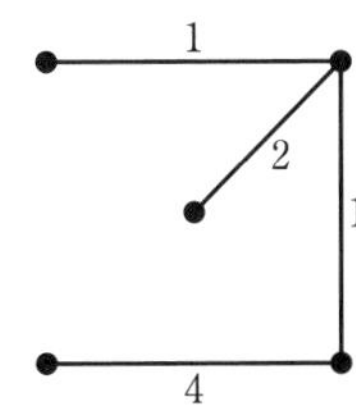

教 p.156

問 8　次の問に答えよ。

(1)　上の高速道路（省略）の様子を，グラフに表せ。

(2)　始点 v_1 と終点 v_6 を結ぶ経路のうち，通る辺の重みの合計が最小となるものを考え，その重みの合計を求めよ。

解答 (1) (例)

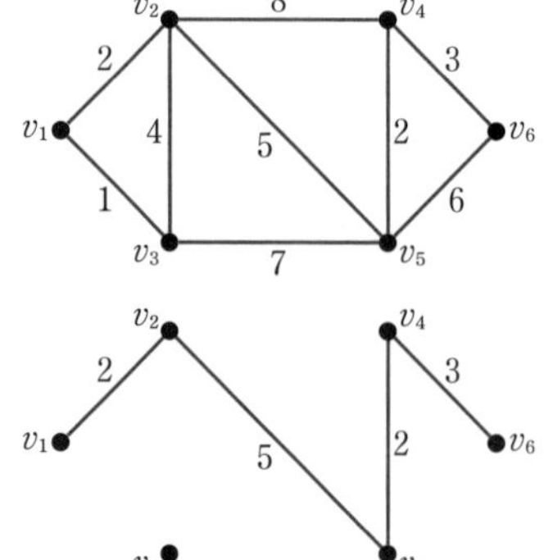

このときの辺の重みの合計は　12

教 p.158

> **問9**　教科書 157 ページのアルゴリズムを用いて，教科書 156 ページの問 8 について考えよ。

解答

① 手順 [1] より，始点 v_1 を $d(v_1) = 0$，その他の頂点を $d(v) = m$ とする。m は，グラフ G のすべての辺の重みの合計である 38 よりも大きい任意の値とする。

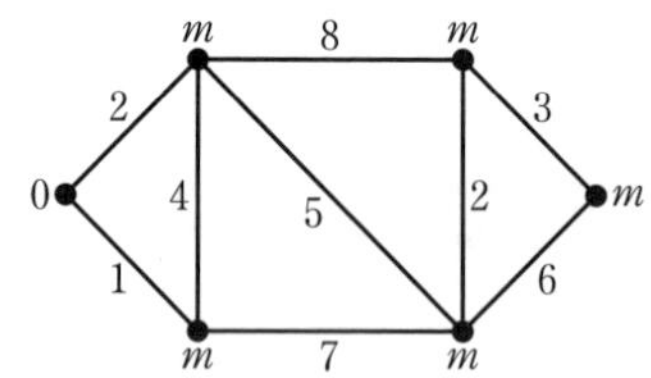

② 手順 [2] より，グラフ G の頂点のうち最も小さい値 $d(v_1) = 0$ をもつ v_1 に着目する。v_1 は終点ではない。(手順 [3] に進む。)

③ 手順 [3] より

・$d(v_2)$ と $d(v_1) + w(v_1,\ v_2)$ を比較すると $m > 0 + 2$ より，$d(v_2)$ の値を 2 に置き換える。

・$d(v_3)$ と $d(v_1) + w(v_1,\ v_3)$ を比較すると $m > 0 + 1$ より，$d(v_3)$ の値を 1 に置き換える。

④ 手順 [4] より，$d(v_1)$ の値を 0 で確定とし，頂点 v_1 と v_1 から出ているすべての辺を取り除き，それを新たなグラフ G とする。(手順 [2] に戻る。)

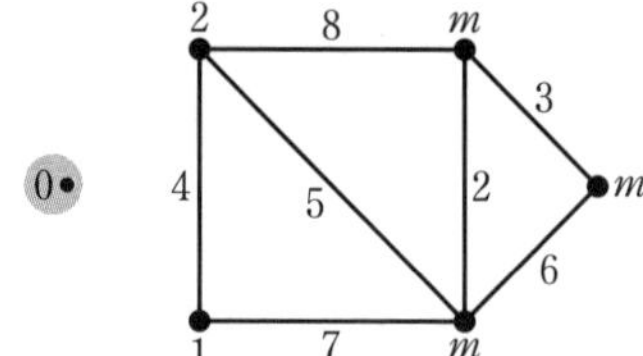

⑤ 手順 [2] より，グラフ G の頂点のうち最も小さい値 $d(v_3) = 1$ をもつ v_3 に着目する。v_3 は終点ではない。(手順 [3] に進む。)

⑥ 手順 3 より

- $d(v_2)$ と $d(v_3)+w(v_3,\ v_2)$ を比較すると $2<1+4$ より，$d(v_2)$ の値はそのままとする。
- $d(v_5)$ と $d(v_3)+w(v_3,\ v_5)$ を比較すると $m>1+7$ より，$d(v_5)$ の値を 8 に置き換える。

⑦ 手順 4 より，$d(v_3)$ の値を 1 で確定とし，頂点 v_3 と v_3 から出ているすべての辺を取り除き，それを新たなグラフ G とする。(手順 2 に戻る。)

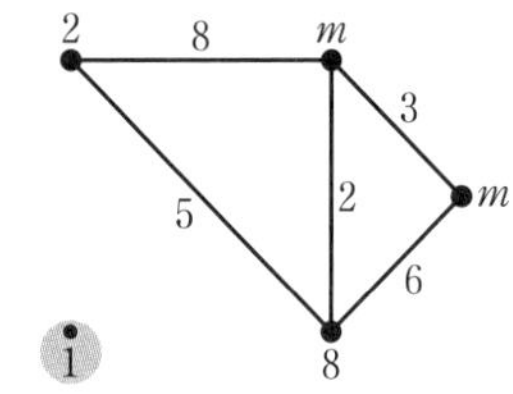

⑧ 手順 2 より，グラフ G の頂点のうち最も小さい値 $d(v_2)=2$ をもつ v_2 に着目する。v_2 は終点ではない。(手順 3 に進む。)

⑨ 手順 3 より

- $d(v_4)$ と $d(v_2)+w(v_2,\ v_4)$ を比較すると $m>2+8$ より，$d(v_4)$ の値を 10 に置き換える。
- $d(v_5)$ と $d(v_2)+w(v_2,\ v_5)$ を比較すると $8>2+5$ より，$d(v_5)$ の値を 7 に置き換える。

⑩ 手順 4 より，$d(v_2)$ の値を 2 で確定とし，頂点 v_2 と v_2 から出ているすべての辺を取り除き，それを新たなグラフ G とする。(手順 2 に戻る。)

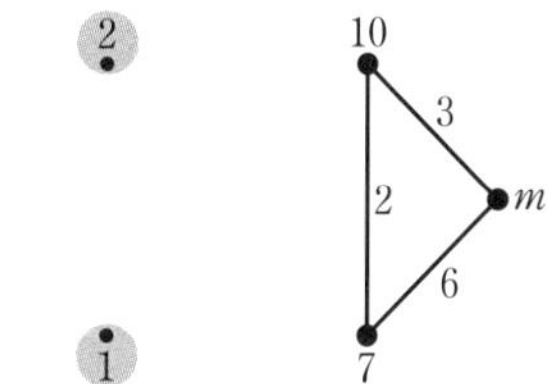

⑪ 手順 2 より，グラフ G の頂点のうち最も小さい値 $d(v_5)=7$ をもつ v_5 に着目する。v_5 は終点ではない。(手順 3 に進む。)

⑫ 手順 3 より

- $d(v_4)$ と $d(v_5)+w(v_5,\ v_4)$ を比較すると $10>7+2$ より，$d(v_4)$ の値を 9 に置き換える。
- $d(v_6)$ と $d(v_5)+w(v_5,\ v_6)$ を比較すると $m>7+6$ より，$d(v_6)$ の値を 13 に置き換える。

⑬ 手順 4 より，$d(v_5)$ の値を 7 で確定とし，頂点 v_5 と v_5 から出ているすべての辺を取り除き，それを新たなグラフ G とする。(手順 2 に戻る。)

⑭ 手順 2 より，グラフ G の頂点のうち最も小さい値 $d(v_4)=9$ をもつ v_4 に着目する。v_4 は終点ではない。（手順 3 に進む。）

⑮ 手順 3 より

・$d(v_6)$ と $d(v_4)+w(v_4,\ v_6)$ を比較すると $13>9+3$ より，$d(v_6)$ の値を 12 に置き換える。

⑯ 手順 4 より，$d(v_4)$ の値を 9 で確定とし，頂点 v_4 と v_4 から出ているすべての辺を取り除き，それを新たなグラフ G とする。（手順 2 に戻る。）

⑰ 手順 2 より，グラフ G の頂点のうち最も小さい値 $d(v_6)=12$ をもつ v_6 に着目する。v_6 は終点である。（手順 5 に進む。）

⑱ 手順 5 より，$d(v_6)=12$ が，求める最短経路の重みである。

このとき，終点から順に始点まで遡っていくと

$d(v_6)=12$ を確定させたのは　$d(v_4)+w(v_4,\ v_6)$

$d(v_4)=9$ を確定させたのは　$d(v_5)+w(v_5,\ v_4)$

$d(v_5)=7$ を確定させたのは　$d(v_2)+w(v_2,\ v_5)$

$d(v_2)=2$ を確定させたのは　$d(v_1)+w(v_1,\ v_2)$

したがって，求める最短経路は

$v_1 \to v_2 \to v_5 \to v_4 \to v_6$

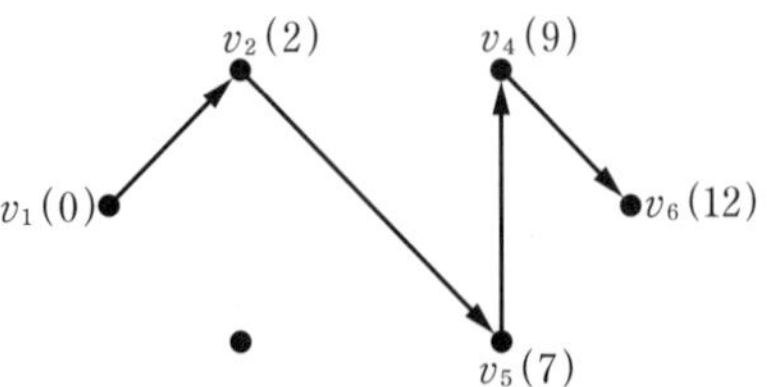

教 p.158

問 10	上のグラフ（省略）を利用して，立方体の各面を，隣り合う面が同じ色にならないように塗り分けるには最低で何色必要か考えよ。

解答　3 色

（グラフで結ばれていない頂点，すなわち，3 組の向かい合う頂点が表す面を，それぞれ同じ色で塗ればよい。）

教 p.158

問 11　右の図の多面体について，次の問に答えよ。

(1)　多面体の面を頂点，面が隣り合うことを辺として，各面の関係をグラフに表せ。

(2)　多面体の各面を，隣り合う面が同じ色にならないように塗り分けるには最低で何色必要か。(1)のグラフを利用して考えよ。

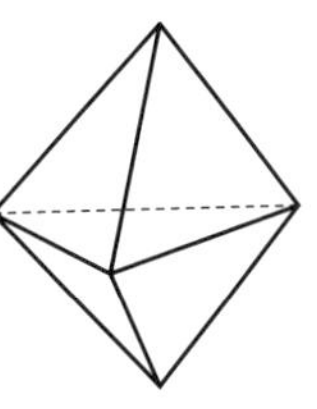

解答　(1)　(例)

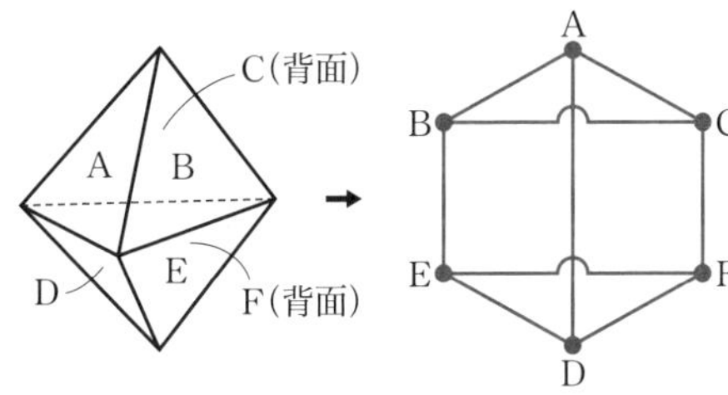

(2)　3 色

(グラフで結ばれていない頂点が表す面，例えば A と E，C と D，B と F を，それぞれ同じ色で塗ればよい。)

教 p.159

問 12　次の問に答えよ。

(1)　各県を頂点で表し，県どうしが隣り合うことを辺で表すと，中部地方の白地図は，どのようなグラフに表すことができるか。

(2)　(1)のグラフを利用して，中部地方の白地図を，隣り合う県が同じ色にならないように塗り分けるには最低で何色必要か考えよ。

解答　(1)　(例)

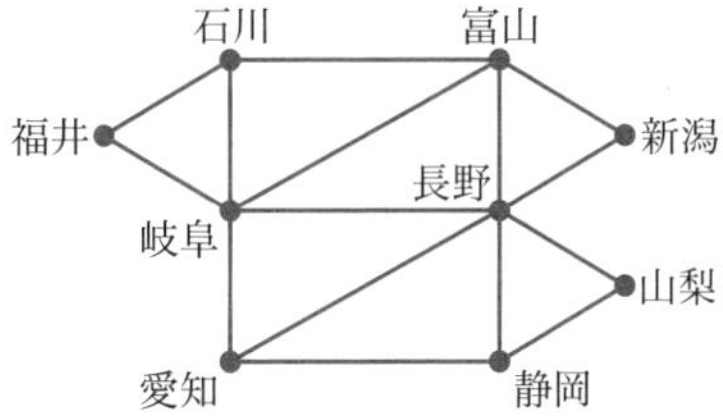

(2)　3 色

グラフで結ばれていない県どうし，例えば

(新潟県，静岡県，岐阜県)，

(長野県，石川県)，

(山梨県，愛知県，富山県，福井県)

を同じ色で塗ればよい。

教 p.159

問13 中部地方以外の地方の白地図について，同様にグラフに表して塗り分けてみよう。

解 答 例えば，近畿地方のグラフは右のようになる。

塗り分けるには，最低で**3色**必要である。

例えば，グラフで結ばれていない

(京都府，和歌山県)，

(奈良県，滋賀県，兵庫県)，

(大阪府，三重県)

を同じ色で塗ればよい。

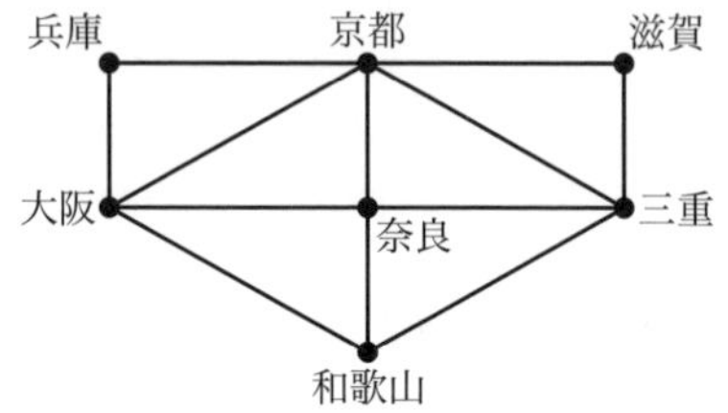

教 p.159

問14 次の問に答えよ。

(1) 2色だけで塗り分けられるような白地図があるとき，この白地図を表すグラフは，どのようなグラフか。

(2) (1)のような白地図を，具体的にかいて示せ。

考え方 グラフで結ばれない頂点が，2つの集合に分けられるとき，2色だけで塗り分けられる。

解 答 (1) **2部グラフ**

(2) 例えば，下の図のような地図は2部グラフで表すことができ，市松模様に塗り分けることができる。

A	B	A
B	A	B
A	B	A

オイラーの多面体定理とグラフ 教 p.160

用語のまとめ

オイラーの多面体定理

- へこみのない多面体について，頂点の数を v，辺の数を e，面の数を f とするとき，常に

$$v-e+f=2$$

が成り立つ。これを **オイラーの多面体定理** という。

2 行列で表す

用語のまとめ

行列とその成分

- 数を長方形の形に並べたものを **行列** という。また，行列を構成する各々の数を，その行列の **成分** という。
- 行列において，成分の横の並びを **行** といい，上から順に

 第1行，第2行，第3行，…

という。また，行列の成分の縦の並びを **列** といい，左から順に

 第1列，第2列，第3列，…

という。

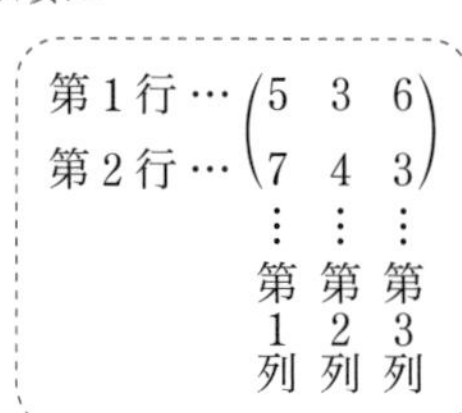

- 第 i 行と第 j 列の交点にある成分を，$(i,\ j)$ **成分** という。
- m 個の行と，n 個の列からなる行列を **m 行 n 列の行列** または **$m\times n$ 行列** という。特に，$n\times n$ 行列を **n 次正方行列** という。
- 2つの行列の行の数と列の数がそれぞれ一致するとき，それらは **同じ型**（かた）であるという。

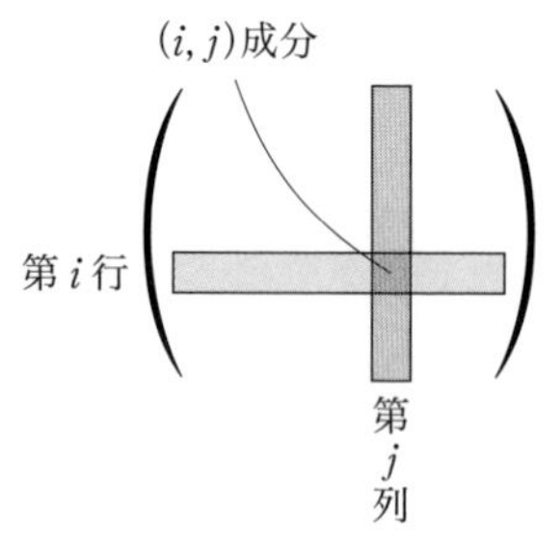

- $(1\quad 2\quad 3)$ のように，1行だけからなる行列を **行ベクトル** といい，$\begin{pmatrix} 4 \\ -5 \end{pmatrix}$ のように，1列だけからなる行列を **列ベクトル** という。
- 2つの行列 A，B が同じ型で，対応する成分がそれぞれ等しいとき，A と B は **等しい** といい，$A=B$ と書く。

行列の加法，減法，実数倍，乗法

- 同じ型の2つの行列 A，B の対応する成分の和を考え，これらを成分とする行列を A と B の **和** といい，$A+B$ と書く。
- 同じ型の2つの行列 A，B の対応する成分の差を考え，これらを成分とする行列を A から B を引いた **差** といい，$A-B$ と書く。
- k を実数とするとき，行列 A の k 倍である kA（**実数倍**）は，A の各成分をそれぞれ k 倍してできる行列であると定める。
- A を $l\times m$ 行列，B を $m\times n$ 行列とするとき，A の第 i 行ベクトルと B の第 j 列ベクトルの積を $(i,\ j)$ 成分とする行列を，**積** AB と定める。
- 正方行列 A について，A の n 個の積を A^n と書く。($AA=A^2$ など)

教 p.163

問 15　教科書 162 ページの 2 学期の点数の行列で，第 2 行，第 1 列，第 3 列を書け。また，(1，2) 成分，(2，1) 成分をいえ。

考え方　行列において

成分の横の並びを　行

成分の縦の並びを　列

という。

行)横　列(縦)

(1，2) 成分は

第 1 行と第 2 列の交点にある成分　(1，2)　行↑ ↑列

である。

解答　第 2 行 … (92　67　72)　第 1 列 … $\begin{pmatrix} 76 \\ 92 \end{pmatrix}$　第 3 列 … $\begin{pmatrix} 88 \\ 72 \end{pmatrix}$

(1，2) 成分 … 90

(2，1) 成分 … 92

● 行列の加法　解き方のポイント

例えば，2 次正方行列の和は次のようになる。

$$\begin{pmatrix} a & b \\ c & d \end{pmatrix} + \begin{pmatrix} p & q \\ r & s \end{pmatrix} = \begin{pmatrix} a+p & b+q \\ c+r & d+s \end{pmatrix}$$

教 p.164

問 16　次の行列の和を求めよ。

(1) $\begin{pmatrix} 1 & -2 \\ -2 & 3 \end{pmatrix} + \begin{pmatrix} 2 & 1 \\ 0 & -1 \end{pmatrix}$　(2) $\begin{pmatrix} 2 & -3 & 4 \\ 1 & 0 & -1 \end{pmatrix} + \begin{pmatrix} 5 & 1 & 0 \\ 3 & 2 & -4 \end{pmatrix}$

考え方　同じ型の 2 つの行列の和は，2 つの行列の対応する成分の和を求める。

解答

(1) $\begin{pmatrix} 1 & -2 \\ -2 & 3 \end{pmatrix} + \begin{pmatrix} 2 & 1 \\ 0 & -1 \end{pmatrix} = \begin{pmatrix} 1+2 & -2+1 \\ -2+0 & 3+(-1) \end{pmatrix}$

$= \begin{pmatrix} 3 & -1 \\ -2 & 2 \end{pmatrix}$

(2) $\begin{pmatrix} 2 & -3 & 4 \\ 1 & 0 & -1 \end{pmatrix} + \begin{pmatrix} 5 & 1 & 0 \\ 3 & 2 & -4 \end{pmatrix} = \begin{pmatrix} 2+5 & -3+1 & 4+0 \\ 1+3 & 0+2 & -1+(-4) \end{pmatrix}$

$= \begin{pmatrix} 7 & -2 & 4 \\ 4 & 2 & -5 \end{pmatrix}$

行列の減法　解き方のポイント

例えば，2 次正方行列の差は次のようになる。

$$\begin{pmatrix} a & b \\ c & d \end{pmatrix} - \begin{pmatrix} p & q \\ r & s \end{pmatrix} = \begin{pmatrix} a-p & b-q \\ c-r & d-s \end{pmatrix}$$

教 p.164

問 17　次の行列の差を求めよ。

(1) $\begin{pmatrix} 1 & -4 \\ 2 & 3 \end{pmatrix} - \begin{pmatrix} -1 & 5 \\ 6 & -2 \end{pmatrix}$　(2) $\begin{pmatrix} 2 & 0 & -1 \\ -3 & -2 & 0 \end{pmatrix} - \begin{pmatrix} -1 & 3 & 4 \\ 1 & 2 & -5 \end{pmatrix}$

考え方　同じ型の 2 つの行列の差は，2 つの行列の対応する成分の差を求める。

解　答　(1) $\begin{pmatrix} 1 & -4 \\ 2 & 3 \end{pmatrix} - \begin{pmatrix} -1 & 5 \\ 6 & -2 \end{pmatrix} = \begin{pmatrix} 1-(-1) & -4-5 \\ 2-6 & 3-(-2) \end{pmatrix}$

$$= \begin{pmatrix} 2 & -9 \\ -4 & 5 \end{pmatrix}$$

(2) $\begin{pmatrix} 2 & 0 & -1 \\ -3 & -2 & 0 \end{pmatrix} - \begin{pmatrix} -1 & 3 & 4 \\ 1 & 2 & -5 \end{pmatrix} = \begin{pmatrix} 2-(-1) & 0-3 & -1-4 \\ -3-1 & -2-2 & 0-(-5) \end{pmatrix}$

$$= \begin{pmatrix} 3 & -3 & -5 \\ -4 & -4 & 5 \end{pmatrix}$$

行列の実数倍　解き方のポイント

例えば，2 次正方行列の実数倍は次のようになる。

$A = \begin{pmatrix} a & b \\ c & d \end{pmatrix}$ のとき　$kA = \begin{pmatrix} ka & kb \\ kc & kd \end{pmatrix}$

教 p.165

問 18　$A = \begin{pmatrix} 3 & 0 \\ -4 & 1 \end{pmatrix}$ に対して，$3A$，$(-2)A$ をそれぞれ求めよ。

考え方　行列 A の k 倍である kA は，A の各成分を k 倍して求める。

解　答　$3A = \begin{pmatrix} 3 \cdot 3 & 3 \cdot 0 \\ 3 \cdot (-4) & 3 \cdot 1 \end{pmatrix} = \begin{pmatrix} 9 & 0 \\ -12 & 3 \end{pmatrix}$

$(-2)A = \begin{pmatrix} (-2) \cdot 3 & (-2) \cdot 0 \\ (-2) \cdot (-4) & (-2) \cdot 1 \end{pmatrix} = \begin{pmatrix} -6 & 0 \\ 8 & -2 \end{pmatrix}$

行列の乗法　解き方のポイント

ともに成分が n 個である行ベクトルと列ベクトルの積を，次のように定める。

$$(a_1\ \ a_2\ \ \cdots\ \ a_n)\begin{pmatrix} b_1 \\ b_2 \\ \vdots \\ b_n \end{pmatrix} = a_1b_1 + a_2b_2 + \cdots + a_nb_n$$

教 p.166

問 19　次の行列の積を求めよ。

(1)　$(3\ \ 8)\begin{pmatrix} -6 \\ 9 \end{pmatrix}$　　(2)　$(4\ \ -2\ \ 7)\begin{pmatrix} 2 \\ 5 \\ -3 \end{pmatrix}$

解答　(1)　$(3\ \ 8)\begin{pmatrix} -6 \\ 9 \end{pmatrix}$

$= 3\cdot(-6) + 8\cdot 9$

$= -18 + 72$

$= 54$

(2)　$(4\ \ -2\ \ 7)\begin{pmatrix} 2 \\ 5 \\ -3 \end{pmatrix}$

$= 4\cdot 2 + (-2)\cdot 5 + 7\cdot(-3)$

$= 8 - 10 - 21$

$= -23$

教 p.167

問 20　2つの行列 A，B について，積 AB，BA のいずれも計算できるとき，A と B の間にどのような関係があるか。また，行列 C が積 CC を計算できるとき，C はどのような行列であるか。

考え方　A の行ベクトルの成分の個数と B の列ベクトルの成分の個数が異なるとき，積 AB は計算できない。

解答　積 AB が計算できるとき，A の行ベクトルの成分の個数と B の列ベクトルの成分の個数が一致している。また，積 BA が計算できるとき，B の行ベクトルの成分の個数と A の列ベクトルの成分の個数が一致している。
したがって，**A の行数と B の列数，B の行数と A の列数がそれぞれ一致しているとき**，積 AB，BA のいずれも計算できる。
積 CC が計算できるとき，C の行数と列数は一致しているから，C は**正方行列**である。

教 p.167

問 21　$A=\begin{pmatrix}1 & 2\\ 2 & -3\\ 1 & 1\end{pmatrix}$, $B=\begin{pmatrix}1 & 2 & 3\\ 2 & 0 & 1\end{pmatrix}$ のとき，AB, BA を求めよ。

考え方　積 AB は，A の第 i 行ベクトルと B の第 j 列ベクトルの対応する成分の積の和を $(i,\ j)$ 成分とする行列である。

解答

$$AB=\begin{pmatrix}1 & 2\\ 2 & -3\\ 1 & 1\end{pmatrix}\begin{pmatrix}1 & 2 & 3\\ 2 & 0 & 1\end{pmatrix}$$

$$=\begin{pmatrix}1\cdot1+2\cdot2 & 1\cdot2+2\cdot0 & 1\cdot3+2\cdot1\\ 2\cdot1+(-3)\cdot2 & 2\cdot2+(-3)\cdot0 & 2\cdot3+(-3)\cdot1\\ 1\cdot1+1\cdot2 & 1\cdot2+1\cdot0 & 1\cdot3+1\cdot1\end{pmatrix}$$

$$=\begin{pmatrix}5 & 2 & 5\\ -4 & 4 & 3\\ 3 & 2 & 4\end{pmatrix}$$

$$BA=\begin{pmatrix}1 & 2 & 3\\ 2 & 0 & 1\end{pmatrix}\begin{pmatrix}1 & 2\\ 2 & -3\\ 1 & 1\end{pmatrix}$$

$$=\begin{pmatrix}1\cdot1+2\cdot2+3\cdot1 & 1\cdot2+2\cdot(-3)+3\cdot1\\ 2\cdot1+0\cdot2+1\cdot1 & 2\cdot2+0\cdot(-3)+1\cdot1\end{pmatrix}$$

$$=\begin{pmatrix}8 & -1\\ 3 & 5\end{pmatrix}$$

参考　行列を利用した点の回転　教 p.168

● 原点を中心に角 θ だけ回転する移動　解き方のポイント

原点を中心に角 θ だけ回転する移動は，行列

$$\begin{pmatrix} \cos\theta & -\sin\theta \\ \sin\theta & \cos\theta \end{pmatrix}$$

で表される。

また，その移動によって点 $(x,\ y)$ が移る点の座標 $(x',\ y')$ は行列

$$\begin{pmatrix} x' \\ y' \end{pmatrix} = \begin{pmatrix} \cos\theta & -\sin\theta \\ \sin\theta & \cos\theta \end{pmatrix}\begin{pmatrix} x \\ y \end{pmatrix}$$

で表される。

教 p.168

問 1　原点を中心に次の角だけ回転する移動を表す行列を求めよ。また，その回転により点 (2，1) が移る点の座標を求めよ。

(1) $\dfrac{\pi}{6}$　　(2) $\dfrac{\pi}{4}$　　(3) $\dfrac{\pi}{2}$

解 答　原点を中心に (1)～(3) の角だけ回転する移動を表す行列を求める。

(1) $$\begin{pmatrix} \cos\dfrac{\pi}{6} & -\sin\dfrac{\pi}{6} \\ \sin\dfrac{\pi}{6} & \cos\dfrac{\pi}{6} \end{pmatrix} = \begin{pmatrix} \dfrac{\sqrt{3}}{2} & -\dfrac{1}{2} \\ \dfrac{1}{2} & \dfrac{\sqrt{3}}{2} \end{pmatrix}$$

(2) $$\begin{pmatrix} \cos\dfrac{\pi}{4} & -\sin\dfrac{\pi}{4} \\ \sin\dfrac{\pi}{4} & \cos\dfrac{\pi}{4} \end{pmatrix} = \begin{pmatrix} \dfrac{\sqrt{2}}{2} & -\dfrac{\sqrt{2}}{2} \\ \dfrac{\sqrt{2}}{2} & \dfrac{\sqrt{2}}{2} \end{pmatrix}$$

(3) $$\begin{pmatrix} \cos\dfrac{\pi}{2} & -\sin\dfrac{\pi}{2} \\ \sin\dfrac{\pi}{2} & \cos\dfrac{\pi}{2} \end{pmatrix} = \begin{pmatrix} 0 & -1 \\ 1 & 0 \end{pmatrix}$$

次に，回転により点 (2，1) が移る点の座標を求める。

(1) $$\begin{pmatrix}\cos\frac{\pi}{6} & -\sin\frac{\pi}{6}\\ \sin\frac{\pi}{6} & \cos\frac{\pi}{6}\end{pmatrix}\begin{pmatrix}2\\1\end{pmatrix}=\begin{pmatrix}\frac{\sqrt{3}}{2}\cdot 2+\left(-\frac{1}{2}\right)\cdot 1\\ \frac{1}{2}\cdot 2+\frac{\sqrt{3}}{2}\cdot 1\end{pmatrix}=\begin{pmatrix}\sqrt{3}-\frac{1}{2}\\ 1+\frac{\sqrt{3}}{2}\end{pmatrix}$$

よって　　**点** $\left(\dfrac{2\sqrt{3}-1}{2},\ \dfrac{2+\sqrt{3}}{2}\right)$

(2) $$\begin{pmatrix}\cos\frac{\pi}{4} & -\sin\frac{\pi}{4}\\ \sin\frac{\pi}{4} & \cos\frac{\pi}{4}\end{pmatrix}\begin{pmatrix}2\\1\end{pmatrix}=\begin{pmatrix}\frac{\sqrt{2}}{2}\cdot 2+\left(-\frac{\sqrt{2}}{2}\right)\cdot 1\\ \frac{\sqrt{2}}{2}\cdot 2+\frac{\sqrt{2}}{2}\cdot 1\end{pmatrix}=\begin{pmatrix}\frac{\sqrt{2}}{2}\\ \frac{3\sqrt{2}}{2}\end{pmatrix}$$

よって　　**点** $\left(\dfrac{\sqrt{2}}{2},\ \dfrac{3\sqrt{2}}{2}\right)$

(3) $$\begin{pmatrix}\cos\frac{\pi}{2} & -\sin\frac{\pi}{2}\\ \sin\frac{\pi}{2} & \cos\frac{\pi}{2}\end{pmatrix}\begin{pmatrix}2\\1\end{pmatrix}=\begin{pmatrix}0\cdot 2+(-1)\cdot 1\\ 1\cdot 2+0\cdot 1\end{pmatrix}=\begin{pmatrix}-1\\ 2\end{pmatrix}$$

よって　　**点** $(-1,\ 2)$

3 グラフと行列

用語のまとめ

隣接行列

- ある頂点 v_i と v_j を結ぶ辺の本数を $(i,\ j)$ 成分とする正方行列を，グラフの **隣接行列** という。

有向グラフと無向グラフ

- 辺に向きをもつグラフを **有向グラフ**（ゆうこう）という。これに対して，辺に向きをもたないグラフを **無向グラフ**（むこう）という。

教 p.169

問 22 (1) 上の都市（省略）と直行便の関係をグラフに表し，さらに行列に表せ。

(2) (1)で求めた行列を A として，A^2 を計算せよ。このとき，行列 A^2 の各成分は何を表しているといえるか。

解答 (1) グラフ（例）

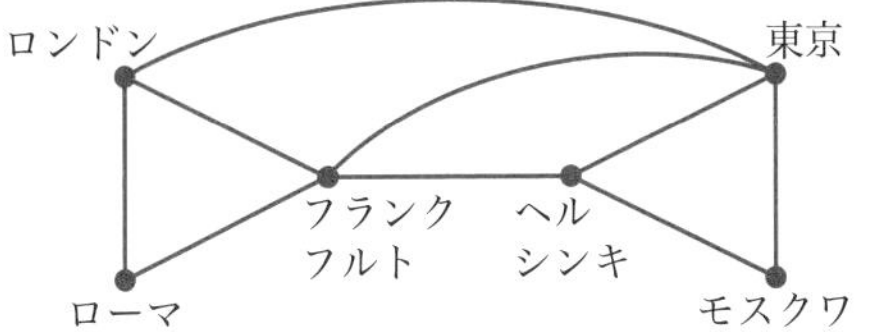

行列 A，A^2 は教科書 p.170 参照

(2) A^2 の $(i,\ j)$ 成分は，頂点 i と頂点 j を 2 回の辺の移動で結ぶ経路の個数を表している。

すなわち，頂点 i が表す都市と頂点 j が表す都市を，1 回の乗り継ぎで結ぶ経路の本数として表している。

教 p.170

問 23 A^3 の各成分は何を表しているといえるか。

解答 A^3 の $(i,\ j)$ 成分は，頂点 i と頂点 j を 3 回の辺の移動で結ぶ経路の個数を表している。

すなわち，頂点 i が表す都市と頂点 j が表す都市を，2 回の乗り継ぎで結ぶ経路の本数として表している。

教 p.170

問 24 教科書 169 ページの問 22 における行列 A について，次の問に答えよ。

(1) 和 $A+A^2$ で表される行列を B とする。B の各成分は何を表しているといえるか。

(2) 和 $A+A^2+A^3$ で表される行列 C は，その成分に 0 をもたない。このことは何を意味していると考えられるか。

考え方 教科書 p.170 の例示について，行列 A の (2, 4) 成分は都市 M と都市 F を乗り継ぎなしで結ぶ経路の個数を表している。同様に，行列 A^2 の場合は，1 回の乗り継ぎで結ぶ経路の個数を表している。

解 答 (1) B の $(i,\ j)$ 成分は，頂点 i と頂点 j を 2 回以下の辺の移動で結ぶ経路の個数を表している。

すなわち，頂点 i が表す都市と頂点 j が表す都市を，「乗り継ぎなし」または「1 回の乗り継ぎ」で結ぶ経路の個数として表している。

(2) C の $(i,\ j)$ 成分に 0 がないことは，グラフの任意の頂点から 3 回以下の辺の移動で，任意の頂点まで移動できることを意味している。

すなわち，6 都市のいずれからでも，2 回以下の乗り継ぎで，どの都市にでも移動することができることを意味している。

教 p.171

問 25 右の図のように複数の会場を通路で結び，大規模なイベントを開催する。ただし，混雑緩和のため各通路は進行方向を制限している。このとき，次の問に答えよ。

(1) 右の図の会場と通路の関係をグラフに表し，さらに行列に表せ。

(2) 通路を最低何回通れば，任意の会場から任意の会場に移動することができるか。

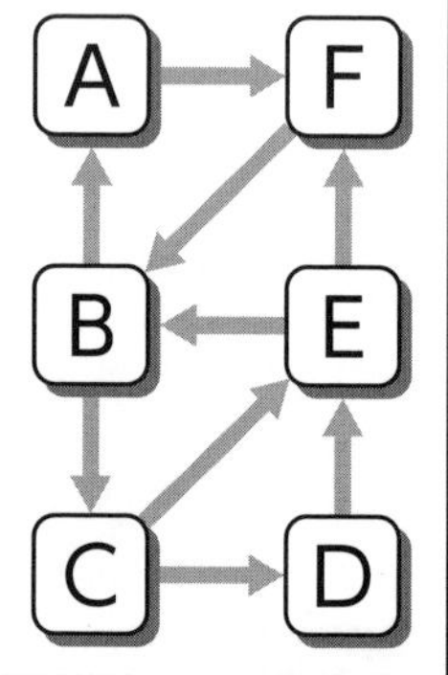

考え方 (2) A^2，A^3，… を計算して，行列 $A+A^2$，$A+A^2+A^3$，… の成分に 0 をもつかどうかを調べる。

解答 (1) グラフ（例）

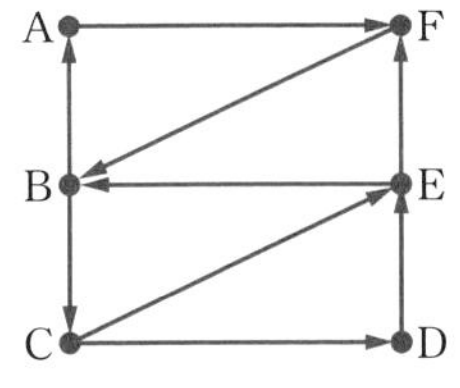

行列

$$\begin{array}{c} \\ A \\ B \\ C \\ D \\ E \\ F \end{array}\begin{array}{c} \begin{array}{cccccc} A & B & C & D & E & F \end{array} \\ \begin{pmatrix} 0 & 0 & 0 & 0 & 0 & 1 \\ 1 & 0 & 1 & 0 & 0 & 0 \\ 0 & 0 & 0 & 1 & 1 & 0 \\ 0 & 0 & 0 & 0 & 1 & 0 \\ 0 & 1 & 0 & 0 & 0 & 1 \\ 0 & 1 & 0 & 0 & 0 & 0 \end{pmatrix} \end{array}$$

(2) (1)で表した行列を A とする。

$$A+A^2=\begin{pmatrix} 0 & 1 & 0 & 0 & 0 & 1 \\ 1 & 0 & 1 & 1 & 1 & 1 \\ 0 & 1 & 0 & 1 & 2 & 1 \\ 0 & 1 & 0 & 0 & 1 & 1 \\ 1 & 2 & 1 & 0 & 0 & 1 \\ 1 & 1 & 1 & 0 & 0 & 0 \end{pmatrix}$$

$$A+A^2+A^3=\begin{pmatrix} 1 & 1 & 1 & 0 & 0 & 1 \\ 1 & 2 & 1 & 1 & 2 & 2 \\ 1 & 3 & 1 & 1 & 2 & 2 \\ 1 & 2 & 1 & 0 & 1 & 1 \\ 2 & 2 & 2 & 1 & 1 & 2 \\ 1 & 1 & 1 & 1 & 1 & 1 \end{pmatrix}$$

$$A+A^2+A^3+A^4=\begin{pmatrix} 1 & 1 & 1 & 1 & 1 & 2 \\ 3 & 4 & 3 & 1 & 2 & 3 \\ 3 & 4 & 3 & 2 & 3 & 3 \\ 2 & 2 & 2 & 1 & 2 & 2 \\ 2 & 4 & 2 & 2 & 3 & 4 \\ 1 & 3 & 1 & 1 & 2 & 2 \end{pmatrix}$$

$A+A^2+A^3$ で表される行列は成分に 0 をもつが，$A+A^2+A^3+A^4$ で表される行列は成分に 0 をもたない。

よって，通路を最低 4 回 通れば，任意の会場から任意の会場に移動することができる。

2節 データの表現の工夫

1 適切なグラフの選択

用語のまとめ

積み上げ棒グラフ

- 複数の棒グラフを積み上げたものを，**積み上げ棒グラフ** とよぶことがある。

教 p.173

問1 上の折れ線グラフと積み上げ棒グラフ（省略）を比べて，どちらのほうが，どんなことが読み取りやすいか述べよ。

解答 （例）

折れ線グラフは，それぞれの年齢層の各年の人口と，その推移が読み取りやすい。

積み上げ棒グラフは，各年におけるそれぞれの年齢層が占める割合や，その推移が読み取りやすい。

教 p.174

問2 上のグラフ（省略）からどのようなことを読み取ることができるか述べよ。

解答 （例）

1990 年以降は，それ以前に比べて高齢化率の上がり方が大きくなっている。このことは，1990 年以降，総人口が頭打ちになり，0 ～ 64 歳の人口が減少に転じ，65 歳以上の人口が増えていることからも分かる。

教 p.174

問3 15 ～ 64 歳の人口を生産年齢人口という。教科書 172 ページの表より，各年の 65 歳以上の人口と生産年齢人口の比の値を求めよ。また，その結果を，教科書 173 ページの積み上げ棒グラフと組み合わせて表現せよ。

考え方 1950 年の場合は，生産年齢人口は 5017 万人，65 歳以上の人口は $309+107=416$（万人）であるから，比の値は

$$416 \div 5017 = 0.082\cdots \fallingdotseq 0.08$$

となる。

解答 各年の比の値は次のようになる。

1950	1955	1960	1965	1970	1975	1980	1985
0.08	0.09	0.09	0.09	0.10	0.12	0.14	0.15
1990	1995	2000	2005	2010	2015	2020	
0.17	0.21	0.26	0.31	0.36	0.44	0.49	

上の表を折れ線グラフに表して，積み上げ棒グラフと合わせると，下に示した図のようになる。

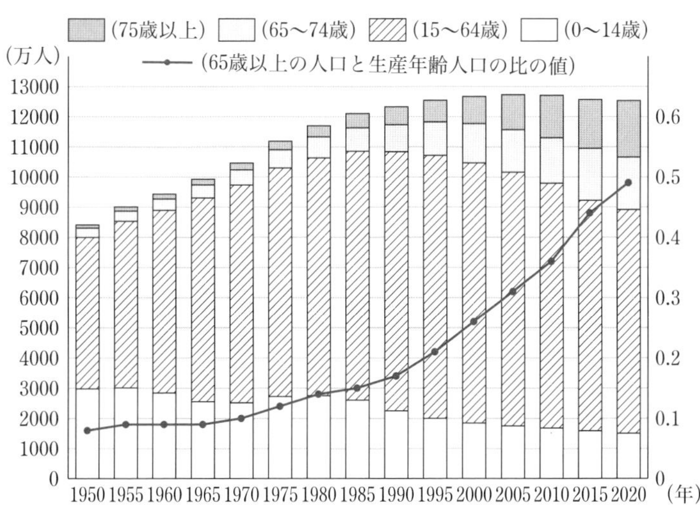

2 さまざまな図やグラフ

用語のまとめ

パレート図

- 項目を度数が大きい順に並べ替え，各項目の棒グラフと累積相対度数折れ線を組み合わせたグラフを **パレート図** という。
- 数値に表すことが難しい，分類や状態を表すデータのことを **質的データ** という。対して，数値で表すことができるデータのことを **量的データ** という。

2次元表とモザイク図

- 2種類の質的データの組み合わせと，それぞれの組み合わせに対応する量的データについてまとめた表を **2次元表** という。
- 2次元表の各要素を帯グラフにし，幅を各要素の相対度数に対応させたグラフを **モザイク図** という。

教 p.175

問4 主要な来室理由が分かりやすいよう，それらの件数や，それらが全体に対してどの程度の割合であるかを読み取りやすいグラフを作成したい。
適していると考えられる表現方法を，右の中から選べ。

① 箱ひげ図　② 帯グラフ
③ 棒グラフ　④ ヒストグラム
⑤ 円グラフ　⑥ 散布図
⑦ 相対度数折れ線

考え方 「件数」や「全体に対する割合」が読み取りやすいグラフを選ぶ。

解答 ②，③，⑤

教 p.176

問5 保健室の来室理由について，全体の上位70%を占める主要な項目はどれか。上のパレート図（省略）を参考に答えよ。

考え方 累積相対度数が70%となるまで，項目を多い順に選ぶ。

解答 相談から捻挫までで，累積相対度数が70%となるから，上位70%を占める項目は

相談，頭痛，打撲，腹痛・下痢，けん怠感，擦り傷，せき，捻挫

教 p.177

問 6　次の表（省略）は，ある製品の不良品における不良の理由と，その発生件数についてのデータである。次の問に答えよ。

(1)　上の表（省略）のデータをパレート図に表せ。

(2)　(1)で作成したパレート図を用いて，不良品において上位 70% を占める主要な理由が何であるか答えよ。

解答　(1)

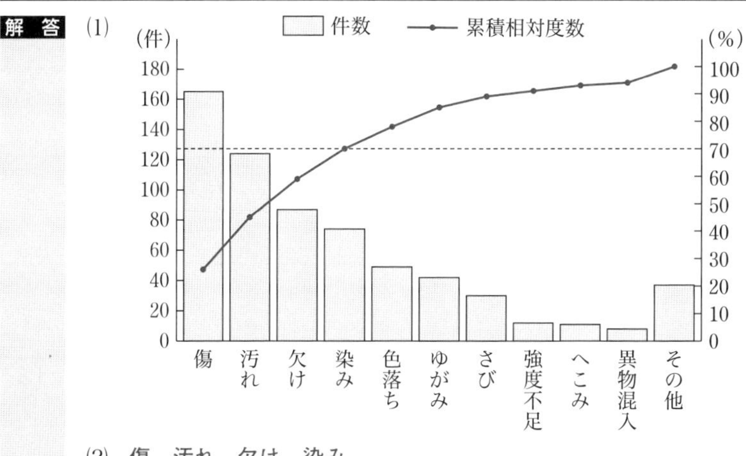

(2)　傷，汚れ，欠け，染み

教 p.178

問 7　上の図 1 と図 2（省略）を比較して，それぞれどんなことが読み取りやすいか。また，読み取りにくいか。

解答　(例)

図 1 は，各時間帯におけるそれぞれの来室理由の度数やそれらの総数が読み取りやすいが，その割合は読み取りにくい。

図 2 は，各時間帯におけるそれぞれの来室理由の割合は読み取りやすいが，それらの度数は読み取ることができない。

バブルチャート 教 p.179

用語のまとめ

バブルチャート

- 散布図を構成する 2 つのデータに加えて，それに関するもう 1 つの量的データを散布図の各点において面積が比例する円に置き換えて，3 つの量的データの関係を同時に表したグラフを **バブルチャート** という。

教 p.179

問 1 より多くの国について，上（省略）と同様のバブルチャートをつくってみよう。

解 答 （省略）

練 習 問 題 教 p.180

解 答 （省略）

巻末

問題を解くときに働く見方・考え方

教 p.182-188

教 p.186

問 1　四面体 OABC の内部に点 P があり，次の式を満たしている。

$$4\overrightarrow{OP}+2\overrightarrow{AP}+\overrightarrow{BP}+\overrightarrow{CP}=\vec{0}$$

直線 OP と平面 ABC の交点を Q，2 直線 AQ，BC の交点を R とするとき，BR：RC，AQ：QR，OP：PQ を求めよ。

考え方　始点を O とし，3 つのベクトル $\overrightarrow{OA}$，$\overrightarrow{OB}$，$\overrightarrow{OC}$ で $\overrightarrow{OP}$ を表す。

解答

$$4\overrightarrow{OP}+2\overrightarrow{AP}+\overrightarrow{BP}+\overrightarrow{CP}=\vec{0}$$

であるから

$$4\overrightarrow{OP}+2(\overrightarrow{OP}-\overrightarrow{OA})+(\overrightarrow{OP}-\overrightarrow{OB})+(\overrightarrow{OP}-\overrightarrow{OC})=\vec{0}$$

整理すると

$$8\overrightarrow{OP}=2\overrightarrow{OA}+\overrightarrow{OB}+\overrightarrow{OC}$$

よって

$$\overrightarrow{OP}=\frac{1}{8}(2\overrightarrow{OA}+\overrightarrow{OB}+\overrightarrow{OC})$$

$$=\frac{1}{4}\left(\overrightarrow{OA}+\frac{\overrightarrow{OB}+\overrightarrow{OC}}{2}\right)$$

$$=\frac{1}{2}\times\frac{\overrightarrow{OA}+\dfrac{\overrightarrow{OB}+\overrightarrow{OC}}{2}}{2}$$

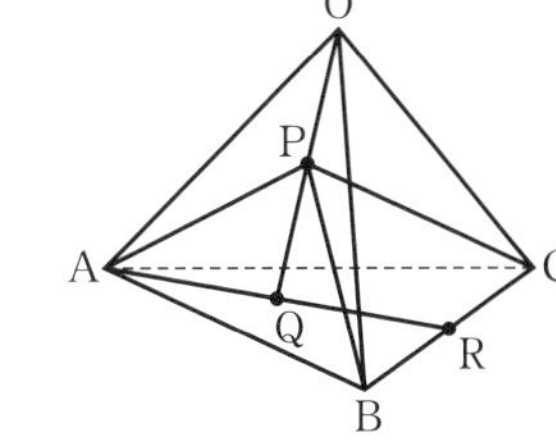

3 点 O，P，Q は一直線上にあり，点 Q は AR 上，点 R は BC 上の点であるから

$$\overrightarrow{OR}=\frac{\overrightarrow{OB}+\overrightarrow{OC}}{2},\quad \overrightarrow{OQ}=\frac{\overrightarrow{OA}+\overrightarrow{OR}}{2},\quad \overrightarrow{OP}=\frac{1}{2}\overrightarrow{OQ}$$

したがって

BR：RC＝1：1，AQ：QR＝1：1，OP：PQ＝1：1

教 p.186

問 2　次の不等式を証明せよ。また，等号が成り立つのはどのようなときか。

$a>0$, $b>0$, $c>0$ のとき　$\dfrac{a+b+c}{3} \geqq \sqrt[3]{abc}$

考え方　2 数 a, b の相加平均と相乗平均の関係は，次のように証明した。

$$\frac{a+b}{2}-\sqrt{ab}=\frac{(\sqrt{a})^2+(\sqrt{b})^2-2\sqrt{a}\sqrt{b}}{2}=\frac{(\sqrt{a}-\sqrt{b})^2}{2} \geqq 0$$

同じように考えてみよう。

証明　$x=\sqrt[3]{a}$, $y=\sqrt[3]{b}$, $z=\sqrt[3]{c}$ とおく。

$a>0$, $b>0$, $c>0$ より　　$x>0$, $y>0$, $z>0$

よって

$$\begin{aligned}
&\frac{a+b+c}{3}-\sqrt[3]{abc}\\
&=\frac{x^3+y^3+z^3}{3}-xyz\\
&=\frac{1}{3}(x^3+y^3+z^3-3xyz)\\
&=\frac{1}{3}(x+y+z)(x^2+y^2+z^2-xy-yz-zx)\\
&=\frac{1}{6}(x+y+z)\{(x-y)^2+(y-z)^2+(z-x)^2\}\\
&\geqq 0
\end{aligned}$$

したがって　　$\dfrac{a+b+c}{3} \geqq \sqrt[3]{abc}$

等号は，$x=y=z$ すなわち $a=b=c$ のとき成り立つ。

教 p.188

問3 複素数平面上において，次の条件を満たす点 z はどのような図形を表すか答えよ。また，$z=x+yi$ とおいて，点 z が表す図形を座標平面上の図形と見なして x と y の式で表せ。

$$|z+\sqrt{5}|+|z-\sqrt{5}|=6$$

解答 $|z+\sqrt{5}|+|z-\sqrt{5}|=6$ という式は，複素数平面上において，2 点 $\sqrt{5}$，$-\sqrt{5}$ を焦点とし，2 点からの距離の和が 6 である楕円 を表していると考えられる。

$|z+\sqrt{5}|+|z-\sqrt{5}|=6$ より

$$|z+\sqrt{5}|=6-|z-\sqrt{5}|$$

両辺を 2 乗すると

$$|z+\sqrt{5}|^2=36-12|z-\sqrt{5}|+|z-\sqrt{5}|^2 \quad ※$$

$$(z+\sqrt{5})\overline{(z+\sqrt{5})}=36-12|z-\sqrt{5}|+(z-\sqrt{5})\overline{(z-\sqrt{5})}$$

すなわち

$$(z+\sqrt{5})(\overline{z}+\sqrt{5})=36-12|z-\sqrt{5}|+(z-\sqrt{5})(\overline{z}-\sqrt{5})$$

展開して整理すると

$$z\overline{z}+\sqrt{5}(z+\overline{z})+5=36-12|z-\sqrt{5}|+z\overline{z}-\sqrt{5}(z+\overline{z})+5$$

$$3-\frac{\sqrt{5}}{6}(z+\overline{z})=|z-\sqrt{5}|$$

両辺を 2 乗すると

$$\left\{3-\frac{\sqrt{5}}{6}(z+\overline{z})\right\}^2=|z-\sqrt{5}|^2$$

$$9-\sqrt{5}(z+\overline{z})+\frac{5}{36}(z+\overline{z})^2=z\overline{z}-\sqrt{5}(z+\overline{z})+5$$

$$9+\frac{5}{36}(z+\overline{z})^2=z\overline{z}+5$$

$z=x+yi$ とおくと

$$9+\frac{5}{36}\cdot(2x)^2=x^2+y^2+5$$

$$9+\frac{5}{9}x^2=x^2+y^2+5$$

$$\frac{4}{9}x^2+y^2=4$$

したがって，点 z が表す図形は

楕円 $\dfrac{x^2}{9}+\dfrac{y^2}{4}=1$

※

$$\begin{aligned}|z-\sqrt{5}|^2&=(z-\sqrt{5})\overline{(z-\sqrt{5})}\\&=(z-\sqrt{5})(\overline{z}-\sqrt{5})\\&=z\overline{z}-\sqrt{5}z-\sqrt{5}\overline{z}+5\\&=z\overline{z}-\sqrt{5}(z+\overline{z})+5\end{aligned}$$

演習問題

教 p.189-191

1章 ベクトル

教 p.189

1 3つのベクトルを $\vec{a}=(p,\ 2)$, $\vec{b}=(-1,\ 3)$, $\vec{c}=(1,\ q)$ とする。

(1) $(\vec{a}-\vec{b})/\!/\vec{c}$ かつ $(\vec{b}-\vec{c})\perp\vec{a}$ であるとき，p, q の値を求めよ。

(2) $\sqrt{2}|\vec{a}|=|\vec{b}|$ が成り立ち，$\vec{a}-\vec{b}$ と $\vec{c}$ のなす角が $60°$ であるとき，p, q の値を求めよ。

考え方 (1) $(\vec{a}-\vec{b})/\!/\vec{c}$ より，$\vec{a}-\vec{b}=k\vec{c}$ となる実数 k があることと，
$(\vec{b}-\vec{c})\perp\vec{a}$ より，$(\vec{b}-\vec{c})\cdot\vec{a}=0$ であることから p, q の値を求める。

(2) $\vec{a}-\vec{b}$ と $\vec{c}$ のなす角が $60°$ のとき，$(\vec{a}-\vec{b})\cdot\vec{c}=|\vec{a}-\vec{b}||\vec{c}|\cos 60°$

解答 (1) $(\vec{a}-\vec{b})/\!/\vec{c}$ であるから $\vec{a}-\vec{b}=k\vec{c}$

となる実数 k がある。

$\vec{a}-\vec{b}=(p+1,\ -1)$, $\vec{c}=(1,\ q)$ であるから

$$p+1=k,\qquad -1=kq$$

k を消去すると $(p+1)q=-1$ ……①

また，$(\vec{b}-\vec{c})\perp\vec{a}$ より $(\vec{b}-\vec{c})\cdot\vec{a}=0$

$\vec{b}-\vec{c}=(-2,\ 3-q)$, $\vec{a}=(p,\ 2)$ であるから

$-2p+2(3-q)=0$ よって $q=-p+3$ ……②

② を ① に代入すると

$$(p+1)(-p+3)=-1$$

$$p^2-2p-4=0$$

これを解くと $p=1\pm\sqrt{5}$

② より $p=1+\sqrt{5}$ のとき $q=2-\sqrt{5}$

$p=1-\sqrt{5}$ のとき $q=2+\sqrt{5}$

したがって

$$(p,\ q)=(1+\sqrt{5},\ 2-\sqrt{5}),\ (1-\sqrt{5},\ 2+\sqrt{5})$$

(2) $\sqrt{2}|\vec{a}|=|\vec{b}|$ より $2|\vec{a}|^2=|\vec{b}|^2$

$$2(p^2+2^2)=(-1)^2+3^2$$

$p^2=1$ となり $p=\pm1$

また，$(\vec{a}-\vec{b})\cdot\vec{c}=|\vec{a}-\vec{b}||\vec{c}|\cos 60°$ より

$2(\vec{a}-\vec{b})\cdot\vec{c}=|\vec{a}-\vec{b}||\vec{c}|$ ……③

(i) $p=1$ のとき

$\vec{a}-\vec{b}=(2,\ -1)$, $\vec{c}=(1,\ q)$ であるから

③より $2(2-q)=\sqrt{5}\sqrt{1+q^2}$ ……④

両辺を2乗して $4(2-q)^2=5(1+q^2)$

$q^2+16q-11=0$

これを解くと $q=-8\pm5\sqrt{3}$

④より $2-q>0$ すなわち $q<2$ であるから

$q=-8\pm5\sqrt{3}$

(ii) $p=-1$ のとき

$\vec{a}-\vec{b}=(0,\ -1)$, $\vec{c}=(1,\ q)$ であるから

③より $-2q=\sqrt{1+q^2}$ ……⑤

両辺を2乗して $4q^2=1+q^2$

$q^2=\frac{1}{3}$ より $q=\pm\frac{\sqrt{3}}{3}$

⑤より $-q>0$ すなわち $q<0$ であるから

$q=-\frac{\sqrt{3}}{3}$

(i), (ii) より $(p,\ q)=(1,\ -8\pm5\sqrt{3})$, $\left(-1,\ -\frac{\sqrt{3}}{3}\right)$

2 △ABC において，AB = 5，BC = 7，CA = 3 とする。また，△ABC の外接円の中心を P とする。

(1) $\overrightarrow{AB}\cdot\overrightarrow{AC}$ の値を求めよ。

(2) $\overrightarrow{AP}\cdot\overrightarrow{AB}$ の値を求めよ。

(3) $\overrightarrow{AP}$ を $\overrightarrow{AB}$ と $\overrightarrow{AC}$ を用いて表せ。

考え方 (1) まず，余弦定理により $\cos A$ の値を求める。

(2) AP の延長と外接円の交点を Q とすると，AQ は円 P の直径であるから，円周角の定理により，$\overrightarrow{AB}\perp\overrightarrow{BQ}$ となる。

(3) $\overrightarrow{AP}=s\overrightarrow{AB}+t\overrightarrow{AC}$ とし，$\overrightarrow{AB}\perp\overrightarrow{BQ}$, $\overrightarrow{AC}\perp\overrightarrow{CQ}$ から，s, t の値を求める。

解 答 (1) 余弦定理により

$$\cos A=\frac{AB^2+CA^2-BC^2}{2AB\times CA}=\frac{5^2+3^2-7^2}{2\times5\times3}=-\frac{1}{2}$$

したがって

$$\overrightarrow{AB}\cdot\overrightarrow{AC}=|\overrightarrow{AB}||\overrightarrow{AC}|\cos A=5\times3\times\left(-\frac{1}{2}\right)=-\frac{15}{2}$$

巻末

(2) AP の延長と外接円の交点を Q とすると

$\overrightarrow{AQ}=2\overrightarrow{AP}$，$\overrightarrow{AB}\perp\overrightarrow{BQ}$

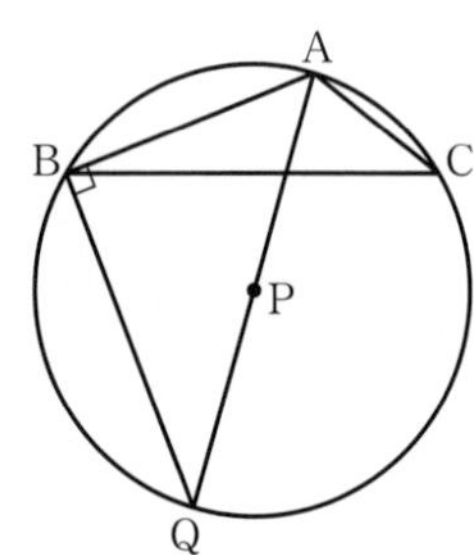

よって，$\overrightarrow{AB}\cdot\overrightarrow{BQ}=0$ より

$\overrightarrow{AB}\cdot(\overrightarrow{AQ}-\overrightarrow{AB})=0$

$\overrightarrow{AB}\cdot(2\overrightarrow{AP}-\overrightarrow{AB})=0$

$2\overrightarrow{AP}\cdot\overrightarrow{AB}-|\overrightarrow{AB}|^2=0$

ゆえに　$\overrightarrow{AP}\cdot\overrightarrow{AB}=\dfrac{|\overrightarrow{AB}|^2}{2}=\dfrac{25}{2}$

(3) (2) と同様にして，$\overrightarrow{AC}\perp\overrightarrow{CQ}$ より

$\overrightarrow{AP}\cdot\overrightarrow{AC}=\dfrac{|\overrightarrow{AC}|^2}{2}=\dfrac{9}{2}$

ここで，$\overrightarrow{AP}=s\overrightarrow{AB}+t\overrightarrow{AC}$ とすると

$\overrightarrow{AP}\cdot\overrightarrow{AB}=(s\overrightarrow{AB}+t\overrightarrow{AC})\cdot\overrightarrow{AB}=\dfrac{25}{2}$

$2s|\overrightarrow{AB}|^2+2t\overrightarrow{AC}\cdot\overrightarrow{AB}=25$

$2s\times5^2+2t\times\left(-\dfrac{15}{2}\right)=25$

よって　$10s-3t=5$　……①

同様にして，$\overrightarrow{AP}\cdot\overrightarrow{AC}=(s\overrightarrow{AB}+t\overrightarrow{AC})\cdot\overrightarrow{AC}=\dfrac{9}{2}$ より

$-5s+6t=3$　……②

①，② を解いて

$s=\dfrac{13}{15}$，$t=\dfrac{11}{9}$

ゆえに

$\boldsymbol{\overrightarrow{AP}=\dfrac{13}{15}\overrightarrow{AB}+\dfrac{11}{9}\overrightarrow{AC}}$

別解 (1) $\overrightarrow{CB}=\overrightarrow{AB}-\overrightarrow{AC}$ であるから

$|\overrightarrow{CB}|^2=|\overrightarrow{AB}-\overrightarrow{AC}|^2$

$=|\overrightarrow{AB}|^2-2\overrightarrow{AB}\cdot\overrightarrow{AC}+|\overrightarrow{AC}|^2$

$7^2=5^2-2\overrightarrow{AB}\cdot\overrightarrow{AC}+3^2$ より

$\overrightarrow{AB}\cdot\overrightarrow{AC}=-\dfrac{15}{2}$

3 AB = 2, BC = 4, CA = 3 である △ABC がある。この三角形の内接円の中心を I, I から辺 AB に下ろした垂線と AB との交点を H とする。

(1) $\overrightarrow{AB}\cdot\overrightarrow{AC}$ の値を求めよ。 (2) $\overrightarrow{AI}$ を $\overrightarrow{AB}$ と $\overrightarrow{AC}$ を用いて表せ。

(3) $\overrightarrow{AH}$ を $\overrightarrow{AB}$ を用いて表せ。 (4) 内接円の半径を求めよ。

考え方 (2) AI の延長と BC の交点を M とし，△ABC と △BAM において，内角の二等分線と比の定理を利用する。

(3) $\overrightarrow{HI}\perp\overrightarrow{AB}$ を利用する。

(4) $|\overrightarrow{HI}|^2$ を求める。

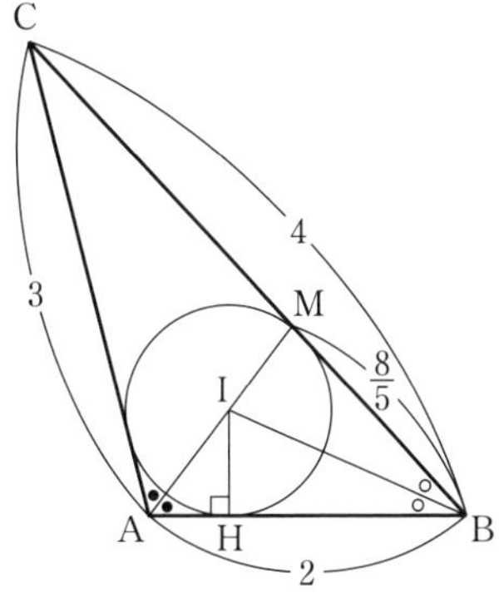

解　答 (1) 余弦定理により

$$\cos A = \frac{3^2+2^2-4^2}{2\times3\times2} = -\frac{1}{4}$$

よって

$$\begin{aligned}\overrightarrow{AB}\cdot\overrightarrow{AC} &= |\overrightarrow{AB}||\overrightarrow{AC}|\cos A\\ &= 2\times3\times\left(-\frac{1}{4}\right)\\ &= -\frac{3}{2}\end{aligned}$$

(2) AI の延長と BC の交点を M とすると，△ABC において，内角の二等分線と比の定理より

$$BM : MC = AB : AC = 2 : 3$$

よって　　$BM = 4\times\frac{2}{5} = \frac{8}{5}$

△BAM において，同様に

$$AI : IM = BA : BM = 2 : \frac{8}{5} = 5 : 4$$

よって

$$\overrightarrow{AI} = \frac{5}{9}\overrightarrow{AM} = \frac{5}{9}\times\frac{3\overrightarrow{AB}+2\overrightarrow{AC}}{2+3} = \frac{1}{3}\overrightarrow{AB}+\frac{2}{9}\overrightarrow{AC}$$

(3) $\overrightarrow{AH} = k\overrightarrow{AB}$ とすると

$$\begin{aligned}\overrightarrow{HI} &= \overrightarrow{AI}-\overrightarrow{AH}\\ &= \left(\frac{1}{3}\overrightarrow{AB}+\frac{2}{9}\overrightarrow{AC}\right)-k\overrightarrow{AB}\\ &= \left(\frac{1}{3}-k\right)\overrightarrow{AB}+\frac{2}{9}\overrightarrow{AC}\end{aligned}$$

$\overrightarrow{HI}\perp\overrightarrow{AB}$ であるから　$\overrightarrow{HI}\cdot\overrightarrow{AB} = 0$

巻末

よって

$$\left\{\left(\frac{1}{3}-k\right)\overrightarrow{AB}+\frac{2}{9}\overrightarrow{AC}\right\}\cdot\overrightarrow{AB}=0$$

$$\left(\frac{1}{3}-k\right)|\overrightarrow{AB}|^2+\frac{2}{9}\overrightarrow{AB}\cdot\overrightarrow{AC}=0$$

$$\left(\frac{1}{3}-k\right)\times 2^2+\frac{2}{9}\times\left(-\frac{3}{2}\right)=0$$

$$-4k+1=0$$

これを解いて　$k=\frac{1}{4}$

ゆえに　$\overrightarrow{\mathbf{AH}}=\frac{1}{4}\overrightarrow{\mathbf{AB}}$

(4) 内接円の半径は HI である。

(3) より　$\overrightarrow{HI}=\overrightarrow{AI}-\overrightarrow{AH}=\left(\frac{1}{3}-\frac{1}{4}\right)\overrightarrow{AB}+\frac{2}{9}\overrightarrow{AC}=\frac{1}{12}\overrightarrow{AB}+\frac{2}{9}\overrightarrow{AC}$

よって　$|\overrightarrow{HI}|^2=\frac{1}{144}|\overrightarrow{AB}|^2+\frac{1}{27}\overrightarrow{AB}\cdot\overrightarrow{AC}+\frac{4}{81}|\overrightarrow{AC}|^2$

$$=\frac{1}{144}\times 4+\frac{1}{27}\times\left(-\frac{3}{2}\right)+\frac{4}{81}\times 9$$

$$=\frac{5}{12}$$

したがって，内接円の半径は

$$|\overrightarrow{HI}|=\sqrt{\frac{5}{12}}=\frac{\sqrt{15}}{6}$$

別解 (4) $0°<A<180°$ より $\sin A>0$ であるから，(1) より

$$\sin A=\sqrt{1-\left(-\frac{1}{4}\right)^2}=\frac{\sqrt{15}}{4}$$

内接円の半径を r とすると

$$\frac{1}{2}\mathrm{CA}\times\mathrm{AB}\sin A=\frac{1}{2}r(\mathrm{BC}+\mathrm{CA}+\mathrm{AB})$$

$$\frac{1}{2}\times 3\times 2\times\frac{\sqrt{15}}{4}=\frac{1}{2}r(4+3+2)$$

$$\frac{3\sqrt{15}}{4}=\frac{9}{2}r$$

よって　$r=\frac{\sqrt{15}}{6}$

4 O を原点とする座標空間に，4 点 A(1, 2, −3)，B(3, −1, 2)，C(4, −3, 1)，D(3, 7, −2) がある。A を通り，ベクトル $\overrightarrow{\mathrm{OB}}$ に平行な直線を l とし，C を通り，ベクトル $\overrightarrow{\mathrm{OD}}$ に平行な直線を m とする。直線 l と m が交わることを示せ。また，その交点 P の座標を求めよ。

考え方 l 上の点 P は $\overrightarrow{\mathrm{OP}}=\overrightarrow{\mathrm{OA}}+s\overrightarrow{\mathrm{OB}}$，$m$ 上の点 P は $\overrightarrow{\mathrm{OP}}=\overrightarrow{\mathrm{OC}}+t\overrightarrow{\mathrm{OD}}$ と表せる。

この 2 つの式が一致するとき，2 直線 l，m は点 P で交わる。

解 答 点 P は直線 l，m 上にあるから

$$\begin{aligned}\overrightarrow{\mathrm{OP}}&=\overrightarrow{\mathrm{OA}}+s\overrightarrow{\mathrm{OB}}\\&=(1,\ 2,\ -3)+s(3,\ -1,\ 2)\\&=(1+3s,\ 2-s,\ -3+2s)\end{aligned}$$

$$\begin{aligned}\overrightarrow{\mathrm{OP}}&=\overrightarrow{\mathrm{OC}}+t\overrightarrow{\mathrm{OD}}\\&=(4,\ -3,\ 1)+t(3,\ 7,\ -2)\\&=(4+3t,\ -3+7t,\ 1-2t)\end{aligned}$$

となる実数 s，t がある。

したがって，次の連立方程式を満たす s，t があるとき，直線 l と m は交わり，その交点は P である。

$$\begin{cases}1+3s=4+3t\\2-s=-3+7t\\-3+2s=1-2t\end{cases}\quad \text{すなわち}\quad \begin{cases}s-t=1\\s+7t=5\\s+t=2\end{cases}$$

$s=\dfrac{3}{2}$，$t=\dfrac{1}{2}$ はこれらの方程式を満たす。

ゆえに，直線 l と m は交わる。

このとき

$$\begin{aligned}\overrightarrow{\mathrm{OP}}&=\left(1+3\times\frac{3}{2},\ 2-\frac{3}{2},\ -3+2\times\frac{3}{2}\right)\\&=\left(\frac{11}{2},\ \frac{1}{2},\ 0\right)\end{aligned}$$

したがって，交点 P の座標は

$$\left(\frac{11}{2},\ \frac{1}{2},\ 0\right)$$

巻末

5 原点Oから3点 A(1, 0, 0), B(−1, 1, 0), C(1, −1, 1) を通る平面に下ろした垂線と平面ABCとの交点をHとするとき，$\overrightarrow{AH}$ を $\overrightarrow{AB}$ と $\overrightarrow{AC}$ を用いて表せ。

考え方 点Hは3点A，B，Cの定める平面上にあるから，$\overrightarrow{AH}=s\overrightarrow{AB}+t\overrightarrow{AC}$ と表せる。また，OH⊥平面ABCのとき，$\overrightarrow{OH}\perp\overrightarrow{AB}$，$\overrightarrow{OH}\perp\overrightarrow{AC}$ である。

解 答

$\overrightarrow{AB}=(-2,\ 1,\ 0)$ ……①

$\overrightarrow{AC}=(0,\ -1,\ 1)$ ……②

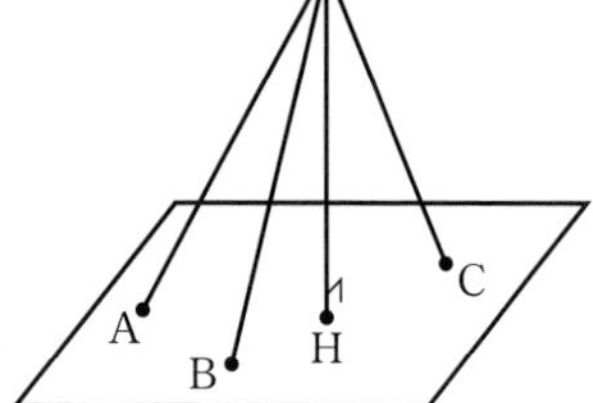

より，3点A，B，Cは一直線上にない。
よって，4点A，B，C，Hが同一平面上にあるとき，$\overrightarrow{AH}$ に対して

$\overrightarrow{AH}=s\overrightarrow{AB}+t\overrightarrow{AC}$ ……③

となる実数 s，t がある。したがって

$\overrightarrow{AH}=s(-2,\ 1,\ 0)+t(0,\ -1,\ 1)=(-2s,\ s-t,\ t)$

OHは平面ABCに垂直であるから

$\overrightarrow{OH}\perp\overrightarrow{AB}$ すなわち $\overrightarrow{OH}\cdot\overrightarrow{AB}=0$ ……④

$\overrightarrow{OH}\perp\overrightarrow{AC}$ すなわち $\overrightarrow{OH}\cdot\overrightarrow{AC}=0$ ……⑤

ここで

$$\begin{aligned}\overrightarrow{OH}&=\overrightarrow{OA}+\overrightarrow{AH}\\&=(1,\ 0,\ 0)+(-2s,\ s-t,\ t)\\&=(1-2s,\ s-t,\ t)\end{aligned}$$

①，④ より

$(1-2s)\times(-2)+(s-t)\times1+t\times0=0$

すなわち

$5s-t=2$ ……⑥

②，⑤ より

$(1-2s)\times0+(s-t)\times(-1)+t\times1=0$

すなわち

$s-2t=0$ ……⑦

⑥，⑦ を解くと

$s=\dfrac{4}{9}$，$t=\dfrac{2}{9}$

したがって，③ より

$$\overrightarrow{AH}=\frac{4}{9}\overrightarrow{AB}+\frac{2}{9}\overrightarrow{AC}$$

6 右の図のように，四面体 ABCD の辺 AB，BC，CD 上にそれぞれ点 P，Q，R があり，平面 PQR と辺 AD の交点を S とする。
AP：PB＝1：1，BQ：QC＝2：3，
AS：SD＝1：2 のとき，CR：RD を求めよ。

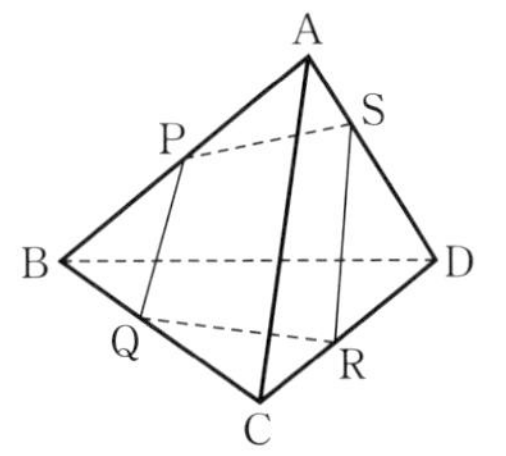

考え方 点 R が 3 点 P，Q，S の定める平面上にあると考え，$\overrightarrow{PR}=s\overrightarrow{PQ}+t\overrightarrow{PS}$ とおく。点 R が線分 CD 上にあることから，s，t の値を求める。

解答 4 点 P，Q，R，S が同一平面上にあるとき，$\overrightarrow{PR}$ に対して

$$\overrightarrow{PR}=s\overrightarrow{PQ}+t\overrightarrow{PS}$$

となる実数 s，t がある。

$$\begin{aligned}\overrightarrow{AR}&=\overrightarrow{AP}+\overrightarrow{PR}\\&=\overrightarrow{AP}+s\overrightarrow{PQ}+t\overrightarrow{PS}\\&=\overrightarrow{AP}+s(\overrightarrow{AQ}-\overrightarrow{AP})+t(\overrightarrow{AS}-\overrightarrow{AP})\\&=(1-s-t)\overrightarrow{AP}+s\overrightarrow{AQ}+t\overrightarrow{AS}\\&=(1-s-t)\left(\frac{1}{2}\overrightarrow{AB}\right)+s\left(\frac{3\overrightarrow{AB}+2\overrightarrow{AC}}{5}\right)+t\left(\frac{1}{3}\overrightarrow{AD}\right)\\&=\left(\frac{1}{2}+\frac{1}{10}s-\frac{1}{2}t\right)\overrightarrow{AB}+\frac{2}{5}s\overrightarrow{AC}+\frac{1}{3}t\overrightarrow{AD}\end{aligned}$$

点 R は線分 CD 上にあるから

$$\frac{1}{2}+\frac{1}{10}s-\frac{1}{2}t=0,\quad \frac{2}{5}s+\frac{1}{3}t=1,\quad \frac{2}{5}s\geqq 0,\quad \frac{1}{3}t\geqq 0$$

これを解くと

$$s=\frac{10}{7},\ t=\frac{9}{7}$$

よって

$$\overrightarrow{AR}=\frac{4}{7}\overrightarrow{AC}+\frac{3}{7}\overrightarrow{AD}=\frac{4\overrightarrow{AC}+3\overrightarrow{AD}}{3+4}$$

ゆえに

CR：RD＝3：4

巻末

2章 ｜ 平面上の曲線 教 p.190

1 双曲線 $\dfrac{x^2}{a^2}-\dfrac{y^2}{b^2}=1$ 上の点Pから x 軸に平行に引いた直線が2つの漸近線とA，Bで交わるとき，PA・PBの値は一定であることを示せ。
また，点Pから y 軸に平行に引いた直線が2つの漸近線とA′，B′で交わるとき，PA′・PB′の値は一定であることを示せ。ただし，$a>0$，$b>0$ とする。

考え方 点Pの座標を $(p,\ q)$ とすると，漸近線は直線 $y=\pm\dfrac{b}{a}x$ であるから，漸近線と直線 $y=q$ との交点は $\left(\dfrac{a}{b}q,\ q\right)$，$\left(-\dfrac{a}{b}q,\ q\right)$ であり

$$\mathrm{PA}\cdot\mathrm{PB}=\left|p-\frac{a}{b}q\right|\cdot\left|p-\left(-\frac{a}{b}q\right)\right|$$

と表せる。p，q が $\dfrac{p^2}{a^2}-\dfrac{q^2}{b^2}=1$ を満たすことから，PA・PBの値が一定になることを示す。
PA′・PB′についても同様にして示す。

解答 **PA・PBの値は一定であること**

点Pの座標を $(p,\ q)$ とすると，点Pを通り x 軸に平行な直線 $y=q$ と，漸近線である直線 $y=\pm\dfrac{b}{a}x$ との交点の座標は $\left(\dfrac{a}{b}q,\ q\right)$，$\left(-\dfrac{a}{b}q,\ q\right)$ となる。

また，点 $(p,\ q)$ は双曲線上の点であるから

$$\frac{p^2}{a^2}-\frac{q^2}{b^2}=1$$

よって

$$\begin{aligned}\mathrm{PA}\cdot\mathrm{PB}&=\left|p-\frac{a}{b}q\right|\cdot\left|p-\left(-\frac{a}{b}q\right)\right|\\&=\left|p^2-\frac{a^2}{b^2}q^2\right|\\&=\left|a^2\left(\frac{p^2}{a^2}-\frac{q^2}{b^2}\right)\right|\\&=a^2\end{aligned}$$

ゆえに，PA・PBの値は a^2 で，一定である。

PA′・PB′ の値は一定であること

点Pを通り y 軸に平行な直線 $x=p$ と，漸近線 $y=\pm\dfrac{b}{a}x$ との交点の座標は $\left(p,\ \dfrac{b}{a}p\right)$，$\left(p,\ -\dfrac{b}{a}p\right)$ となるから

$$\begin{aligned} \mathrm{PA'}\cdot\mathrm{PB'} &= \left|q-\frac{b}{a}p\right|\cdot\left|q-\left(-\frac{b}{a}p\right)\right| \\ &= \left|q^2-\frac{b^2}{a^2}p^2\right| \\ &= \left|b^2\left(\frac{q^2}{b^2}-\frac{p^2}{a^2}\right)\right| \quad \longleftarrow \ \frac{q^2}{b^2}-\frac{p^2}{a^2}=-\left(\frac{p^2}{a^2}-\frac{q^2}{b^2}\right)=-1 \\ &= |-b^2| \\ &= b^2 \end{aligned}$$

ゆえに，PA′・PB′ の値は b^2 で，一定である。

2 定点A(0, 1)を通り，x 軸から長さ2の弦を切り取る円の中心C$(X,\ Y)$の軌跡を考える。円の半径を r とし，円が x 軸と交わる点をP，Qとする。中心Cから x 軸に垂線CMを引く。

(1) ACの長さが円の半径に等しいことから，r^2 を X，Y を用いて表せ。

(2) PCの長さが円の半径に等しいことから，r^2 を X，Y を用いて表せ。

(3) 中心Cの軌跡はどのような曲線か。

考え方 (1) 点C$(X,\ Y)$と点A(0, 1)との距離を求める。

(2) 三平方の定理により，$\mathrm{PC}^2=\mathrm{PM}^2+\mathrm{CM}^2$ となることを用いる。

(3) (1)，(2)より，X と Y の関係式を導く。

解答 (1) $\mathrm{AC}^2=r^2=(X-0)^2+(Y-1)^2$

ゆえに　$r^2=X^2+(Y-1)^2$ ……①

(2) 直角三角形CPMにおいて

$$\mathrm{PC}^2=\mathrm{PM}^2+\mathrm{CM}^2$$

MはPQの中点であるから

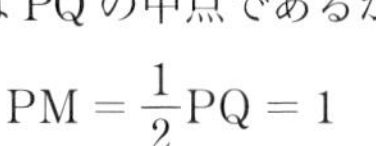

$$\mathrm{PM}=\frac{1}{2}\mathrm{PQ}=1$$

よって

$$\mathrm{PC}^2=r^2=\mathrm{PM}^2+\mathrm{CM}^2=1^2+Y^2$$

ゆえに　$r^2=1+Y^2$ ……②

(3) ①，②より

$$X^2+(Y-1)^2=1+Y^2$$

$$X^2=2Y$$

したがって，中心Cの軌跡は**放物線 $x^2=2y$** である。

3 媒介変数 θ を用いて

$$x=\frac{\sqrt{3}}{2-\cos\theta},\ y=\frac{\sin\theta}{2-\cos\theta}\quad(0\leqq\theta\leqq\pi)$$

で表される曲線 C について，次の問に答えよ。

(1) $\cos\theta$，$\sin\theta$ をそれぞれ x，y を用いて表せ。

(2) x，y の関係式を求めよ。また，曲線 C はどのような曲線を表すか。

考え方 (1) 与えられた2つの式を変形して，$\cos\theta$，$\sin\theta$ を x，y で表す。

(2) (1)より，x と y の関係式を導く。このとき，$0\leqq\theta\leqq\pi$ の範囲では，$\sin\theta\geqq 0$ であることに注意する。

解答 (1)

$$\begin{cases} x=\dfrac{\sqrt{3}}{2-\cos\theta} & \cdots\cdots ① \\ y=\dfrac{\sin\theta}{2-\cos\theta} & \cdots\cdots ② \end{cases}$$

① より，$x\neq 0$ であるから　$2-\cos\theta=\dfrac{\sqrt{3}}{x}$

したがって　$\cos\theta=2-\dfrac{\sqrt{3}}{x}$

② より　$\sin\theta=(2-\cos\theta)y$

$2-\cos\theta=\dfrac{\sqrt{3}}{x}$ であるから　$\sin\theta=\dfrac{\sqrt{3}}{x}\cdot y=\dfrac{\sqrt{3}\,y}{x}$

(2) (1)の結果を $\cos^2\theta+\sin^2\theta=1$ に代入して

$$\left(2-\frac{\sqrt{3}}{x}\right)^2+\left(\frac{\sqrt{3}\,y}{x}\right)^2=1$$

$$(2x-\sqrt{3})^2+3y^2=x^2$$

$$3x^2-4\sqrt{3}\,x+3+3y^2=0$$

$$3\left(x-\frac{2\sqrt{3}}{3}\right)^2-4+3+3y^2=0$$

よって　$\left(x-\dfrac{2\sqrt{3}}{3}\right)^2+y^2=\dfrac{1}{3}$

ここで，$0\leqq\theta\leqq\pi$ であるから

$\sin\theta\geqq 0$

また，$2-\cos\theta>0$ が成り立つから

$$y=\frac{\sin\theta}{2-\cos\theta}\geqq 0$$

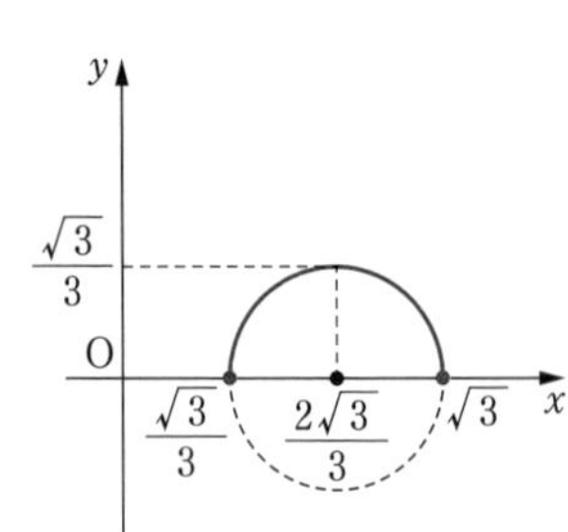

ゆえに，曲線 C は，円 $\left(x-\dfrac{2\sqrt{3}}{3}\right)^2+y^2=\dfrac{1}{3}$ の $y\geqq 0$ の部分 を表す。

4 極方程式 $r=\dfrac{\sqrt{6}}{2+\sqrt{6}\cos\theta}$ について，次の問に答えよ。

(1) 上の極方程式を直交座標に関する方程式で表し，どのような曲線を表すか答えよ。

(2) 原点をOとする。(1)の曲線上の点 $\mathrm{P}(x,\ y)$ から直線 $x=a$ に下ろした垂線をPHとし，$k=\dfrac{\mathrm{OP}}{\mathrm{PH}}$ とおく。Pが(1)の曲線上を動くとき，k が一定となる a の値を求めよ。また，そのときの k の値を求めよ。

考え方 (1) $r^2=x^2+y^2$，$r\cos\theta=x$ であることを用いて，x と y の関係式を導く。

(2) k^2 を x，y，a を用いて表し，(1)で求めた x と y の関係式から，y を消去する。

解答 (1) 極方程式 $r=\dfrac{\sqrt{6}}{2+\sqrt{6}\cos\theta}$ より　$(2+\sqrt{6}\cos\theta)r=\sqrt{6}$

整理すると

$$2r=\sqrt{6}(1-r\cos\theta)$$

両辺を2乗して　$4r^2=6(1-r\cos\theta)^2$

$r^2=x^2+y^2$，$r\cos\theta=x$ であるから

$$4(x^2+y^2)=6(1-x)^2$$

整理すると　※

$$(x-3)^2-2y^2=6$$

※
$$4x^2+4y^2=6x^2-12x+6$$
$$2x^2-12x-4y^2=-6$$
$$x^2-6x-2y^2=-3$$
$$(x^2-6x+3^2)-2y^2=-3+3^2$$
$$(x-3)^2-2y^2=6$$

ゆえに，極方程式は，直交座標 $(x,\ y)$ で表すと

双曲線 $\dfrac{(x-3)^2}{6}-\dfrac{y^2}{3}=1$

(2) $\mathrm{OP}=\sqrt{x^2+y^2}$，$\mathrm{PH}=|x-a|$ であるから

$$k^2=\frac{\mathrm{OP}^2}{\mathrm{PH}^2}=\frac{x^2+y^2}{(x-a)^2}\quad\cdots\cdots ①$$

(1)より，$y^2=\dfrac{(x-3)^2}{2}-3$ であるから，これを①に代入すると

$$k^2=\frac{x^2+\dfrac{x^2}{2}-3x+\dfrac{9}{2}-3}{(x-a)^2}=\frac{\dfrac{3}{2}(x^2-2x+1)}{(x-a)^2}=\frac{3}{2}\cdot\frac{(x-1)^2}{(x-a)^2}$$

ゆえに，k が一定，すなわち k^2 が一定であるのは，$a=1$ のときで，

このとき，$k^2=\dfrac{3}{2}$

$k>0$ より　$\boldsymbol{k}=\sqrt{\dfrac{3}{2}}=\dfrac{\sqrt{6}}{2}$

3章 | 複素数平面

教 p.191

1 $z+\dfrac{1}{z}=\sqrt{3}$ を満たす複素数 z を極形式で表せ。また，この z について，$z^{15}+\dfrac{1}{z^{12}}$ の値を求めよ。

考え方 分母をはらって，z の2次方程式をつくって解いてから，極形式になおす。後半はド・モアブルの定理を用いて，z^{15} や z^{12} の値を求める。

解 答 $z+\dfrac{1}{z}=\sqrt{3}$ より　$z^2+1=\sqrt{3}\,z$

$$z^2-\sqrt{3}\,z+1=0$$

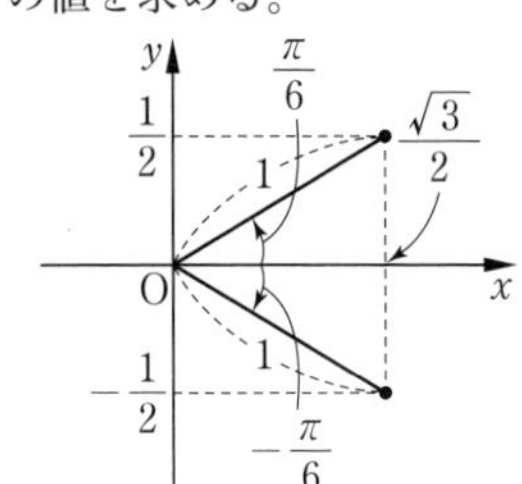

よって

$$z=\frac{-(-\sqrt{3})\pm\sqrt{(-\sqrt{3})^2-4\cdot1\cdot1}}{2\cdot1}$$

$$=\frac{\sqrt{3}\pm i}{2}=\frac{\sqrt{3}}{2}\pm\frac{1}{2}i$$

極形式で表すと

$$z=\cos\frac{\pi}{6}+i\sin\frac{\pi}{6},\ \cos\left(-\frac{\pi}{6}\right)+i\sin\left(-\frac{\pi}{6}\right)$$

ド・モアブルの定理により

$z=\cos\dfrac{\pi}{6}+i\sin\dfrac{\pi}{6}$ のとき

$$z^{15}=\cos\frac{5}{2}\pi+i\sin\frac{5}{2}\pi=i$$

$$z^{12}=\cos2\pi+i\sin2\pi=1$$

ゆえに　$z^{15}+\dfrac{1}{z^{12}}=1+i$

$z=\cos\left(-\dfrac{\pi}{6}\right)+i\sin\left(-\dfrac{\pi}{6}\right)$ のとき

$$z^{15}=\cos\left(-\frac{5}{2}\pi\right)+i\sin\left(-\frac{5}{2}\pi\right)=-i$$

$$z^{12}=\cos(-2\pi)+i\sin(-2\pi)=1$$

ゆえに　$z^{15}+\dfrac{1}{z^{12}}=1-i$

2 $\dfrac{z-1}{z^2}$ が実数となるような複素数 z は，複素数平面上でどのような図形をえがくか。

考え方 複素数 α が実数となるための必要十分条件は，$\alpha=\overline{\alpha}$ が成り立つことである。

解　答　$\dfrac{z-1}{z^2}$ が実数となるとき　$\dfrac{z-1}{z^2}=\overline{\left(\dfrac{z-1}{z^2}\right)}$　（ただし，$z\neq 0$）

すなわち　$\dfrac{z-1}{z^2}=\dfrac{\overline{z}-1}{(\overline{z})^2}$

よって

$$z^2(\overline{z}-1)=(\overline{z})^2(z-1)$$
$$z^2\overline{z}-z(\overline{z})^2-z^2+(\overline{z})^2=0$$
$$z\overline{z}(z-\overline{z})-(z+\overline{z})(z-\overline{z})=0$$
$$(z\overline{z}-z-\overline{z})(z-\overline{z})=0$$

したがって

$$z\overline{z}-z-\overline{z}=0 \quad \text{または} \quad z-\overline{z}=0$$

$z\overline{z}-z-\overline{z}=0$ のとき

$$(z-1)(\overline{z}-1)=1$$
$$(z-1)\overline{(z-1)}=1$$
$$|z-1|^2=1$$
$$|z-1|=1$$

$z-\overline{z}=0$ のとき

　$z=\overline{z}$ であり，z は実数である。

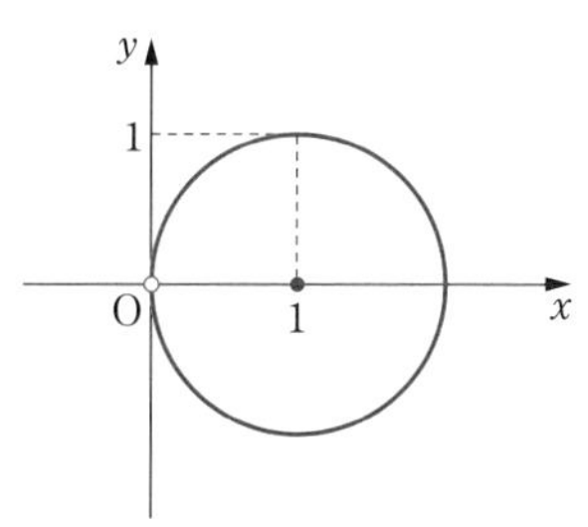

以上より，z のえがく図形は，**実軸および点 1 を中心とする半径 1 の円。ただし，点 0 は除く。**

3　複素数 z は $z\overline{z}-(1-i)z-(1+i)\overline{z}-3=0$ を満たしている。

(1)　点 z はどのような図形をえがくか。

(2)　$w=\dfrac{1}{z}$ とおくと，点 w はどのような図形をえがくか。

考え方　(1)　与えられた等式を $(z-\alpha)\overline{(z-\alpha)}=$（正の実数）の形に変形する。

(2)　$z=\dfrac{1}{w}$ と変形し，与えられた等式に代入する。

解　答　(1)　$z\overline{z}-(1-i)z-(1+i)\overline{z}-3=0$ より

$$\{z-(1+i)\}\{\overline{z}-(1-i)\}-(1+i)(1-i)-3=0$$
$$\{z-(1+i)\}\overline{\{z-(1+i)\}}=2+3$$
$$|z-(1+i)|^2=5$$

ゆえに

$$|z-(1+i)|=\sqrt{5}$$

したがって，点 z は **点 $1+i$ を中心とする半径 $\sqrt{5}$ の円** をえがく。

(2) $w=\dfrac{1}{z}$ より，$z=\dfrac{1}{w}$ であるから，与えられた条件より

$$\frac{1}{w\overline{w}}-\frac{1-i}{w}-\frac{1+i}{\overline{w}}-3=0$$

$$1-(1-i)\overline{w}-(1+i)w-3w\overline{w}=0$$

$$w\overline{w}+\frac{1+i}{3}w+\frac{1-i}{3}\overline{w}-\frac{1}{3}=0$$

$$\left(w+\frac{1-i}{3}\right)\left(\overline{w}+\frac{1+i}{3}\right)-\frac{(1+i)(1-i)}{9}-\frac{1}{3}=0$$

$$\left(w+\frac{1-i}{3}\right)\overline{\left(w+\frac{1-i}{3}\right)}=\frac{2}{9}+\frac{1}{3}$$

$$\left|w+\frac{1-i}{3}\right|^2=\frac{5}{9}$$

ゆえに

$$\left|w-\left(-\frac{1}{3}+\frac{1}{3}i\right)\right|=\frac{\sqrt{5}}{3}$$

したがって，点 w は**点 $-\dfrac{1}{3}+\dfrac{1}{3}i$ を中心とする半径 $\dfrac{\sqrt{5}}{3}$ の円** をえがく。

4 △OABの2辺 OA，OB の外側に右の図のように正方形 OACD，OBEF をつくり，線分 DF の中点を M とする。このとき，直線 OM と AB は垂直であることを示せ。

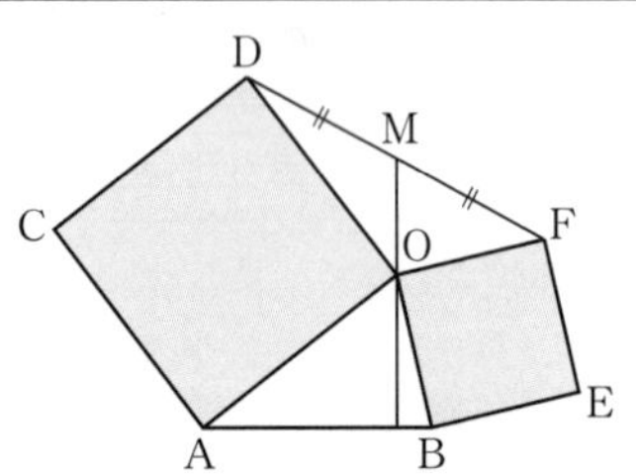

考え方 O(0)，A(α)，B(β)，D(γ)，F(δ)，M(z) として，$\dfrac{z-0}{\beta-\alpha}$ が純虚数になることを示す。

証明 O(0)，A(α)，B(β)，D(γ)，F(δ)，M(z) とする。

点 D は，点 A を点 O を中心に $-\dfrac{\pi}{2}$ だけ回転した点であるから

$$\gamma=\left\{\cos\left(-\frac{\pi}{2}\right)+i\sin\left(-\frac{\pi}{2}\right)\right\}\alpha=-i\alpha$$

点 F は，点 B を点 O を中心に $\dfrac{\pi}{2}$ だけ回転した点であるから

$$\delta=\left(\cos\frac{\pi}{2}+i\sin\frac{\pi}{2}\right)\beta=i\beta$$

点 M は線分 DF の中点であるから

$$z=\frac{\gamma+\delta}{2}=\frac{-i\alpha+i\beta}{2}=\frac{i}{2}(\beta-\alpha)$$

よって

$$\frac{z-0}{\beta-\alpha}=\frac{\frac{i}{2}(\beta-\alpha)}{\beta-\alpha}=\frac{i}{2}$$

$\dfrac{z-0}{\beta-\alpha}$ が純虚数であるから

OM⊥AB

D(γ)
M(z)
C
$-\frac{\pi}{2}$
O
F(δ)
$\frac{\pi}{2}$
E
A(α)
B(β)

5 △ABC において，各頂点から対辺に引いた 3 つの垂線は 1 点 H で交わることを，複素数を用いて証明せよ。

考え方 3 つの垂線のうち 2 つの垂線の交点を P として，P と残りの頂点を結んだ線分も対辺と垂直になっていることを示す。

証明 A(α), B(β), C(γ) とし，A から BC に引いた垂線と B から CA に引いた垂線の交点を P(z) とする。

A(α)
P(z)
B(β)
C(γ)

AP⊥BC より，$\dfrac{z-\alpha}{\gamma-\beta}$ は純虚数であるから

$$\frac{z-\alpha}{\gamma-\beta}+\overline{\left(\frac{z-\alpha}{\gamma-\beta}\right)}=0$$

$$\frac{(z-\alpha)\overline{(\gamma-\beta)}+\overline{(z-\alpha)}(\gamma-\beta)}{(\gamma-\beta)\overline{(\gamma-\beta)}}=0$$

すなわち　$(z-\alpha)(\overline{\gamma}-\overline{\beta})+(\overline{z}-\overline{\alpha})(\gamma-\beta)=0$　……①

同様に，BP⊥CA より，① の式で α を β，β を γ，γ を α に置き換えて

$(z-\beta)(\overline{\alpha}-\overline{\gamma})+(\overline{z}-\overline{\beta})(\alpha-\gamma)=0$　……②

① より　$z(\overline{\gamma}-\overline{\beta})+\overline{z}(\gamma-\beta)-\overline{\gamma}\alpha+\alpha\overline{\beta}-\gamma\overline{\alpha}+\overline{\alpha}\beta=0$　……③

② より　$z(\overline{\alpha}-\overline{\gamma})+\overline{z}(\alpha-\gamma)-\overline{\alpha}\beta+\overline{\gamma}\beta-\alpha\overline{\beta}+\gamma\overline{\beta}=0$　……④

③ + ④ より

$z(\overline{\alpha}-\overline{\beta})+\overline{z}(\alpha-\beta)-\overline{\gamma}(\alpha-\beta)-\gamma(\overline{\alpha}-\overline{\beta})=0$

$(z-\gamma)(\overline{\alpha}-\overline{\beta})+(\overline{z}-\overline{\gamma})(\alpha-\beta)=0$

$\alpha-\beta\neq0$ であるから，両辺を $(\alpha-\beta)(\overline{\alpha}-\overline{\beta})$ で割って

$$\frac{z-\gamma}{\alpha-\beta}+\frac{\overline{z}-\overline{\gamma}}{\overline{\alpha}-\overline{\beta}}=0$$

すなわち　$\dfrac{z-\gamma}{\alpha-\beta}+\overline{\left(\dfrac{z-\gamma}{\alpha-\beta}\right)}=0$

よって，$\dfrac{z-\gamma}{\alpha-\beta}$ は純虚数であるから　CP⊥AB

したがって，C から AB に引いた垂線は点 P を通る。ゆえに，各頂点から対辺に引いた 3 つの垂線はいずれも点 P を通る。すなわち，1 点 H で交わる。

巻末

6 複素数平面上で，△ABC の頂点 A，B，C を表す複素数をそれぞれ α，β，γ とする。△ABCが正三角形であるための必要十分条件は

$$\alpha^2+\beta^2+\gamma^2-\alpha\beta-\beta\gamma-\gamma\alpha=0$$

であることを示せ。

考え方 △ABCが正三角形となるのは，点 A を中心として点 B を $\pm\frac{\pi}{3}$ だけ回転した点がCのときである。

証明 点 A を中心として点 B を $\frac{\pi}{3}$ または $-\frac{\pi}{3}$ だけ回転した点が C である。

$\frac{\pi}{3}$ だけ回転したとき

$$\gamma-\alpha=\left(\cos\frac{\pi}{3}+i\sin\frac{\pi}{3}\right)(\beta-\alpha)$$

$$\gamma-\alpha=\left(\frac{1}{2}+\frac{\sqrt{3}}{2}i\right)(\beta-\alpha)$$

$$2(\gamma-\alpha)=(\beta-\alpha)+\sqrt{3}\,i(\beta-\alpha)$$

$$-\alpha-\beta+2\gamma=\sqrt{3}\,i(\beta-\alpha) \qquad \cdots\cdots ①$$

$-\frac{\pi}{3}$ だけ回転したとき

$$\gamma-\alpha=\left\{\cos\left(-\frac{\pi}{3}\right)+i\sin\left(-\frac{\pi}{3}\right)\right\}(\beta-\alpha)$$

$$\gamma-\alpha=\left(\frac{1}{2}-\frac{\sqrt{3}}{2}i\right)(\beta-\alpha)$$

$$2(\gamma-\alpha)=(\beta-\alpha)-\sqrt{3}\,i(\beta-\alpha)$$

$$-\alpha-\beta+2\gamma=-\sqrt{3}\,i(\beta-\alpha) \qquad \cdots\cdots ②$$

したがって，△ABC が正三角形であるための必要十分条件は，①，② の両辺を 2 乗すると，いずれも

$$\alpha^2+\beta^2+4\gamma^2+2\alpha\beta-4\beta\gamma-4\gamma\alpha=-3(\beta^2-2\alpha\beta+\alpha^2)$$

よって

$$4\alpha^2+4\beta^2+4\gamma^2-4\alpha\beta-4\beta\gamma-4\gamma\alpha=0$$

すなわち

$$\alpha^2+\beta^2+\gamma^2-\alpha\beta-\beta\gamma-\gamma\alpha=0$$

△ABC が正三角形であるための必要十分条件は，△ABC が △BCA と同じ向きに相似であることから，教科書 p.146 の問題 7 より

$$\frac{\gamma-\alpha}{\beta-\alpha}=\frac{\alpha-\beta}{\gamma-\beta}$$

この式の分母をはらって展開して整理し，示すこともできる。